RF MEMS技術の応用展開
Applications and Progress for RF MEMS Technology

監修:大和田邦樹

シーエムシー出版

巻頭言

最近,低損失なRFスイッチやRFバラクタを実現できる技術としてRF MEMS技術が注目されている。MEMS技術は半導体集積回路技術にMEMS固有のプロセス技術を付加することにより,基板上で機械的動作可能な構造を実現するものである。MEMSによりマイクロセンサ,マイクロアクチュエータ,光スイッチ,バイオチップ,ケミカルチップなどの分野で多くの革新的なデバイスが生み出されてきた。

RF MEMSはこのMEMS技術をマイクロ波・ミリ波帯で使用される無線通信用部品に応用したものである。RF MEMS技術により低損失,高Qのスイッチ,バラクタ,インダクタ等の部品が開発された。さらに,これらスイッチやバラクタを使ったチューナブルフィルタ,フェーズシフタなどの回路も開発され,可変RFフロントエンドシステムやフェーズドアレイレーダなどへの応用の期待が高まっている。RF MEMS技術はまさに,ワイヤレス時代のキーテクノロジーと位置付けられよう。

本書は我が国におけるRF MEMS研究開発の最前線を紹介するものである。各章を最前線の研究者が執筆し,これからRF MEMSの開発に取り組む若手開発者やRF MEMSの知識を深めたい応用分野の担当者を対象にRF MEMS技術とその応用分野についてわかりやすく説明する。

第Ⅰ編ではMEMS技術とRF MEMS技術についてその概要を紹介する。特に,開発の歴史,種類と応用分野,技術の特徴,利点を示し,技術各論に入る前に,技術の背景に対する理解が深まるようつとめている。

第Ⅱ編ではRF MEMSのプロセス技術について説明する。ここでは,RF MEMSの各種プロセス技術,RF MEMS用圧電薄膜,MEMSファンドリーサービスについて紹介する。

第Ⅲ編ではRF MEMSの設計技術について説明する。特に,MEMS構造体の力学的設計技術とRF設計技術について若手開発者の理解を助けるよう噛み砕いて説明している。

第Ⅳ編ではRF MEMSのデバイス技術について説明する。特に,各種RF MEMSスイッチ,FBARフィルタ,受動回路素子,インダクタについて開発例を中心に紹介する。

第Ⅴ編ではRF MEMSの応用について説明する。特に,60 GHz帯フロントエンド,高効率デュアルバンド増幅器,フェーズドアレイレーダ,計測器応用について開発例を中心に紹介する。

本書が読者のRF MEMSデバイス開発の一助になれば,著者らの幸いである。

2006年4月

国際標準化工学研究所

大和田　邦樹

普及版の刊行にあたって

本書は2006年に『RF MEMS技術の最前線―ワイヤレス時代のキーテクノロジー―』として刊行されました。普及版の刊行にあたり，内容は当時のままであり加筆・訂正などの手は加えておりませんので，ご了承ください。

2012年2月

シーエムシー出版　編集部

執筆者一覧(執筆順)

大和田 邦樹	(現) 帝京大学　理工学部　情報科学科　教授
前田 龍太郎	(現) ㈱産業技術総合研究所　集積マイクロシステム研究センター　センター長
小林 健	(現) ㈱産業技術総合研究所　集積マイクロシステム研究センター　主任研究員
神野 伊策	(現) 神戸大学　大学院工学研究科　機械工学専攻　教授
三原 孝士	(現) ㈶マイクロマシンセンター　MEMS協議会事務局　次長
鈴木 健一郎	(現) 立命館大学　理工学部　マイクロ機械システム工学科　教授
佐野 浩二	(現) オムロン㈱　技術本部コアテクノロジーセンター　主事
曽田 真之介	(現) 三菱電機㈱　先端技術総合研究所　センシング技術部　画像センサ技術グループ　研究員
中谷 忠司	(現) ㈱富士通研究所　基盤技術研究所　機能デバイス研究部　研究員
中西 淑人	松下電器産業㈱　ネットワーク開発センター　主任技師
佐藤 良夫	㈱富士通研究所　フェロー (現) 太陽誘電㈱　マイクロデバイス開発室　室長
吉田 幸久	(現) 三菱電機㈱　先端技術総合研究所　センシング技術部　専任

(つづく)

李　　相　錫	(現) 三菱電機㈱　先端技術総合研究所　センシング技術部　主席研究員
寒　川　　　潮	(現) パナソニック㈱　先端技術研究所　先端イノベーション推進室　主任研究員
楢　橋　祥　一	㈱NTTドコモ　ワイヤレス研究所　無線回路研究室　室長
	(現) ㈱NTTドコモ　先進技術研究所　アンテナ・デバイス研究グループ　無線回路プロジェクトリーダ・主幹研究員
原　　晋　介	(現) 大阪市立大学　大学院工学研究科　電子情報系専攻　教授
チャントゥアンコク	大阪大学　大学院工学研究科　大学院生
中　谷　勇　太	(現) 富士通㈱　インテリジェントソサエティビジネス本部　スマートネットワークビジネス統括部
井　田　一　郎	(現) ㈱富士通研究所　ネットワークシステム研究所　先端ワイヤレス研究部　研究員
大　石　泰　之	㈱富士通研究所　ワイヤレスシステム研究所　RFソリューション研究部　部長
中　村　陽　登	㈱アドバンテスト研究所　第2研究部門　RF部品研究室
	(現) ㈱アドバンテスト　新企画商品開発室　T3統括プロジェクト

執筆者の所属表記は，注記以外は2006年当時のものを使用しております．

目　次

【I　総　論】

第1章　MEMS技術の概要　　大和田邦樹

1　MEMSとは …………………………… 3
2　MEMS開発の歴史 …………………… 5
3　MEMSのグループ別代表デバイスと
　　応用分野 …………………………… 8
4　MEMS技術の特徴，技術分野と専門用語
　　……………………………………… 10
5　MEMSの国際標準化 ………………… 13

第2章　RF MEMS技術の概要　　大和田邦樹

1　RF MEMSとは ……………………… 16
2　RF MEMS開発の歴史 ……………… 17
3　RF MEMSの構造例 ………………… 18
4　RF MEMSの利点 …………………… 19
4.1　RF MEMSとGaAs回路，SiGe回路，
　　またはCMOS回路との集積化 …… 21
4.2　RF MEMSのリニアリティと相互変調歪積
　　……………………………………… 22

【II　プロセス技術】

第1章　プロセス基盤技術　　前田龍太郎，小林　健

1　はじめに ……………………………… 27
2　マイクロマシニングの流れ ………… 28
3　ウエハ準備 …………………………… 28
4　成膜（付着加工） …………………… 29
　4.1　熱酸化（シリコン酸化膜の成膜） …… 29
　4.2　CVD法 ………………………… 30
　4.3　物理蒸着法 …………………… 31
　4.4　めっき法 ……………………… 33
　4.5　アディティブ法とサブトラクティブ法
　　……………………………………… 34
4.6　ドーピング …………………… 35
5　フォトリソグラフィーによる微細パターニング
　　……………………………………… 36
6　除去加工（エッチング） …………… 37
　6.1　ウエットエッチング ………… 37
　6.2　ドライエッチング …………… 38
　6.3　サーフェスマイクロマシニング …… 38
7　パッケージング …………………… 39

I

7.1　ウエハレベルパッケージの重要性 …… 39
7.2　ウエハレベル接合 …………………… 40
　7.2.1　陽極接合（Anodic Bonding）…… 40
　7.2.2　シリコン直接接合（Silicon direct
　　　　　bonding or fusion bonding）……… 41
　7.2.3　その他の接合 …………………… 41
7.3　封止したデバイスからの電気配線の
　　　とりだし …………………………… 41

第2章　RF MEMS のプロセス技術　　前田龍太郎，小林　健

1　はじめに ……………………………… 42
2　RF スイッチのプロセス技術 ………… 42
3　RF フィルターのプロセス技術 ……… 44
4　圧電膜の製造法 ……………………… 45

第3章　圧電薄膜を用いた RF MEMS スイッチの開発　　神野伊策

1　はじめに ……………………………… 47
　1.1　圧電マイクロアクチュエータ …… 47
　1.2　圧電駆動 MEMS スイッチの特徴 … 47
2　圧電薄膜成膜プロセス ……………… 49
　2.1　薄膜材料 …………………………… 49
　2.2　成膜プロセスの特徴 ……………… 50
　2.3　スパッタ法による PZT 圧電薄膜の形成
　　　　　　　　　　　　　　　　　　… 50
　2.4　圧電特性評価 ……………………… 52
3　RF MEMS スイッチの作製プロセス … 52
4　アクチュエータ特性 ………………… 55
5　スイッチング特性 …………………… 56
6　おわりに ……………………………… 58

第4章　MEMS ファンドリーサービス　　三原孝士

1　はじめに ……………………………… 59
2　RF MEMS の特徴とファンドリーへの
　　アプローチ …………………………… 60
3　MEMS ファンドリーインフラ，および
　　そのネットワークの必要性 ………… 61
4　MEMS ファンドリーネットワークの
　　誕生と活動 …………………………… 63
　4.1　MEMS ファンドリーサービス
　　　　産業委員会の誕生 ……………… 63
　4.2　MEMS ファンドリーサービス
　　　　産業委員会の活動 ……………… 63
5　産業委員会メンバーのサービス内容の
　　簡単な紹介 …………………………… 66
6　RF MEMS としてファンドリーを
　　利用する場合の注意事項 …………… 68
　6.1　どのような段階からファンドリーサービ
　　　　スに依頼するのか？ ……………… 69
　6.2　個別部品型か？　集積化 MEMS か？
　　　　　　　　　　　　　　　　　　… 69
　6.3　MEMS スイッチの場合はアクチュエータ

を何に選ぶか？ ………………… 69	6.5 量産を前提としているか？ ………… 70
6.4 共同研究・開発の分担をどうするか？	7 おわりに …………………………………… 70
……………………………………… 70	

【Ⅲ 設計技術】

第1章　MEMS構造体の力学的設計技術　　鈴木健一郎

1 はじめに …………………………………… 75	3.2 駆動電圧を加加する場所を変化させる方
2 静的解析 …………………………………… 75	法 …………………………………………… 81
2.1 静電気力 ……………………………… 75	3.3 構造体を両側に変位させる方法 ……… 82
2.2 ばねの復元力 ………………………… 76	4 マイクロスイッチ設計の実例 …………… 82
2.3 静的釣り合い ………………………… 77	5 動的解析 …………………………………… 83
3 駆動電圧低減化のための設計 …………… 79	6 解析シミュレーションソフトウェア …… 85
3.1 ばね定数を変化させる方法 ………… 80	

第2章　MEMS構造体のRF設計技術　　鈴木健一郎

1 はじめに …………………………………… 86	3 Sパラメータ ……………………………… 90
2 RF平面導波路 …………………………… 86	4 並列型スイッチ …………………………… 91
2.1 表皮効果 ……………………………… 86	5 直列型スイッチ …………………………… 93
2.2 コプレーナ導波路 …………………… 87	

【Ⅳ デバイス技術】

第1章　単結晶シリコンメンブレン型スイッチ　　佐野浩二

1 はじめに …………………………………… 99	2.4 高周波線路設計 ……………………… 103
2 設計 ………………………………………… 100	3 製造プロセス ……………………………… 104
2.1 デバイス構造 ………………………… 100	4 評価結果 …………………………………… 106
2.2 静電アクチュエータ設計 …………… 101	5 おわりに …………………………………… 108
2.3 パッケージ設計 ……………………… 102	

第2章　線路駆動型スイッチとメタルカンチレバー型スイッチ　　曽田真之介

1　はじめに ……………………………… 110
2　線路駆動型 MEMS スイッチ ………… 110
　2.1　構造 …………………………………… 110
　2.2　作製プロセス ………………………… 112
　2.3　周波数特性 …………………………… 114
　2.4　耐電力試験 …………………………… 115
3　メタルカンチレバー型 MEMS スイッチ … 115
　3.1　構造 …………………………………… 115
　3.2　作製プロセス ………………………… 116
　3.3　高周波特性 …………………………… 117
　3.4　耐電力試験 …………………………… 117

第3章　単結晶シリコンカンチレバー型スイッチ　　中谷忠司

1　はじめに ……………………………… 119
2　素子構造と特長 ……………………… 119
3　作製プロセス ………………………… 121
4　素子特性 ……………………………… 123
5　おわりに ……………………………… 124

第4章　簡易トリプル電極構造スイッチ　　中西淑人

1　はじめに ……………………………… 125
2　スイッチの現状と課題 ……………… 125
3　低駆動電圧・高速スイッチの検討 … 126
　3.1　簡易トリプル電極構造スイッチの考案
　　 ……………………………………………… 126
　3.2　基本 Design ………………………… 127
　3.3　櫛歯部 Design ……………………… 130
　3.4　Materials Selection and Characterization
　　 ……………………………………………… 132
　3.5　Fabrication ………………………… 133
　3.6　Measurement ……………………… 135
4　おわりに ……………………………… 135

第5章　FBAR フィルタ　　佐藤良夫

1　FBAR の構造と特徴 ………………… 136
2　FBAR（SMR）開発の歴史 …………… 138
3　富士通研究所における FBAR の開発 … 142
　3.1　開発の背景 …………………………… 142
　3.2　圧電薄膜とその製造方法 …………… 143
　3.3　電極膜について ……………………… 144
　3.4　空洞の形成方法について …………… 146
　3.5　ラダー型フィルタの設計方法について
　　 ……………………………………………… 147
　3.6　パッケージについて ………………… 149
　3.7　特性および SAW フィルタとの比較 … 150
4　おわりに ……………………………… 152

第6章　受動回路素子　　吉田幸久

1　はじめに ……………………………… 154
2　中空伝送線路 ………………………… 155
3　集中定数型ハイブリッド回路 ……… 159

第7章　Dielectric-Air-Metal キャビティ構造によるソレノイドインダクタと遅延線路　　李 相錫

1　はじめに ……………………………… 164
2　デバイス構造および作製プロセス … 166
　2.1　開発背景 ………………………… 166
　2.2　デバイス構造 …………………… 167
　2.3　作製プロセス …………………… 168
3　試作結果 ……………………………… 170
4　高周波特性 …………………………… 171
5　おわりに ……………………………… 173

【Ⅴ　応用技術】

第1章　60 GHz 帯送・受信フロントエンドモジュール　　寒川 潮

1　はじめに ……………………………… 179
2　60 GHz 帯送・受信フロントエンドモジュールの設計コンセプト ……… 180
3　60 GHz 帯送・受信ハイブリッド IC … 181
　3.1　フロントエンド回路ブロック構成 … 181
　3.2　線路・配線構造 ………………… 182
　3.3　インバーテッドマイクロストリップ線路 ……………………… 183
　3.4　MSL と IMSL 間の線路変換器 …… 185
　3.5　IMSL によるバンドパスフィルタ … 187
　3.6　IMSL による放射器 ……………… 188
　3.7　フリップチップ実装と実装部構造 … 189
　3.8　送信モジュールの筐体への実装 … 190
4　誘電体レンズ ………………………… 191
5　おわりに ……………………………… 192

第2章　高効率デュアルバンド増幅器　　楢橋祥一

1　はじめに ……………………………… 195
2　モバイルユビキタス ………………… 195
3　モバイルユビキタスと移動端末の技術課題 ……………………………… 197
4　電力増幅器のマルチバンド化 ……… 198
　4.1　電力増幅器 ……………………… 198
　4.2　マルチバンド化 ………………… 199
5　帯域切替型整合回路を備えた

高効率電力増幅器 ……………………… 200	5.4	MEMS スイッチの適用 ……………… 202
5.1 帯域切替型整合回路の動作原理 ……… 200	6	900 MHz/1900 MHz 帯デュアルバンド
5.2 スイッチの特性が与える影響 ………… 201		電力増幅器 …………………………………… 202
5.3 提案構成の特徴 …………………………… 202	7	おわりに ……………………………………… 203

第3章　RF MEMS を用いた無線通信端末用適応アンテナ
原　晋介，チャントゥアンコク，中谷勇太，井田一郎，大石泰之

1　はじめに ……………………………………… 205
2　フェーズドアレーアンテナ ………………… 206
3　アンテナ選択ダイバーシティアンテナ …… 209
4　おわりに ……………………………………… 211

第4章　計測器応用　　中村陽登

1　はじめに ……………………………………… 213
2　測定の対象と計測器 ………………………… 213
　2.1　周波数とアプリケーション …………… 213
　2.2　計測器の構成とデバイス ……………… 214
3　RF MEMS の計測器への応用 ……………… 216
　3.1　VCO（発振器） ………………………… 217
　　3.1.1　VCO ……………………………… 217
　　3.1.2　周波数固定の発振器 …………… 218
　3.2　フィルター ……………………………… 219
　3.3　プローブ ………………………………… 219
　3.4　スイッチ ………………………………… 219
　　3.4.1　スイッチの役割と具備条件 …… 220
　　3.4.2　RF MEMS リレーの種類 ……… 221
　　3.4.3　それぞれの特徴 ………………… 221
　　3.4.4　RF MEMS スイッチの問題点 … 222
4　おわりに ……………………………………… 223

I 総論

附 録

第1章　MEMS技術の概要

大和田邦樹*

本章では，RF MEMS技術の基礎となるMEMS技術について述べ，その中でRF MEMS技術の位置付けを明確にする[1]。

1　MEMSとは

MEMSとはMicro Electromechanical Systemsの略記である。電気関係の国際規格IEC（International Electrotechnical Commission，国際電気標準会議）からMEMS用語集が発行されており，その中でMEMSは以下のように定義されている。

MEMS：

　micro-sized electromechanical systems, in which sensors, actuators and/or electric circuits are integrated on a chip using semiconductor process

　すなわち，MEMSとは，半導体プロセスによってセンサ，アクチュエータ，電気回路が集積化された，微小寸法電気機械システムである。

　センサ，アクチュエータは電気機械動作可能な構造体の組み合わせで構成されるが，半導体集積回路技術を用いることによって，超小型構造体をシリコンチップ上に形成し電気機械動作を実現することが可能となった。さらに，制御用電子回路との集積化も可能である。RF MEMSで使われるスイッチやバラクタも電気機械構造体であり，アクチュエータを含んでいる。

　構造体の形成には，従来の半導体プロセスに加え，犠牲層エッチング等のMEMS特有のプロセスが活用される。MEMSのプロセス技術については，IIプロセス技術で詳しく述べる。表1にMEMS，半導体デバイス，従来技術によるセンサ・アクチュエータの比較を示す。従来のセンサ・アクチュエータが電気機械動作可能な構造体から構成されているのに対し，MEMSの場合はそれをシリコン基板上に超小型に構成している。制御回路や信号処理回路も集積可能である。動作原理については，従来型が電気機械動作のみに限定されるのに対し，MEMSの場合は制御回路や信号処理回路との一体動作が可能で，はるかに高度な機能が超小型で実現できる。製造プ

＊　Kuniki Ohwada　国際標準化工学研究所　所長

RF MEMS技術の最前線

表1 MEMS、半導体デバイス、従来技術によるセンサ・アクチュエータの比較

	MEMS	半導体デバイス	従来センサ・アクチュエータ
寸法	超小型	超小型	大型
構成	電気機械動作可能な構造体をシリコン基板（注）上に構成 半導体回路集積の場合あり	半導体のみで構成	電気機械動作可能な構造体
動作原理	構造体による電気機械動作 制御回路・信号処理回路との一体動作可能	固体内の電子動作	構造体による電気機械動作
製造プロセス	半導体集積回路プロセスにMEMS特有プロセス付加	半導体集積回路プロセス	機械的組み立て

注）シリコン基板自体を構造体とする場合や、ガラス基板を使用する場合もある。

ロセスについては、従来型が主に機械加工技術で製造されるのに対し、MEMSの場合は半導体集積回路プロセスを使用し、さらにMEMS特有のプロセス技術を付加している。これにより、超小型で電気機械動作可能な構造体を製造することが可能となった。

電気機械動作の主体となる構造体は、通常、図1に示すような片持ち梁か両持ち梁構造である。いずれも中に浮いた構造なのでこのような中空構造をつくるために、犠牲層エッチングプロセスが開発された。MEMS特有のプロセスについて詳しくは、Ⅱプロセス技術で述べられている。

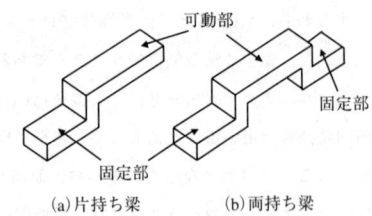

図1 MEMSの代表的梁構造

MEMSはアプリケーションによって、表2に示すように、センサMEMS、アクチュエータMEMS、光MEMS、RF MEMS、マイクロTAS、バイオMEMS、パワーMEMSの7分野に分類される。ただし、MEMS技術は急速に進歩しており、次々と新しい分野が開拓されているので、分類は流動的である。

この中で、RF MEMSはこのようなMEMS技術をRF分野に応用することを目的に開発された技術である。RF MEMSについては、次の第2章で詳しく述べる。この中で、センサMEMSが最も実用化が進んでいる。パワーMEMSはまだ研究開発段階である。他については一部の技術で実用化が進められている。

第1章　MEMS技術の概要

表2　応用面から見たMEMSの分類

種別	応用分野	技術の特徴
センサMEMS	圧力センサ, 加速度センサ等, 各種センサ	最も早く開発された分野で, 自動車用を中心に実用化が進んでいる。
アクチュエータMEMS	静電モータ, マイクロポンプ等, 各種アクチュエータ	静電, 電磁, 圧電等の駆動力を活用する。他のMEMSでも部分的にアクチュエータを内蔵している場合が多い。
光MEMS	光ファイバー通信用スイッチ, プロジェクタ用マイクロミラー	マイクロミラーとその制御系により光ファイバースイッチやプロジェクタの反射光制御を行う。
RF MEMS	マイクロ波スイッチ, フィルタ等無線通信用部品	マイクロ波スイッチ, バラクタ, インダクタやその組み合わせでチューナブルフィルタ等の各種可変回路を構成。
マイクロTAS	超小型化学システム, 分析システム	ガラス基板上に数十〜数百 μm の微細な流路を形成し, その流路内で混合, 反応, 分離, 検出などを行う。集積化学システム, Lab-on-a-Chip（ラボオンチップ）などとも呼ばれる。
バイオMEMS	遺伝子機能解析, 蛋白質解析	遺伝子機能解析のためのDNAチップや蛋白質を検出する蛋白質チップなど, ポストゲノムのバイオ分子の機能解析技術である。
パワーMEMS	超小型発電機, 燃料電池等	1 cm以下の寸法の発電機や燃料電池を開発して, 10〜100 Wクラスの発電を目指す。まだ研究開発の段階。

2　MEMS開発の歴史

　MEMS開発の歴史を概観すると1950〜1960年代の先駆的研究に続き1970年代から今日のMEMS技術につながる研究開発が始まった。その後の歴史で特徴的なことは図2に示すように, 新しい分野で画期的なデバイスが開発されるとそれが新しいMEMS技術の源流となってその分野が発展していくことである。このようにして, センサMEMS, 光MEMS, アクチュエータMEMS, バイオMEMS, マイクロTAS, RF MEMS, パワーMEMSなど新分野が次々と開拓されてきた。

　表3に主要なMEMS開発の歴史を示す。表3に示すように, 1951年にCRT用シャドウマスク, 1963年に半導体圧力センサ, 1967年に振動ゲートトランジスタ, 1973年にマイクロISFETが開発されたが, これらは今日のMEMSにつながる先駆的研究といえよう。

　1979年のミシガン大学による集積化圧力センサの開発が, 現在のMEMS技術の発展に直接つながる源流である。この技術の延長上にマイクロ加速度センサやマイクロジャイロ等のマイクロセンサの発展があり, 現在これらセンサグループはセンサMEMSと呼ばれる。

　ディジタルマイクロミラーデバイス（DMD）は1987年にTexas Instruments社のラリー・

RF MEMS技術の最前線

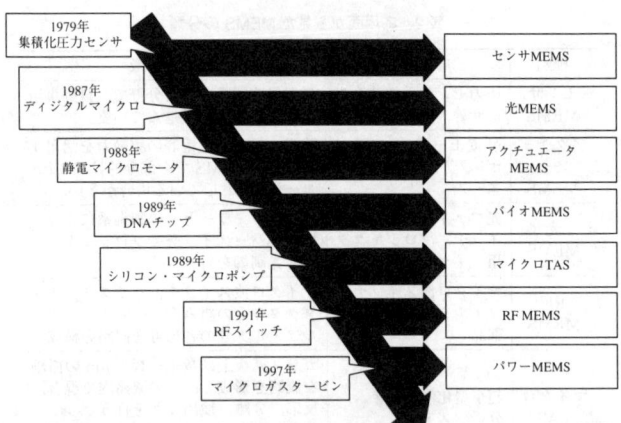

図2　MEMS技術開発の流れ

表3　MEMS開発の歴史

開発年	項目	開発機関	技術の位置付け
1951年	CRT用シャドウマスク	RCA社	先駆的研究開発
1963年	半導体圧力センサ	豊田中研	
1967年	振動ゲートトランジスタ	Westinghouse社	
1973年	マイクロISFET	東北大	
1975年	集積化ガスクロマトグラフィー	Stanford大	
1979年	集積化圧力センサ	Michigan大	センサMEMSの先駆け
1986年	サーボ型加速度センサ	ヌーシャテル大	
1987年	ディジタルマイクロミラーデバイス	Texas Instruments	光MEMSの先駆け
1987年	マイクロギヤ	AT&T, UCB	
1988年	静電マイクロモータ	UCB	アクチュエータMEMSの先駆け
1989年	DNAチップ	Affymax Research Institute	バイオMEMSの先駆け
1989年	シリコン・マイクロポンプ	東北大学/トウェンテ大学	マイクロTASの先駆け
1991年	マイクロ波スイッチ	Hughes社	RF MEMSの先駆け
1995年	マイクロ波フィルタ	ミシガン大学	
1997年	マイクロガスタービン	MIT	パワーMEMSの先駆け

第1章　MEMS技術の概要

ホーンベック博士が開発したもので，DMDとはCMOS半導体上に独立して動くミラーが48万～131万個敷き詰められたデバイスである。このDMDにランプ光をあてて，鏡に反射した光をレンズを通して投影しプロジェクタとして使用するものである。実用化には10年以上の時間を要したが，独創的なこの技術は今日の光MEMSの源流といえる。

1988年のUCバークレーによる静電マイクロモータの開発はシリコンチップ上で動くモータが実現できた事実が大センセーションを巻き起こし，その後MEMSブームの火付け役を果たした。さらにその後のアクチュエータMEMS開発の先鞭をつけた。しかしこの技術自体は，実用化されることはなかった。それはこのモータが単体で回るのが精一杯で，モータ本来の役割である負荷を動かすだけの駆動力が得られなかったためである。

DNAチップは1989年にAffymax Research Instituteのフォーダー博士によって開発された。DNAチップとは，ガラスや半導体の基板の上に特定のDNAを貼り付けたもので，患者の遺伝子群がどのように発現しているかを一度に調べることができる。今後のゲノム解析や，患者一人ひとりの体質に合わせて適切な治療を行うテーラーメイド医療にも必須のツールと考えられている。フォーダー博士はその後，Affimetrix社を設立，同社はDNAチップメーカー世界最大手となった。この開発によってバイオMEMS（バイオチップとも称す）の領域が開拓された。バイオチップとは，DNA，蛋白質，糖鎖等のバイオ分子，あるいは細胞等を支持体上に固定化し，固定化されたバイオ分子等（プローブと称する）と，バイオ分子あるいはそれ以外の化合物（ターゲットと称する）とを接触させ，生じた特異的な相互作用を検出するものである。

シリコン・マイクロポンプは1989年に，東北大学とトウェンテ大学（オランダ）から別々に発表された。トウェンテ大学のA. Manzが1989年のTransducers国際会議において，Micro Total Analysis System（Micro TAS）の概念を発表した。ここから，マイクロTAS開発の流れがスタートしたが，1975年のスタンフォード大学による集積化ガスクロマトグラフィーの研究がその起源となっている。

1991年Hughes Research LaboratoryのLarry LarsonがDARPA（Defense Advanced Research Projects Agency）のサポートのもとにマイクロ波スイッチを開発したのが，RF MEMSの始まりである。この開発が引き金になって，メタル-メタル接触型や，静電容量型のスイッチやバラクタ，インダクタが開発された。RF MEMS開発のもっと詳しい歴史は第2章で述べる。

1997年，MITからMEMS技術によるガスタービン発電機が発表された。この発電機は直径1 cm厚さ3 mmの寸法で，水素ガスを1時間に10グラム燃焼させて10～20 Wの電力を取り出すものである。この発表が契機になって，パワーMEMSの研究開発が日，米，欧で盛んになったが，まだ実用化のレベルに至っていない。このような超小型発電機は携帯端末の電源など幅広い応用が期待される。

このように，MEMS技術は次々と新しいデバイスが開発され，それにともなって新しい分野が開拓されて来た．

3 MEMSのグループ別代表デバイスと応用分野

前に述べたようにMEMSは応用分野によって，ほぼ7グループに分類できる．表4にMEMSのグループ別代表的デバイスと応用分野を示す．

センサMEMSは物理センサ，化学センサ，バイオセンサに分類される．

物理センサでは，圧力センサ，加速度センサ，ジャイロが代表的なデバイスである．いずれも圧力，加速度，角速度といった力学量の測定に使用され，主な応用分野は自動車である．それ以外に，ロボット，ゲーム機コントローラ，人体運動のモニタリングなどがある．

化学センサでは，pH（水素イオン）センサ，イオンセンサ（ナトリウム，カリウム，塩素）が代表的なデバイスである．いずれも，応用分野は食品工業，農業，医療計測分野である．

バイオセンサでは，糖尿病患者の自己血糖値管理用センサ，環境センサ（ダイオキシン，環境ホルモン，重金属，農薬），食品センサ（残留農薬，遺伝子組み替え，食中毒），味センサ，匂いセンサ，酵素センサ，免疫センサ，微生物センサが代表的デバイスである．応用分野は医療，環境，食品工業である．

アクチュエータMEMSでは，マイクロモータ，レンズ位置制御機構，マイクロポンプ，マイクロバルブが代表的デバイスである．応用分野はロボットや各種精密制御機器である．

光MEMSでは，ディジタルマイクロミラーデバイス，光ファイバースイッチ，可変焦点ミラー，マイクロ干渉計が代表的デバイスである．応用分野はプロジェクタ，光ファイバー通信である．

バイオMEMSでは，DNAチップ，糖鎖チップ，蛋白質チップ，細胞チップが代表的デバイスである．応用分野は医薬品開発，食品監査，臨床検査，科学捜査，環境分析である．

マイクロTASでは，超小型化学システム，分析システムが代表的デバイスで，応用分野は，バイオMEMSと同様に医薬品開発，食品監査，臨床検査，科学捜査，環境分析である．

RF MEMSでは，マイクロ波スイッチ，マイクロ波バラクタ，マイクロ波インダクタ，マイクロ波フィルタが代表的デバイスである．応用分野は携帯電話端末，基地局設備，車載レーダ，計測器である．RF MEMSの応用については，第2章で詳述する．

パワーMEMSでは，マイクロガスタービン，マイクロ燃料電池，マイクロヒートエンジン，マイクロ発電機が代表的デバイスである．現在，研究開発途上にあるが，応用分野としては携帯電話電源，モバイル端末電源，ユビキタス端末電源等が期待されている．

第1章 MEMS技術の概要

表4 MEMSのグループ別代表デバイスと応用分野

MEMS種類		代表デバイス	主な応用分野
センサMEMS	物理センサ	・圧力センサ ・加速度センサ ・ジャイロ（角速度センサ） ・温度センサ	自動車 ロボット ゲーム機コントローラ 人体運動のモニタリング
	化学センサ	・pH（水素イオン）センサ ・イオンセンサ（ナトリウム，カリウム，塩素）	食品工業 農業 医療計測
	バイオセンサ	・糖尿病患者の自己血糖値管理用センサ ・環境センサ（ダイオキシン，環境ホルモン，重金属，農薬） ・食品センサ（残留農薬，遺伝子組み替え，食中毒） ・味センサ ・匂いセンサ ・酵素センサ ・免疫センサ ・微生物センサ	食品工業 環境 医療計測
アクチュエータMEMS		・マイクロモータ ・レンズ位置制御機構 ・マイクロポンプ ・マイクロバルブ	ロボット 各種精密制御機器
光MEMS		・ディジタルマイクロミラーデバイス ・光ファイバースイッチ ・可変焦点ミラー ・マイクロ干渉計	プロジェクタ 光ファイバー通信
バイオMEMS		・DNAチップ ・糖鎖チップ ・蛋白質チップ ・細胞チップ	医薬品開発，食品監査，臨床検査，科学捜査，環境分析
マイクロTAS		・超小型化学システム ・分析システム	医薬品開発，食品監査，臨床検査，科学捜査，環境分析
RF MEMS		・マイクロ波スイッチ ・マイクロ波バラクタ ・マイクロ波インダクタ ・マイクロ波フィルタ	携帯電話端末 基地局設備 車載レーダ 計測器
パワーMEMS		・マイクロガスタービン ・マイクロ燃料電池 ・マイクロヒートエンジン ・マイクロ発電機	携帯電話電源 モバイル端末電源 ユビキタス端末電源

4 MEMS技術の特徴，技術分野と専門用語

　MEMS技術は機械工学，電子・電気工学，医用工学，バイオ工学，化学工学等の多様な工学分野，さらに，物理学，化学，生物学等の基礎科学分野が重なったところに存在する典型的な学際領域の技術である。さらに，技術領域として，材料技術，アクチュエータ技術とセンサ技術を含む機能要素技術，設計技術，システム制御技術，半導体集積回路技術をベースとした加工技術，接合・組み立て技術，電子回路技術，エネルギー供給技術，評価技術，医用機器応用と産業機械応用を含む応用技術など多様な分野を含むのが特徴である。図3にMEMS技術の特徴を示す。

　表5に，MEMS技術の分類とMEMS専門用語を示す。表中で専門用語が空欄となっている技術分野があるが，これはその分野ではまだMEMS特有の用語が生まれていないことを示している。MEMS技術の関連分野は急速に広がっており，専門用語も次々と新用語が誕生している。

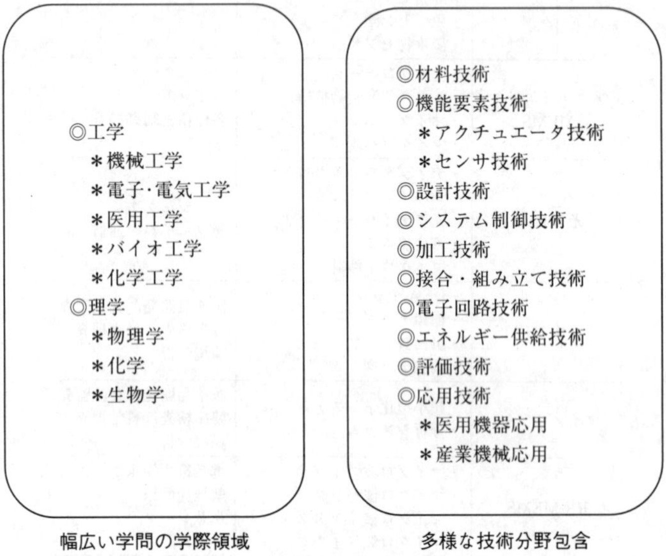

```
◎工学                    ◎材料技術
 *機械工学               ◎機能要素技術
 *電子・電気工学          *アクチュエータ技術
 *医用工学                *センサ技術
 *バイオ工学             ◎設計技術
 *化学工学               ◎システム制御技術
◎理学                    ◎加工技術
 *物理学                 ◎接合・組み立て技術
 *化学                   ◎電子回路技術
 *生物学                 ◎エネルギー供給技術
                         ◎評価技術
                         ◎応用技術
                          *医用機器応用
                          *産業機械応用

  幅広い学問の学際領域      多様な技術分野包含
```

図3　MEMS技術の特徴

第1章　MEMS 技術の概要

表5　MEMS 技術分類と MEMS 専門用語
注1　丸数字付き用語は重複分類を示す，注2　空欄は MEMS 専門用語不在

大項目	小項目	MEMS 専門用語
全般	全般	MEMS，マイクロマシン技術，MST，微小構造体，マイクロマシン
理工学	全般	
	マイクロ理工学	マイクロ理工学，スケール効果
	機械力学	マイクロダイナミクス，共振器
	材料科学	マイクロ材料学，破壊強度①
	流体力学	マイクロ流体工学，分子動力学，分子気体力学，モンテカルロ法，粘性力①，クラスタ①
	熱力学	マイクロ伝熱工学，分子熱力学，クラスタ②
	電磁気学	ジュール効果①，静電気
	トライボロジー	マイクロトライボロジー，メソトライボロジー，粘性力②
	光学	微小光学，マイクロメカノオプティクス，光集積工学
	その他	バイオミメティクス，繊毛運動，自己組織化
材料技術	全般	
	材料	圧電材料，形状記憶合金，形状記憶樹脂，ケモメカニカル材料，ゲル，シリコン，水素吸蔵合金，光硬化性樹脂，ポリイミド
	材料物性	圧電効果，光歪効果，ジュール効果②，磁歪効果，電歪効果，破壊強度②
	材料物性制御	改質加工
	材料特性データベース	
	その他	
機能要素技術	全般	集積化マイクロプローブ，集積化モジュール，ダイヤフラム構造
	アクチュエータ	マイクロアクチュエータ，スマートアクチュエータ，圧電素子①，回転型アクチュエータ，リニアアクチュエータ，圧電アクチュエータ，形状記憶合金アクチュエータ，光歪アクチュエータ，合金膨張式アクチュエータ，磁性流体アクチュエータ，静電アクチュエータ，静電モータ，電磁アクチュエータ，光駆動型アクチュエータ，鞭毛モータ，高分子アクチュエータ，メカノケミカルアクチュエータ，可変ギャップ型静電アクチュエータ，圧電リニアアクチュエータ，ワブルモータ，静電リニアアクチュエータ，フィルム型静電アクチュエータ，ゴム製空気圧アクチュエータ，水素吸蔵合金アクチュエータ，ゾル・ゲル変換アクチュエータ，超音波モータ，超伝導浮上型アクチュエータ，フレキシブルマイクロアクチュエータ，マイクロソレノイド，コムドライブアクチュエータ
	運動・力伝達	微小伝達機構，集積化マスフローコントローラ①，化学的ベアリング，マイクログリッパ，マイクロバルブ，マイクロポンプ
	センサ	スマートセンサ，バイオセンサ，マイクロセンサ，圧電素子②，圧力センサ，加速度センサ，固体イメージセンサ，集積化化学分析システム，触覚センサ，振動センサ，光ファイバセンサ，変位センサ，マイクロジャイロ，フローセンサ，マイクロフローセル，ISFET，血液ガス分析用マイクロフローセル，半導体イオンセンサ，容量型変位計，拡散型ゲージ，集積化ひずみセンサ
	その他	音起電力素子①，光電変換素子①，光起電力セル①，マイクロ発電機①，イメージガイド，合波器／分波器，走査ミラー，光ファイバ用コネクタ，マイクロフレネルレンズ，マイクロコネクタ，マイクロ真空管，マイクロチャンバ，マイクロバッテリ①，マイクロチャネル，マイクロカンチレバー，光スイッチ，マイクロミラー，マイクロスイッチ

RF MEMS技術の最前線

表5 つづき

大項目	小項目	MEMS専門用語
設計技術	全般	
	設計手法・ツール	
	設計用データベース	
	その他	
システム・制御技術	全般	
	運動制御	行動型制御，精密位置決め，超音波ナビゲーション，微細操作①，微小変位制御，集積化マスフローコントローラ②
	自律・分散制御	協調制御①，群制御①，自律分散制御①，セルラーロボット
	遠隔制御	マイクロテレオペレーション，仮想現実
	システム化・複合化	協調制御②，群制御②，自律分散制御②
	安全化・信頼化	
	その他	
加工技術	全般	微細加工
	ICプロセス	ICプロセス，バッチ複製プロセス①，厚膜技術，薄膜技術，シリコンプロセス，ハイブリッド集積技術，バルク微細加工①，表面微細加工①，イオン注入，電子ビームリソグラフィ，ドーピング，フォトリソグラフィ，金属薄膜，フォトマスク，フォトレジスト，SOI
	LIGAプロセス	バッチ複製プロセス②，LIGAプロセス，表面微細加工②，X線リソグラフィ，電鋳①，UV-LIGA
	ビーム加工	スパッタリング，ビーム加工，イオンビームアシスト加工，イオンビーム加工，電子ビーム加工
加工技術	エッチング	エッチングプロセス，バッチ複製プロセス③，等方性エッチング，異方性エッチング，犠牲層エッチング，バルク微細加工②，化学的加工，ロストウェハプロセス，エッチストップ，ウェットエッチング，ドライエッチング，反応性イオンエッチング（RIE），DRIE，ICP
	付着加工	コーティング①，イオンプレーティング，エピタキシー，蒸着，電鋳②，化学蒸着（CDV），PVD，真空赤外線プロセス，光造形法
	除去加工	マイクロ機械加工，マイクロ放電加工，マイクロ切削研削加工
	塑性加工	マイクロ塑性加工，マイクロ鍛造，マイクロプレス加工，ホットエンボス
	その他	高分子加工，マイクロモールディング，STM加工
接合・組立技術	全般	微細操作②，
	接合	オートアッセンブル，ボンディング，拡散接合，シリコンヒュージョンボンディング，陽極接合，アドヒーシブボンディング
	マニピュレーション	マイクロマニピュレーション，非接触ハンドリング，マイクロマニピュレータ
	精密位置操作	
	その他	パッケージング，ウェハレベルパッケージング

第1章 MEMS技術の概要

表5 つづき

項目	小項目	MEMS専門用語
電子回路技術	全般	
	専用デバイス	
	3次元回路	
	実装	
	その他	
エネルギー供給技術	全般	エネルギー密度，半導体レーザ
	エネルギー源	エネルギー源，生物化学エネルギー，ラジオアイソトープ，ATP（アデノシン三リン酸），ミトコンドリア，マイクロバッテリ②
	エネルギー変換	エネルギー変換機構，圧電素子③，音起電力素子②，光電変換素子②，光起電力セル②，マイクロ発電機②，マイクロ燃料電池
	エネルギー伝送	超音波，電磁波，マイクロ波，光ファイバ
	その他	
評価技術	全般	
	計測法の評価法	
	形状・寸法測定法	STS，レーザ干渉計測，アスペクト比，走査プローブ顕微鏡（SPM），走査トンネル顕微鏡（STM），干渉計，近視野顕微鏡，近視野超音波顕微鏡，静電力顕微鏡，走査電子顕微鏡（SEM），透過電子顕微鏡（TEM）①，AFM
	変位・振動測定法	非点収差法，臨界角法
	力測定法	
	機能特性信頼性計測評価法	出力／重力比
	材料特性評価法	EPMA，透過電子顕微鏡（TEM）②
	その他	
応用技術	全般	マイクロ移動機構，RF MEMS，MOEMS，バイオMEMS，ラボオンチップ，マイクロリアクタ，マイクロTAS
	医用機器	マイクロサージェリー，カテーテル，血管内ヴィークル，人工臓器，スマートピル，能動カテーテル，ファイバー内視鏡，バイオチップ，DNAチップ，プロテインチップ
	産業機械	マイクロファクトリ，管内点検マイクロロボット
	その他	細胞操作，細胞融合，PCR

5 MEMSの国際標準化

すでに述べたように，MEMS技術は多くの学問の学際領域であり，また包含する技術分野が幅広いため，専門用語の標準化が研究開発や実用化を進めていく上できわめて重要である。㈶マイクロマシンセンターから上記の専門用語に定義と解説を付けたMEMS用語集がテクニカルレポートとして1998年に発行された[2]。

RF MEMS技術の最前線

さらに，この用語集の国際的な普及を図るために，用語集の英語版をベースとした国際規格案がIECに日本から提案された．IECは電気関係の国際規格を作成する国際組織で80以上の各種電気・電子技術を審議する技術委員会がある．MEMSに関しては，1997年に審議のためのワーキンググループTC 47/WG 4が発足し活動している．

日本提案のMEMS用語集はTC 47/WG 4で各国のMEMS専門家により審議された．MEMSと関連性の薄い用語の除去と新規に使われるようになった用語の追加により，現在，108用語とその定義，解説にまとまり，2005年9月に国際規格として発行された．規格番号とタイトルは，IEC 62047-1 MICROELECTROMECHANICAL DEVICES—Part 1：Terms and definitionsである．

ちなみに，「RF MEMS」という用語は1998年からアメリカで使われ始めた．当初マイクロマシンセンターで用語の調査を行った期間（1993～1995年）には存在していなかったため，マイクロマシンセンターの用語集には含まれなかった．MOEMSやバイオMEMSなどと共に，IECでの審議過程で追加された用語である．

MEMSの国際標準化を進めることは，MEMS技術の国際的普及を図る上で重要である．国際規格案として現在，表6に示す5件が日本および韓国からIECに提案されている．

各種MEMSデバイスを設計する上で，ヤング率，破壊強度など構造体の材料定数が重要である．ヤング率，破壊強度など構造体の材料定数は引張試験で測定される．寸法の大きいバルク材料の引張試験法はISOに規格が存在するが，MEMSに必要な薄膜材料（幅，長さ1mm以下，厚さ10μm以下）の引張試験法は存在していなかった．そこで，マイクロマシンセンターでは国内の大学，企業と共同で薄膜材料の引張試験法を開発した．この試験法により，MEMSで使用される単結晶Siや金属薄膜，SiO_2やSiN等の絶縁膜の材料定数が保証された精度で測定することができる．

この試験法は国際規格案にまとめられ，標準試験片規格案とともに，IECに提案された．現在国際審議中である．

表6 MEMSの国際規格案

規格案	提案先	提案国	概要
薄膜材料引張試験法	IEC	日本	・幅，長さ1mm以下，厚さ10μm以下の薄膜材料が対象 ・MEMS設計に必要な，ヤング率，破壊強度等の材料定数を求めるための引張試験法を規定
同標準試験片	IEC	日本	・上記薄膜材料引張試験法に使用する標準試験片を規定
MEMS通則	IEC	韓国	・一般的なMEMS技術の規定
RF MEMSスイッチ試験法	IEC	韓国	・RF MEMSスイッチ試験法

第1章　MEMS技術の概要

さらに，韓国から，MEMS通則とRF MEMSスイッチ試験法が提案されている。

文　　献

1) 大和田邦樹，RF MEMSとその応用，ケイラボ出版，p. 1（2004）
2) マイクロマシン技術専門用語，㈶マイクロマシンセンター（1998）

第2章　RF MEMS 技術の概要

大和田邦樹*

本章では，RF MEMS の定義，歴史，構造例，利点など RF MEMS 技術の概要を述べる[1]。

1　RF MEMS とは

MEMS 用語集の国際規格では RF MEMS を以下のように定義している。
RF MEMS :
　an application of MEMS technology in the field of wireless communication using radio frequency bands
　NOTE　　RF MEMS is an acronym standing for "radio frequency MEMS".
すなわち，RF MEMS とは，MEMS 技術の RF 分野への応用である。

図1に示すように，MEMS は構造体による電気機械動作が可能なので，スイッチ，バラクタ，インダクタがチップ上に実現でき，しかも，RF／マイクロ波回路との集積化が可能である。このことがチューナブルフィルタのようなチューナブル回路，可変回路を実現し，さらに，可変フロントエンドのような，可変システムを可能とする。このような回路・システムのチューナブル

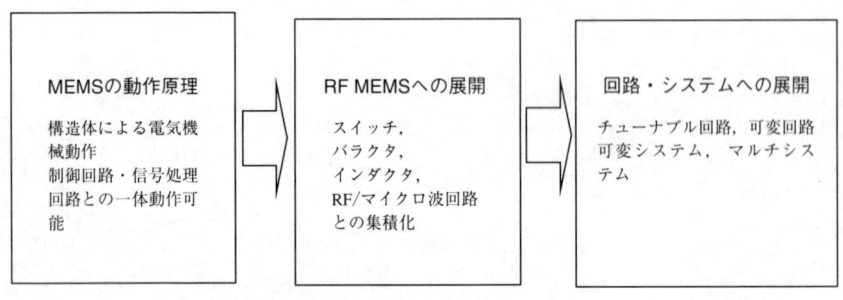

図1　MEMS 動作原理と RF MEMS，回路，システムへの展開

---

*　Kuniki Ohwada　国際標準化工学研究所　所長

化,可変化が RF MEMS の大きな特徴であり,利点である.

2 RF MEMS 開発の歴史

RF MEMS 開発の歴史を表1に示す.

RF MEMS の先駆的研究として最初に文献に登場するのは,1971年 IBM の K. E. Peterson[2] によるカンチレバー型スイッチの研究である.これは先駆的な研究として位置付けられるものである.

表1 RF MEMS 開発の歴史

開発年	開発デバイス	特　徴	開発機関
1971 年	カンチレバー型スイッチ	・先駆的研究	IBM
1991 年	RF MEMS スイッチ	・~50 GHz 動作	Hughes Research Laboratory
1995 年	RF MEMS スイッチ	・メタル-メタル接触タイプ ・DC-60 GHz 動作	Rockwell Science Center
1995 年	RF MEMS スイッチ	・静電容量型 ・10-120 GHz 動作	Texas Instruments
1995 年	RF MEMS フィルタ	・W バンド,バンドパスフィルタ ・メンブレン型	ミシガン大学

1991 年 Hughes Research Laboratory の Larry Larson[3]が DARPA (Defense Advanced Research Projects Agency) のサポートのもとに RF MEMS スイッチを開発したのが,本格的な RF MEMS の始まりである.このスイッチは歩留まりが低く,信頼性に乏しかったが,50 GHz までの性能を持ち,当時の GaAs デバイスの性能をはるかに上回っていたので非常に注目された.

Larson の成功に刺激を受け,1995 年に,Rockwell Science Center と Texas Instruments が目覚しい性能を持った RF MEMS スイッチの開発に成功した.Rockwell のスイッチはメタル-メタルの接触タイプで DC-60 GHz の応用に適しているのに対し,Texas Instruments のスイッチは静電容量型で 10-120 GHz の応用に適している.

一方,1995 年には,RF MEMS フィルタがミシガン大学によって開発された.W バンド用のバンドパスフィルタで,メンブレン上に形成されたものである.

これ以降,現在までに 30 以上の会社,大学,政府研究機関で RF MEMS の開発が進められ実用化も進んでいる.主な研究開発機関はミシガン大学,カリフォルニア大学,バークレー,ノースイースタン大学,MIT リンカーンラボ,コロンビア大学,アナログデバイス,ノースラップ・グラマンであり,有力エレクトロニクスメーカーであるモトローラ,アナログデバイス,サムソン,ST マイクロエレクトロニクスも開発に参加している.

日本では,オムロン,三菱電機,富士通研究所,松下電器,松下電工,ソニー等が開発を進めている.

RF MEMS技術の最前線

　RF MEMSで実現されたデバイスも，スイッチ，バラクタ，インダクタ，フィルタ，レゾネータ，アンテナ，トランスミッションラインと幅広い分野に広がっている。
　また，デバイスのみならず，チューナブルフィルタ，フェーズシフタなどの回路の開発も進められている。
　さらに，フロントエンドやフェーズドアレイアンテナなどのシステムの検討も進められるようになった。
　一方，「RF MEMS」という言葉が最初に主要文献上で使われたのは，1998年8月，IEEE Microwave and Guided Wave Letters, vol. 8, no. 8, August 1998で，セイセオンのCharles L. Goldsmith ら[4]の論文 "Performance of Low-Loss RF MEMS Capacitive Switches" である。さらに同年11月に，IEEE Transactions on Microwave Theory and Techniques, vol. 46, no. 11, November 1998では，DARPAのElliott R. Brown[5]による論文，"RF-MEMS Switches for Reconfigurable Integrated Circuits" で「RF MEMS」が使われている。
　すなわち，RF MEMSという言葉やコンセプトは1998年ごろに定着したと考えられる。
　現在，デバイスレベルの開発が盛んであり，可変化RFフロントエンドシステムやフェーズドアレイアンテナなどのシステムの検討も進んでいるが，確実に実用化されたのはRF MEMSスイッチのみであり，フェーズシフタ，バラクタ，チューナブルフィルタはまだ開発途上である。
　それぞれのデバイスについて，高信頼化，低コスト化が大きな課題となっている。しかし，これらの問題はいずれ解決され，RF MEMSはRFデバイスの大きな柱として確実な歩みを進めるであろう。

3　RF MEMSの構造例

　RF MEMSの構造の一例として静電容量型RFスイッチの構造図を図2に示す。スイッチの上部電極は両持ち梁構造をもち，宙に浮いた構造で，両端を支持部で支えられている。上部電極とエアギャップをはさんで引下げ電極が配置されている。
　上部電極と引下げ電極間に電圧を印加すると静電力により上部電極が下側に引き下げられ，絶縁層に接触することにより，静電容量結合で，スイッチON状態となる。電圧を下げると梁は復元力により最初の状態に戻りスイ 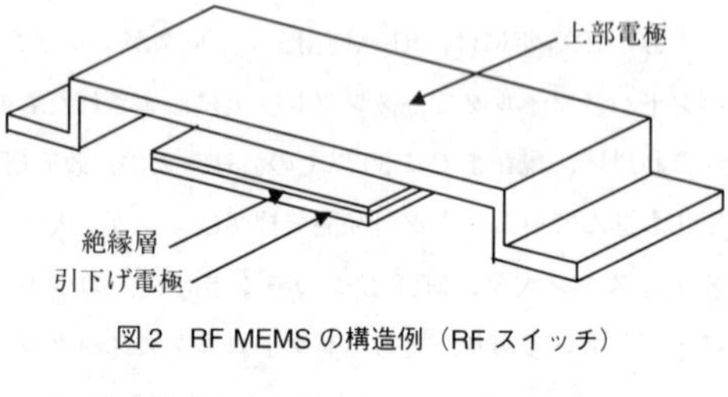

図2　RF MEMSの構造例（RFスイッチ）

第2章 RF MEMS 技術の概要

ッチは OFF 状態となる。このように,上部電極を構成する両持ち梁が MEMS 特有の構造であり,機械的な動きを行なう点で従来の電子デバイスと異なる。

ここで示した両持ち梁以外に,片持ち梁も使用され,機械的運動をともなう点が MEMS 構造の最大の特徴である。

一方,この構造を作製するプロセスは半導体集積回路技術をベースにしており,量産性,集積性,小型化容易性,高信頼性など集積回路技術の利点がそのまま生かせる。一方,中空の構造を実現するために犠牲層エッチングプロセスなど,いくつかの MEMS 特有のプロセスが必要であり,それが,MEMS のプロセス技術を特徴付けている。

上部電極の長さ,幅は,通常,$100\mu m \sim 300\mu m$,引下げ電極と上部電極のギャップは $1\mu m \sim 5\mu m$ 程度である。

4 RF MEMS の利点

RF MEMS の利点は2つの側面がある。

第1の利点は従来部品の置き換えによる利点である。図3に置き換えによる利点を示す。

まず,電力効率の改善である。半導体回路を1個の MEMS 部品で置き換えることにより,大幅な電力効率の改善が期待できる。また,MEMS への置き換えによる寸法減少効果も大きい。

次に,従来 IC との集積化である。スイッチ,バラクタ,インダクタは従来,ディスクリートの外付け部品だったため,IC との集積化は不可能であ

電力効率の改善
・半導体回路を1個の MEMS 部品で置き換え ・寸法効果

従来 IC との集積化
・ディスクリート,外付け部品(スイッチ,バラクタ,インダクタ)を MEMS 素子と置き換え ・モノリシック集積化が可能

製造コスト,寸法,複雑さの低減
・バッチ生産可能

図3 RF MEMS の利点―従来部品との置き換え

ったが,RF MEMS であればこれら部品は IC との集積化が容易であり,モノリシック集積化も可能である。

さらに,製造コスト,寸法,複雑さの低減である。スイッチ,バラクタ,インダクタをすべて半導体集積回路の内部に取り込んでモノリシック集積化すれば,製造コストは著しく低下し,寸法と複雑さの点でも圧倒的にメリットが生じる。

第2の利点は回路,システムの高機能化である。すなわち,MEMS デバイスを使用すること

RF MEMS技術の最前線

RF MEMS デバイスの利点	スイッチ	・低挿入損失, 高アイソレーション ・3次インターセプトポイント大 ・集積化容易
	バラクタ	・超小型, チューナブル化 ・集積化容易
	インダクタ	・超小型, チューナブル化 ・集積化容易

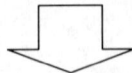

RF MEMS 使用回路の利点	チューナブル フィルタ	・プレーナ回路化 ・電力消費小 ・低挿入損失, 高アイソレーション ・低雑音 ・チューナブル化, 可変回路化
	フェイズシフタ	・スイッチ, バイアス電圧による移相 　角度の切り替え ・集積化容易 ・超小型

RF MEMS使用 システムの利点	フロントエンド	・外付け部品（スイッチ, フィルタ, 　VCO, ミキサ, オシレータ, ディプレクサ） 　の集積化 ・送受信のマルチバンド化 ・低消費電力 ・低相互変調歪
	フェーズド・アレイ アンテナ	・外付けスイッチ不要 ・低消費電力

図4　RF MEMS の利点―回路, システムへの展開

第2章　RF MEMS 技術の概要

によってチューナブル化，可変化，マルチ化等，回路，システムの機能向上が図れることである。

図4にデバイスの利点が回路とシステムに展開していく状況を示す。

RF MEMS スイッチの利点は，低挿入損失，高アイソレーション，低歪（3次インターセプトポイント大），集積化容易である。RF MEMS バラクタの利点は，超小型，チューナブル化，集積化容易である。RF MEMS インダクタの利点は，同様に，超小型，チューナブル化，集積化容易である。

これらは，デバイス単体の利点であるが，スイッチなどのデバイスを回路内でコストや消費電力の負担が無く多量に使用できることによって，従来は経済的に成り立たなかった回路構成を採用することが可能になる。これが RF MEMS 使用回路の利点である。

チューナブルフィルタの利点は，プレーナ回路化，低消費電力，低挿入損失，高アイソレーション，低雑音など色々あるが，最大の利点は，チューナブル化，可変回路化が容易にできる点にある。

また，フェーズシフタの利点は，スイッチ，バイアス電圧による移相角度の切り替え，集積化容易，超小型である。

RF MEMS デバイスを使用したシステムの利点は大きい。この場合，2つのアプローチがある。

第1のアプローチでは，スイッチ，フィルタ，VCO，ミキサ，オシレータ，ディプレクサなどの外付け部品を集積化することによって，大幅な低コスト，低消費電力，小型化が実現される。この場合，システムの機能は従来型と同じである。これは，フロントエンド，フェーズドアレイアンテナいずれも適用できる。

第2のアプローチはフロントエンドに適用され，スイッチやチューナブルフィルタを使うことにより，送受信のマルチバンド化を行なうものである。この場合は従来では実現できなかった機能が可能となる。

マルチバンド RF フロントエンドシステムを従来部品で構成すると寸法が大きくなって実用的でないが，RF MEMS 技術の活用により，小型化，低コスト化，高信頼化が実現できる。

さらに，RF MEMS の具体的な利点として以下の項目がある。

① GaAs 回路，SiGe 回路，または CMOS 回路との集積化

② リニアリティと相互変調歪積

これらについては，4.1項，4.2項で説明する。

4.1　RF MEMS と GaAs 回路，SiGe 回路，または CMOS 回路との集積化

RF MEMS デバイスは低温プロセスで形成されるので，GaAs 回路，SiGe 回路，CMOS 回路の後工程に RF MEMS 製作工程を付加しても回路に悪影響を与えることなく，同一ウェハに製

造することができる。
大部分のRF MEMS スイッチ，バラクタ，インダクタは表面マイクロマシニングプロセスで形成されるので，Si基板やGaAs基板のみならず，ガラス基板やセラミック基板上にさえ形成することができる。

表2 RF MEMSデバイスと半導体回路集積化の具体例

RF MEMS	集積化する回路	利　点
RF MEMS スイッチ	昇圧CMOS回路	スイッチ駆動回路が内蔵可
	GaAs増幅器	入力パワーレベルによりアンプを切り替え，電力付加効率を向上させる
RF MEMS バラクタ	CMOSコントローラ	同調範囲や温度安定性の向上
RF MEMS スイッチ，フィルタ	CMOS回路 SiGe回路	低電力無線フロントエンド

RF MEMS デバイスと半導体回路集積化の具体例を表2に示す。

RF MEMS スイッチは高駆動電圧を必要とするので，昇圧CMOS回路と集積化すると1チップでスイッチデバイスが構成できる。また，RF MEMS スイッチとGaAs増幅器を集積化することにより，入力パワーレベルによりアンプを切り替え，電力付加効率を向上させる試みも行われている。

RF MEMS バラクタを CMOS コントローラと集積化することにより，同調範囲や温度安定性の向上が図れ，バラクタ性能の向上が図れる。

RF MEMS は低電力無線フロントエンドシステム用にCMOS回路やSiGe回路と集積化するとメリットが大きい。

4.2 RF MEMS のリニアリティと相互変調歪積

GaAs, SiGe, CMOS のような半導体デバイスは半導体内の空乏層幅の制御によって，電流を遮断したり，静電容量を変化させたりすることで，スイッチング，あるいはバラクタ機能を実現している。空乏層の幅はRF電圧振幅の影響を受け易いので，これが相互変調積の原因となる。

それに対し，RF MEMS は梁の機械的な性質を使って金属接点の接触，分離によりスイッチング動作を行うか，電極間隔の変化によりバラクタ機能を実現しているので，RF電圧振幅の影響を避けることができる。

RF MEMS スイッチとバラクタを設計する場合，梁のばね定数を大きくする（ばねを固くする）ことができる。すなわち，ばねを固くして，RF電圧振幅に対して梁を動きづらくすることができる。RF電圧振幅に対しても相互変調が生じないので，これにより，相互変調歪積を発生させることなく，大きなRF電圧振幅が可能となる。これらの特徴はチューナブルフィルタや整合回路用の素子として理想的である。

RF MEMS スイッチの3次インターセプトポイントはPINダイオードやFETスイッチの値よ

第2章　RF MEMS 技術の概要

りも 25～35 dB 高い。このことは RF MEMS スイッチが優れたリニアリティを有するため，従来の PIN ダイオードや FET スイッチでは実現できなかった複雑な通信システムやレーダシステムが設計可能であることを意味している。

表3に RF MEMS デバイスと半導体デバイスのリニアリティと相互変調積の比較を示す。

表3　RF MEMS デバイスと半導体デバイスのリニアリティと相互変調積の比較

比較項目	RF MEMS デバイス	半導体デバイス
動作原理	梁の機械的動きで接点の開閉，電極間隔の制御を行う	空乏層幅の制御により，電流遮断，静電容量変化を行う
RF 電圧振幅の影響	梁の設計で影響除去可能	影響除去不可
3次インターセプトポイント	RF MEMS スイッチ： ＋66-80 dBm	PIN ダイオードスイッチ FET スイッチ ＋27 - 45 dBm

文　献

1) 大和田邦樹，RF MEMS とその応用，ケイラボ出版，p. 17（2004）
2) K. E. Peterson, "Micromechanical membrane switches on silicon," *IBM J. Res. Develop.*, vol. 23, no. 4, pp. 376-385（1979）
3) L. E. Larson, R. H. Hackett, M. A. Melendes, and R. F. Lohr, "Micromachined microwave actuator (MIMAC) technology-A new tuning approach for microwave integrated circuits," *IEEE Microwave Theory Tech. Symp.*, pp. 27-30（1991）
4) Charles L. Goldsmith, Zhimin Yao, Susan Eshelman, and David Denniston, "Performance of Low-Loss RF MEMS Capacitive Switches", *IEEE Microwave and Guided Wave Letters*, vol. 8, no. 8, pp. 269-271（1998）
5) Elliott R. Brown, "RF-MEMS Switches for Reconfigurable Integrated Circuits", *IEEE Transactions on Microwave Theory and Techniques*, vol. 46, no. 11（1998）

II　プロセス技術

II　プロテオ技術

第1章　プロセス基盤技術

前田龍太郎[*1], 小林　健[*2]

1　はじめに

　MEMS は我が国ではマイクロマシン技術, 米国では MEMS(Micro Elecro Mechanical System) と呼ばれ, 欧州では Micro System Technology と呼ばれることが多い。これらは加工技術のみならず, 制御技術, 設計技術, 材料技術等の広範囲な分野を含んだ分野の総称である。ここでは話を限定して, マイクロデバイスを製造するための技術ということでマイクロファブリケーションについて解説を行う。マイクロファブリケーションとの類義語にはマイクロマシニングがある。マイクロマシニングは, 主にフォトリソグラフィをベースとしてシリコンを中心とした材料の微細加工技術を指し示すことが多い。MEMS 作製プロセスは, 2次元的な成膜とフォトリソグラフィの連続による3次元形状形成プロセスである。これはしばしば「2.5次元」的と言われる。

　本章では MEMS (Micro Electro Mechanical Systems) を作製するための微細加工技術, 特に半導体微細加工技術を基本に発展したシリコン微細加工技術 (マイクロマシニング) を中心に解説する。MEMS 微細加工技術はフォトリソグラフィー, 成膜, エッチングを繰り返すという点では半導体微細加工技術による電子回路の作製と類似している。半導体微細加工との相違点は, 平面的な電子回路の作製に加えて立体的な自立, 可動マイクロ構造体 (以下単に自立マイクロ構造体と記す) を作製するという点で異なっている。このマイクロ構造体を作製するために, MEMS 微細加工技術では半導体微細加工技術にない工夫がなされている。

　MEMS 微細加工技術には, ウエハ全体を構造体として用いるバルクマイクロマシニングと, ウエハ表面に形成した薄膜だけから構造体を製作する表面マイクロマシニングがある。前者は設計の自由度が高く, MEMS に不可欠である立体的な構造体が容易に作製できる。しかしながら, 立体的な構造を作製するためには, ディープエッチングやウエハ接合という半導体微細加工技術にはない特殊なプロセスが必要である。このため, プロセスの標準化が難しい, 時間がかかる, 装置自体が特殊で高価であるなどコストの点で問題がある。

　一方, 表面マイクロマシニングはプロセスを標準化しやすく, 装置も半導体微細加工技術用の

[*1]　Ryutaro Maeda　㈱産業技術総合研究所　先進製造プロセス研究部門　グループ長
[*2]　Takeshi Kobayashi　㈱産業技術総合研究所　先進製造プロセス研究部門　研究員

ものとほとんど同一で良いためコストの点で有利である。プロセスの標準化が容易であることからファウンダリ機関も充実しており，極論すれば設備投資なしでもMEMSの研究開発が可能である。しかしながら，バルクマイクロマシニングのような高アスペクト比構造の形成は困難である。

2 マイクロマシニングの流れ

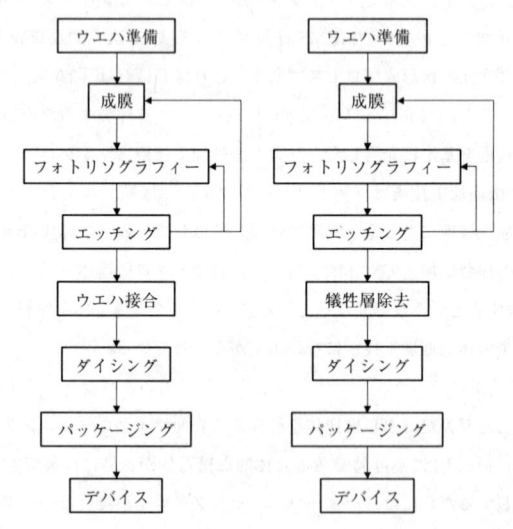

図1にバルクマイクロマシニング，サーフェスマイクロマシニングの流れを示す。本章ではMEMS微細加工技術について，図1に示したプロセスのうち，ウエハ準備，成膜，フォトリソグラフィー，エッチングについて後段で説明していく。バルク，サーフェス双方に共通であるエッチングまでのプロセスについて述べた後，犠牲層形成，除去といったサーフェスマイクロマシニングに特有のプロセスについて述べる。ダイシング以降のプロセスについてはパッケージングの章を参照されたい。

図1 バルクマイクロマシニングとサーフェスマイクロマシニングの流れ図

3 ウエハ準備

半導体微細加工技術と同様，MEMS微細加工技術でもシリコンウエハが最も多く用いられる。シリコンウエハは（100），（110），（111）面のうちいずれかの結晶面が表面になるように切り出

第1章　プロセス基盤技術

し，研磨された形で販売されており，(100) シリコンウエハなどと呼ばれることもある。これらのうち (100) 面が最もポピュラーで値段も最も安価である。後述するが，シリコンウエハを水酸化カリウム水溶液等でウエットエッチングをする場合は，結晶面によってエッチング面の形状が大幅に異なる。このため，どのような形状にエッチングしたいかを念頭においてシリコンウエハを選択する必要がある。

単なるシリコンウエハの他に，薄いシリコン（厚さ 50 ミクロン以下，活性層シリコンという）をシリコン酸化膜がついたシリコンウエハでボンディングしたサンドイッチ構造の SOI（Silicon on Insulator）ウエハもしばしば用いられる。SOI ウエハを用いる場合，活性層シリコンをそのままマイクロ構造体として用いることが多く，マイクロ構造体の厚さを正確に決定することが出来る。最近ではシリコン／酸化膜／シリコン／酸化膜／シリコンウエハという構造を有する二重構造の SOI も販売されており，より複雑な形状も作製可能である。

MEMS 微細加工技術における最初のプロセスはウエハの洗浄である。ウエハが汚染されていると，成膜，エッチングに悪影響を及ぼすだけでなく，装置にも汚染源を移すことにもなるため，注意深い取り扱いが必要である。ただし研究室レベルでは下手に洗浄をすると，かえってウエハを汚染することになるため，購入したウエハをそのまま用いた方が良い場合もある。

4　成膜（付着加工）

成膜（付着加工）は，MEMS ではおもにシリコンの酸化物，シリコンの窒化物，金属の付着加工が多く用いられる。酸化物は主に酸化炉により，窒化物は化学蒸着法（CVD）により成膜する。酸化物の膜は 0.5 ミクロンから 2 ミクロン程度の厚さのものが多用される。酸素環境中で高温にする手法では厚い膜が得られにくいため，多くの場合水蒸気を含んだ酸素中で酸化を行う（図 2）。窒化物はアンモニアとシランを高温中で反応させ(CVD 法, Chemical Vapor Deposition)成膜を行う。金属は真空蒸着およびスパッタリングにより成膜する。また厳密には成膜法ではないが，シリコンウエハに不純物をドーピングする手法（熱拡散，イオン注入）もマイクロマシニングでは使われる。これらの手法について，次に解説する。

4.1　熱酸化（シリコン酸化膜の成膜）

シリコン酸化膜は絶縁体，保護膜（passivation layer），エッチングマスク，ドーピング用のマスクと何らかの「保護」を目的に用いられることが多いが，カンチレバーと呼ばれる片持ち梁やブリッジ，ダイヤフラム等の微小構造体の弾性体としての構造材料（図3），あるいは電気を蓄えるキャパシタとして用いられることもある。

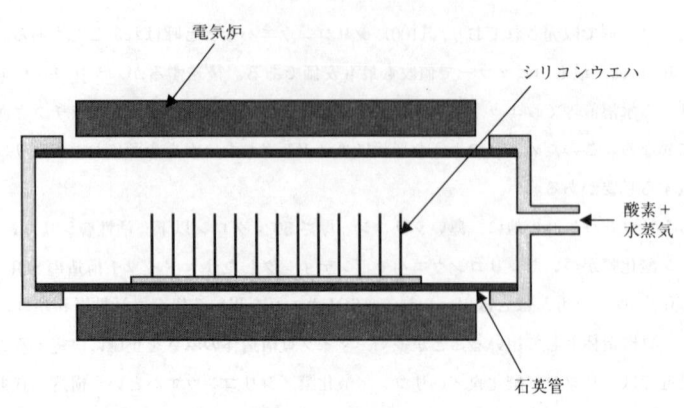

図2 シリコンの熱酸化

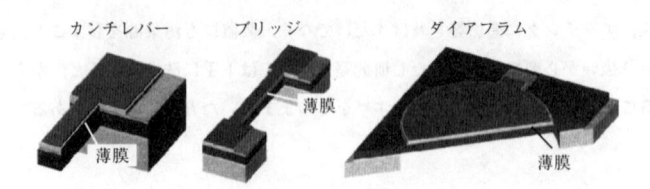

図3 MEMS で用いられる微細構造の例

シリコン酸化膜はシリコンウエハの熱酸化，スパッタリング，CVD，スピンコートと様々な方法で成膜可能である。熱酸化は通常 1000℃ 以上の高温を必要とするため，他の材料の成膜の後に行うことは難しい。また前述のように厚い酸化膜を得るには，乾式でなく水蒸気を含んだ酸素中で酸化を行う。

この方法はシリコンウエハ自体を変質することでシリコン酸化膜を得る方法なので，SiO_2/Si 以外の層構造を形成することはできない。したがって，他の材料の成膜後にシリコン酸化膜を成膜する場合は，スパッタリング，CVD，スピンコートの成膜法が必要である。これらの方法のうち，CVD によるシリコン酸化膜が最も膜質が良いとされている。

4.2 CVD 法

CVD (Chemical Vapor Deposition) 法は化学蒸着法と呼ばれ，MEMS では多結晶シリコン（ポリシリコン）やシリコン窒化膜を成膜することに用いられる。シリコン窒化膜は化学量論的には Si_3N_4 であるが，厳密な組成から外れて用いられることが多いため SiN と呼ばれることが多い。

第1章　プロセス基盤技術

シリコン酸化膜とほぼ同じ保護膜の目的で用いられるが，最も大きい違いはその内部応力である。シリコンの酸化膜が圧縮応力であるのに比べ，SiNは引っ張り応力を有している。そのために一般にSiO$_2$は片もち梁構造を製作するのに用いられるが，SiNはダイアフラムやブリッジとして用いられることが多い。酸化膜と比べると熱膨張係数がシリコンに近い，ヤング率が大きい（すなわち固い）という特徴がある。また，シリコンリッチの組成にすることで内部応力を限りなく0にすることが可能であり，MEMSに用いるときは応力制御層として導入されることも多い。

　SiNの成膜法としてはシランガス（SiH$_4$）とアンモニアガスを高温で反応させる熱CVD法（図4）が用いられる。SiO$_2$もシランガスとN$_2$Oを反応させることにより成膜できる。熱CVD法は1000℃以上の高温を要するために，シリコンウエハ上に耐熱性が低い材料が存在する場合には用いることができない。そこでアルミやポリマー上にSiNやSiO$_2$を成膜するには熱エネルギーの代わりにプラズマのエネルギーで化学反応を起こさせるプラズマCVD法（図5）を用いる。プラズマCVDでは熱酸化に比べ，大幅に反応温度を低下させることができ，最新の装置では200℃を下回るような低温で成膜が行える。シランガスは大気に触れると爆発的に燃焼するために一般的に取り扱いが面倒である。シランガスの代わりにテオス（テトラエトキシシラン）と呼ばれるガスを用いる場合も多い。

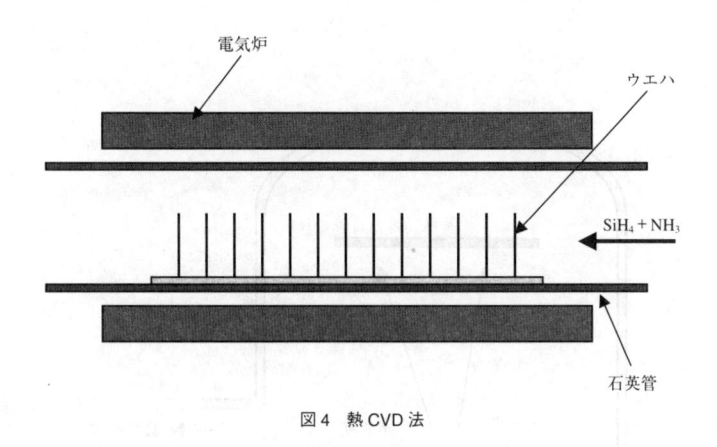

図4　熱CVD法

4.3　物理蒸着法

　物理蒸着法としては真空蒸着法とスパッタリングが知られており，主に金属膜の成膜に用いられることが多い。真空蒸着法では基板上に成膜したい金属をヒータで加熱気化させ基板に堆積する（図6）。水蒸気が窓ガラスに付着して液滴となるのと同じ現象である。比較的融点の低いAl

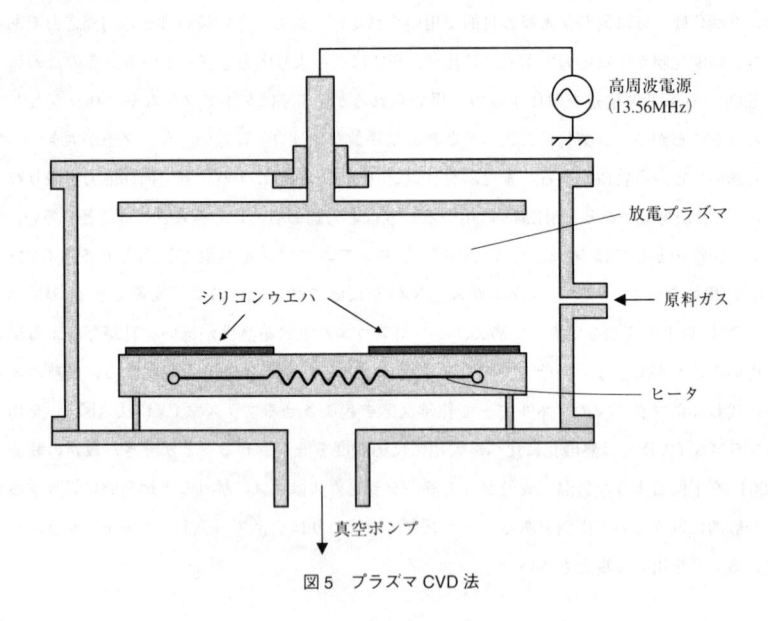

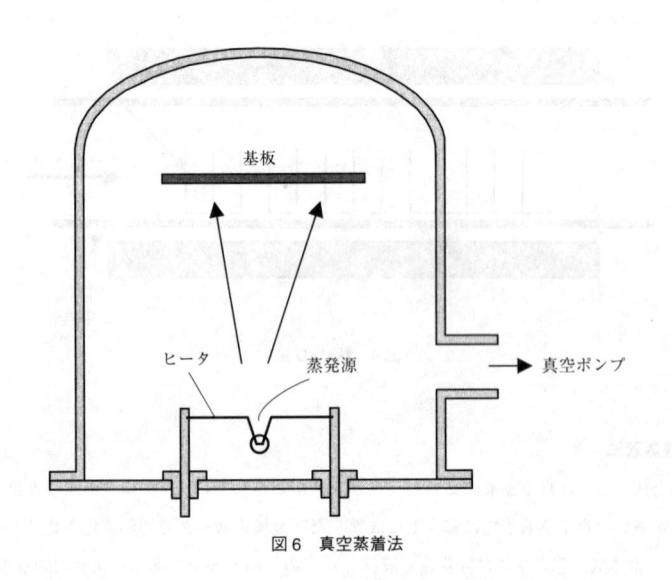

図5 プラズマ CVD 法

図6 真空蒸着法

第1章　プロセス基盤技術

等を蒸着する場合にはタングステンのボートのヒータに通電してジュール加熱により金属を気化させる。融点の高い金属（たとえばCr/AuやTi/Pt）等はタングステンヒータの加熱では十分な温度を得られないのと，タングステンが不純物として混入することを避けるために電子ビーム溶解により金属を気化させる手法が用いられる（電子ビーム蒸着）。またレーザで材料を溶融させたり，紫外線のレーザ（エキシマレーザ）で材料を光分解させたりして蒸着することも行われている。

図7にスパッタリング法の概略を示す。スパッタリング法では真空中に微量の不活性気体（Ar）を導入し，高電圧を印加してプラズマ化する。プラズマ中のイオン化したArを高電圧で加速して，付着させたい金属（ターゲットと呼ぶ）上に高速で衝突させる。アルゴンイオンの衝突によりはじき出されたターゲット金属は微粒子となって基板に高速で衝突する。これにより成膜を行う手法をスパッタリング法と呼ぶ。真空蒸着に比べて，高速で金属が衝突するため膜の密着性が一般に高い。また高周波を印加することにより，金属以外のセラミックス（SiO_2やPZT等）を成膜することができる。

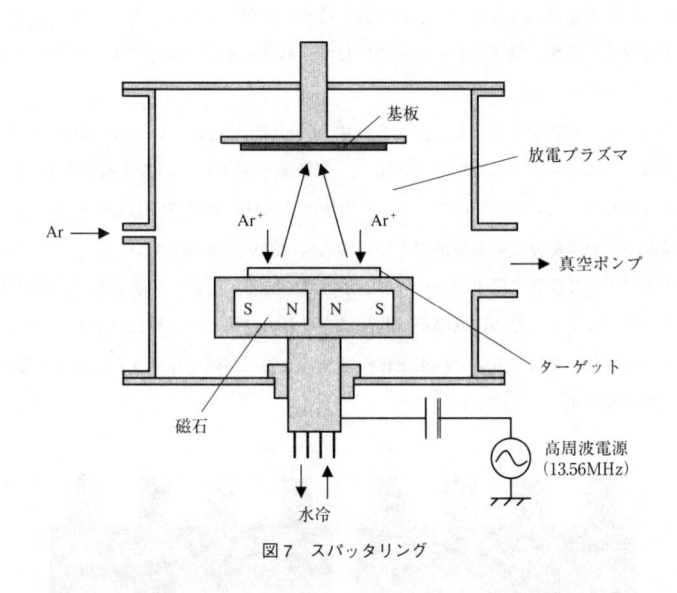

図7　スパッタリング

4.4　めっき法

CVD法であれ，物理的蒸着法であれ成膜工程は一般に速度が遅く，ミクロン単位の膜を成膜するのには，数時間単位の長時間を要する。また前述のように膜には圧縮や引張の残留応力が入っ

ているために,厚い構造を製作すると基板から剥離してしまうという問題がある。ミクロン単位より厚い被膜を得たい場合には,メッキ法(しばしば電気鋳造法,エレクトロフォーミングと呼ばれる)が使われる。ただし使用できる材料は Ni,Cu,Au 等の金属材料に限られる。しばしばエレクトロフォーミングでは mm 単位の厚い構造を製作することも可能である。この手法は口述する LIGA プロセス等でも用いられている。

4.5 アディティブ法とサブトラクティブ法

　成膜プロセスは基本的にウエハ全面に膜を形成するプロセスである。膜を任意の形状に形成するには後述するフォトリソグラフィーをベースとしたパターニングという手法を用いる。任意形状に膜を形成するには図8のように2種類の方法がある。第1の方法は,膜を全面に形成した後に,微細形状の保護膜をつけて,膜のついていない部分を除去(エッチング)する手法(サブトラクティブ法)である。2番目は基板に最初に保護膜を形成し,必要な膜を保護膜の上から形成し,あとで保護膜部分を除去する方法(アディティブ法,あるいはリフトオフ法)。リフトオフ法では境界部の膜が精度良く分離できないと加工精度に問題が生ずる。リフトオフの場合保護膜の厚さを十分厚くするか,側壁のテーパを負にして,形成する膜が分離できるように工夫する必要がある。

　また成膜において重要なこととして付きまわり(Conformality)という言葉がある。付きまわりの良いとは図8に示すようにどの方向にも均一に膜が形成されている状態である。CVD や熱酸化では付きまわりの良い膜が形成される。一方物理蒸着法,特に真空蒸着法では一般に蒸着源から死角になっている部分である側壁や深い穴の底には膜が形成しにくい。このために穴をあけた金属マスクを用いて簡便に膜のパターン加工が可能である。金属マスクと基板の間に隙間ができても,死角となっているために成膜が行われにくいためである。一般にフォトリソグラフィーを繰り返す手法よりも金属マスクで加工を行う場合には加工が簡略化できるために工業的にはコストダウンが図りやすい。

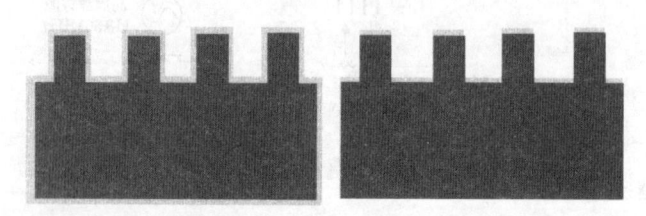

図8　付きまわりの良い成膜(周辺にまんべんなく付く,左)と異方性のある成膜(右)

第1章　プロセス基盤技術

4.6　ドーピング

　シリコンには真性半導体と呼ばれる元来絶縁体と，導体の中間の性質を利用する場合と，微量の不純物を入れた不純物半導体を用いる場合がある。n型であればリン，p型であればホウ素が不純物として含まれる。そのためn型のなかにホウ素をドーピングさせたり，逆にp型にリンをドーピングさせたりしてダイオードを製作することができる。ドーピングする手法にはホウ素を含んだ物質をシリコン基板に付着させ，熱拡散によりしみこませる手法と，イオン化して高電圧で基板に強制的に注入（イオン注入）する手法が一般的である。またドーピング部位をパターニングするには，シリコン酸化膜をマスク材料として用いる（図9）。

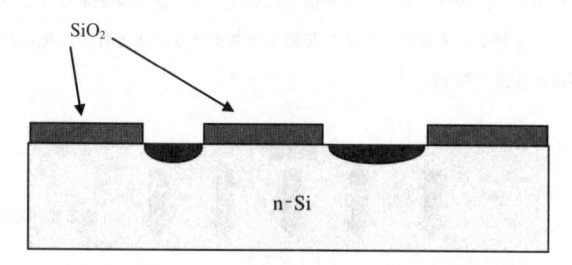

図9　シリコン酸化膜をマスクにしたn型シリコン材料へのホウ素のドーピング

　マイクロマシニングでは，ドーピングによりダイオードを製作する目的よりはn型のなかに不純物を多く含んだ電気伝導度の高い部分を作り，抵抗体を製作することが多い。これら抵抗体は加熱用のヒータとして用いられる一方，応力により抵抗値が変化することを利用した（ピエゾ抵抗型）圧力センサ（図10）の製作にも用いられる。またシリコンにホウ素をドーピングさせた層はKOHエッチングには溶けにくいのでカンチレバーやダイアフラム等を製作するのにも用いられる。

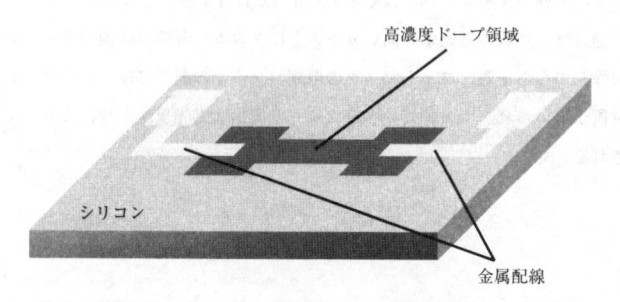

図10　高濃度ドープしたピエゾ抵抗素子による半導体圧力センサの原理

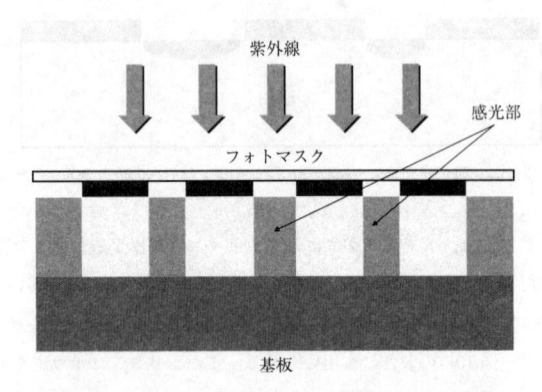

5 フォトリソグラフィーによる微細パターニング

マイクロマシニングにおける微細加工は，フォトリソグラフィーと呼ばれる写真印刷技術により行われる。フォトリソグラフィーは露光，現像を利用して微細パターンをシリコンウエハ上に一括に転写する手法である。原理は以下のようである。まずガラス板上に微細パターンが形成されたフォトマスクを用いる。図 11 に示すようにシリコンウエハ上に塗布したレジストと呼ばれる感光性樹脂を露光してフォトマスク上の微細パターンを転写する。感光性樹脂の光が当たった（露光した）ところとマスクにさえぎられた部分に差が生じ，現像液にどちらかが溶け出しやすくなる。これを利用して，微細パターンを基板上に形成する手法がフォトリソグラフィーと呼ばれる。微細パターンを等倍に露光するための装置をマスクアライナと呼び，縮小投影露光を行う装置をステッパ露光装置と呼ぶ。

図 11 フォトリソグラフィーによる微細パターンの形成

フォトマスクの微細パターンの形状は CAD を用いて設計する。これをフォトマスクメーカに発注すると，通常は紫外線の透過率の高いガラス上にクロムの薄膜の微細パターンを有したフォトマスクを製作してもらえる。フォトマスクの微細パターンの製作には，電子ビーム露光装置やレーザ露光装置が用いられ，フォトリソグラフィーと同様な露光現像工程により，マスクのパターンが作成される。

第1章 プロセス基盤技術

6 除去加工（エッチング）

除去加工（エッチング）は大別して酸やアルカリ等の液体を用いる湿式（ウエット）エッチングと主にプラズマやエネルギービームを用いる乾式（ドライ）エッチングがある。また図12に示すようにエッチング開始点からの加工速度の差に方向性のない等方性エッチングと，ある特定方向に除去速度の高い異方性エッチングがある。更に異方性にはエッチングする材料の結晶方位により除去速度に差が生じる結晶異方性エッチングと，おもにドライエッチングの方向性により垂直に加工が進む異方性ドライエッチングとがある。

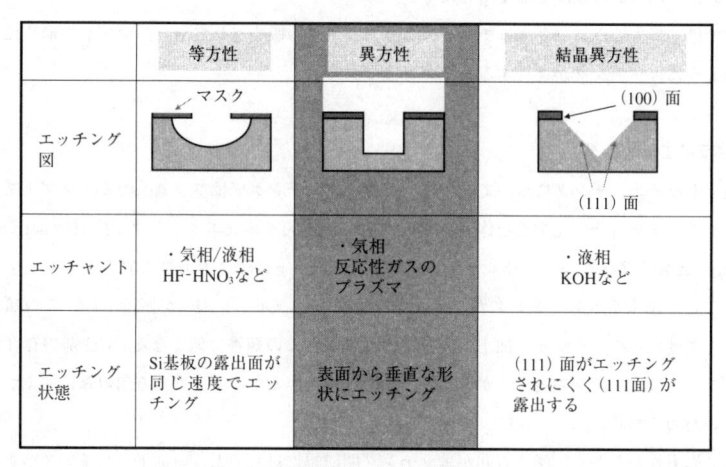

	等方性	異方性	結晶異方性
エッチング図	マスク		(100)面 (111)面
エッチャント	・気相/液相 HF-HNO₃など	・気相 反応性ガスのプラズマ	・液相 KOHなど
エッチング状態	Si基板の露出面が同じ速度でエッチング	表面から垂直な形状にエッチング	(111)面がエッチングされにくく(111面)が露出する

図12　主なエッチング法

6.1 ウエットエッチング

ウエットエッチングは主に単結晶シリコン基板を除去加工する場合（バルクマイクロマシニング）に用いられる。等方性のエッチングとして代表的なものはフッ酸，硝酸，酢酸の混合溶液によるエッチングがある。等方性エッチングの場合にはマスク材料の下部も削られてしまい，オーバーハングした構造はアンダーカットと呼ばれる。マスク材料としてはエッチングに耐える材料ということでシリコンをエッチングする場合にはシリコンの酸化物や窒化物が用いられる。

一方，異方性エッチングでは水酸化カリウム（KOH）水溶液，水酸化3メチルアンモニウム（TMAH）で単結晶シリコンをエッチングすると，単結晶シリコンの結晶面によるエッチング速度の違いを反映したエッチング面が現れる。各結晶面のエッチング速度は（110）＞（100）≫（111）

RF MEMS技術の最前線

という関係にあり，(100) 面と (111) 面のエッチング速度の差は実に 400 倍程度ある.

　以上のようなエッチング速度の面方位依存性を利用することで，シリコン基板に鋭い四角錐のエッチング孔をあけたり，V溝を製作したりすることができる．

　エッチングしたい材料の削れる速度とマスク材料の削れる速度の比を選択比と呼ぶ．通常シリコンに対するシリコン酸化膜の選択比は 300 程度である．そのため数 100 ミクロンのシリコンウエハに貫通孔をあけるには 2 ミクロン程度という厚いシリコン酸化膜が必要となる．MEMSでは厚い酸化膜を成膜する必要があるのは以上のような理由である．シリコン窒化膜では更に高い選択比が期待できるため薄い窒化膜で良い．しかしながら CVD により成膜をする必要があるため，装置に制約のある状況では使用しにくい.

　現在では，異方性ウエットエッチングのシミュレータも販売されており，マスクの形状に対してどのようにエッチングが進行するか予想可能である．

6.2　ドライエッチング

　続いてドライエッチングについて述べる．ドライエッチングではフッ素系のガスをプラズマ化してエッチングを行う．化学的な作用を伴うために化学的イオンエッチング RIE (Reactive Ion Etching) とも呼ばれる．多くのエッチング装置ではモードにより等方性と異方性のエッチングを行うことが出来る．エッチングガスとしては主に SF_6, CF_4, CHF_3 が使用され，この順番でエッチング速度が小さくなる．加工の等方性の度合いもこの順番で低くなる．CH 基の存在が多いほどフルオロカーボンの度合いが増えて，側壁を保護するために，垂直方向のみに加工が進行しやすいためである．

　極端に異方性がたかく，深さ方向がエッチング開口幅に対して大きい加工（ハイアスペクト比加工）を行うエッチングを DRIE (Deep Reactive Etching) と呼ぶ．このような DRIE の装置ではプラズマのエネルギーをあげるために，ICP と呼ばれる誘導結合型のプラズマ源を用いる．またマスクのエッチング選択比をあげるために，SF_6 による RIE→エッチングされた面を C_4F_8 膜で保護→Ar イオンで底面の C_4F_8 膜だけ除去→SF_6 による RIE……という工程を繰り返す．この方法は BOSCH プロセスと呼ばれており，市販の DRIE 装置はほとんどこのプロセスを用いている．実際にはわずかに横方向にもエッチングされるため，エッチングの繰り返しに応じた段差が壁面に形成される．マスク材はフォトレジストが選択比が数 10 あるために十分であるが，ウエハ貫通など長時間の RIE を行う場合は選択比が 200 程度とれるシリコン酸化膜を利用する．

6.3　サーフェスマイクロマシニング

　これまでエッチングとして主にシリコン基板全体を除去するバルクマイクロマシニングを念頭

第1章 プロセス基盤技術

に置いて解説したが，ここではサーフェスマイクロマシニングに特有の犠牲層の形成と除去を中心に述べる。図13にサーフェスマイクロマシニングとバルクエッチングによるカンチレバー形成の基本プロセスを示す。サーフェスマイクロマシニングではあらかじめ犠牲層を成膜，パターニングし，その上にマイクロ構造体となる材料を成膜して，その後，犠牲層だけを選択除去可能なエッチャントにてウエット，あるいはドライエッチングすると，自立構造が形成できる。この自立膜は静電力や，電磁力等により駆動でき，微少なアクチュエータとして利用できる。

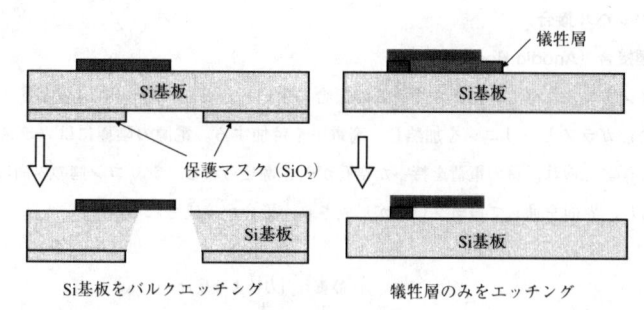

図13 バルクエッチングによる方法と，犠牲層エッチングによる片持ち梁の製作

7 パッケージング

MEMS デバイスも電子デバイス同様にパッケージをおこなって完成となる。電子デバイスと異なるのは，必ずしも薄利多売でなく，多品種少量であることと，可動部を有することである。このため，パッケージのコストは製品全体のかなりの割合（時に数10%以上）となることがあり，MEMSのビジネス化にとって最も重要な問題である。MEMSのパッケージングにおいてはウエハレベルの接合と電気配線が問題となる。また光MEMSにおいては光導波路と光ファイバーの接続，流体を扱うMEMSでは流体の接続（要するに水の細かい配管）が問題となる。すべてを扱うことは困難であるため，本章では主に接合，電気配線等について簡単な解説を行う。

7.1 ウエハレベルパッケージの重要性

通常の半導体デバイスではデバイスをダイシングソーで切り離し，必要な配線をワイヤボンダーで配線後に樹脂で包み込んでパッケージを行う。多量生産の半導体チップについては，これで問題はないが少量多品種のMEMSでは以下の問題がある。
・MEMSでは同一ウエハ上に複数種類のデバイスを乗せる場合も多く（マルチチップ），デバイスごとの別個のパッケージ工程を入れるとコストがアップする。

RF MEMS技術の最前線

・MEMS は可動部を有するのでダイシングソーで切断するのは避けたい。

そこで MEMS では一端ウエハに蓋をして（デバイス封止）配線を行った後に切断し、樹脂でくるむ方法（ウエハレベルパッケージ）が有望視されている。MEMS で主に用いられる封止のためのウエハレベル接合法には、以下の陽極接合、直接接合、接着剤等がある。以下にウエハレベルの接合法、電極フィードスルーの作成法について解説する。

7.2 ウエハレベル接合

7.2.1 陽極接合（Anodic Bonding）

本手法はシリコンとパイレックスガラスの接合に用いられる。原理は図 14 に示すように可動イオンを含むガラスとシリコンを加熱し、高電圧を付加する。電源の陰極にはガラス中の Na^+ イオンが引き寄せられ、負の電荷を持った空孔が引き寄せられる。シリコン側の界面には正孔が引き寄せられ、界面を通して電気2重層が形成され、接合が達成される。

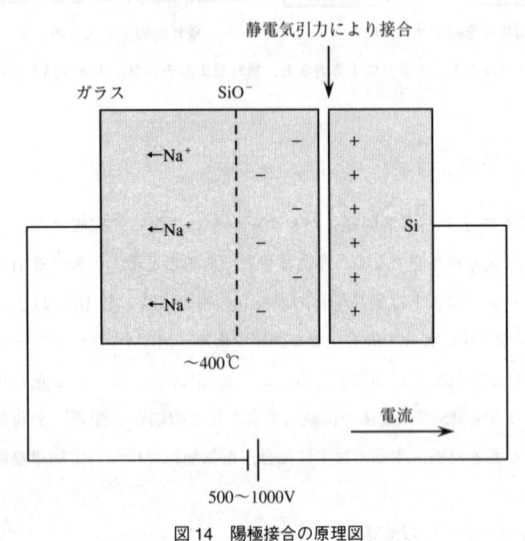

図 14 陽極接合の原理図

シリコンとパイレックスガラスは熱膨張係数がほとんど同じなので、高温で接合して冷却しても熱応力による破壊はおこらない。陽極接合は真空中で行うと真空封止ができる。場合によりシリコンとパイレックスガラスはアライナにより、位置あわせする必要がある。

第1章 プロセス基盤技術

7.2.2 シリコン直接接合（Silicon direct bonding or fusion bonding）

図 15 のようにシリコン表面に化学処理を施し，水酸基を形成する。200℃ 以下で熱処理し，水素結合を利用して接着する。その後高温に加熱し，接合を完成させる。利点は完全な接合が達成されることで，欠点はプロセスが 1000 度以上の高温になることである。マイクロマシニングしたウエハを接合し，シリコン内にキャビティを作成したりする場合にも用いられる。この場合ウエハ同士のアライメントが必要になる。アライメントはマスクアライナと同じ機構を用いる。

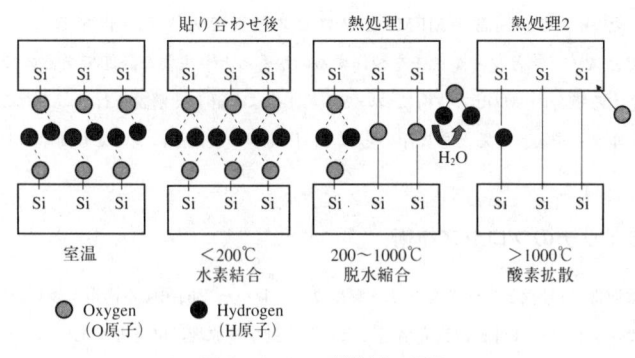

図 15　シリコン直接接合の原理

7.2.3 その他の接合

このほか接着剤を用いる方法，ロウ付け，水ガラス接合，拡散接合のような手法が用いられている。接着剤は簡便である接着剤自身が微細な溝をふさいだりすること，耐熱温度があまり高くないことが問題である。

7.3 封止したデバイスからの電気配線のとりだし

シリコンの上に形成したデバイスにガラス等で蓋をし，ダイシングソー等で分離した後，電極をつける必要がある。これにはガラスに孔をあけ，シリコン上の電極パッドに電気的接続を行う。ガラスに微細な孔をあける手法には，電解放電加工，サンドブラスト法があるが，孔の径を数 100 ミクロン以下とするのは困難である。レーザ法が微細な孔には有望であるが，ガラスが損傷してオーバーハングになり，電気的接続不良を起こす場合がある。反応性ドライエッチ法が最も微細な孔をあけられる可能性があるものの，エッチング速度が大きくないことやコストがかかることが課題である。

第2章　RF MEMS のプロセス技術

前田龍太郎[*1]，小林　健[*2]

1　はじめに

　RF MEMS といっても通常の MEMS とプロセス技術で大きく変化することはない。RF MEMS ではスイッチとフィルターを製作するのがもっとも主要な課題であるので，これらの素子を製造する場合のプロセス技術について，第 1 章より詳しく解説を行う。またこれらのスイッチやフィルターを製作するときに用いられる，圧電膜の製造法についても簡単に解説する。

2　RF スイッチのプロセス技術

　スイッチは通常，信号線とアースをブリッジやカンチレバーで開閉する構造が多い。そのためのブリッジやカンチレバーは可動の自立構造となる。駆動する原理は静電力や電磁力等を利用する。
　図1に片持ち梁（カンチレバー）の静電力アクチュエータを示す。カンチレバーが静電気の力で下がり，戻るときはバネの復元力で戻る構造である。この構造を製作するには基板（シリコン），下部電極（金属），上部電極（金属），ポスト（シリコン酸化物等），梁（圧縮応力のためシリコン酸化物），犠牲層（レジスト等）で構成される場合が多い。上記のカンチレバー型静電ア

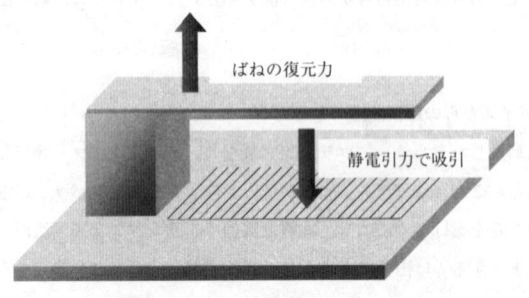

図1　カンチレバー型静電アクチュエータ

---

*1　Ryutaro Maeda　㈱産業技術総合研究所　先進製造プロセス研究部門　グループ長
*2　Takeshi Kobayashi　㈱産業技術総合研究所　先進製造プロセス研究部門　研究員

第2章 RF MEMS のプロセス技術

クチュエータの製造プロセスを図2に示す。

　図2の上部に示す製造法は第1章で示した通常の犠牲層プロセスである。下部に示すものは本質的には上部のものと同様な構造であるが、カンチレバーが基板表面にあり、下部電極は基板に埋没しており、実装後の電気特性が良い。この構造を製作するにはICPを用いたDRIEで基板に孔をあけ、犠牲層を埋め込んだ後、CMP（Chemical Mechanical Polishing）と呼ばれる手法で平坦化研磨を行う必要がある。通常の機械研磨では犠牲層と基板を研磨すると、柔らかい方が先に削れてしまい、平坦化が困難である。CMPでは化学的な研磨効果も加えて平坦化を行う。

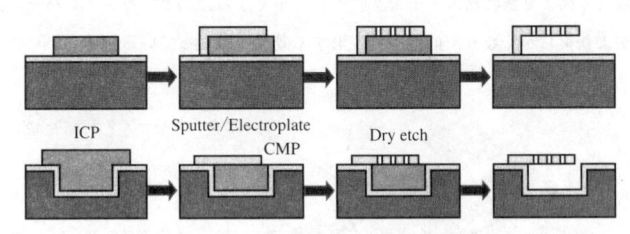

図2　カンチレバー型静電アクチュエータの製造プロセス

　実際の高周波スイッチデバイスでは、静電力で上下の電極が接触したり、離れたりすることを利用して、信号の切り替えを行う。金属同士が直接接触してスイッチの切り替えをするオーミックタイプと、誘電体を挟んで電気的に結合するキャパシティブタイプのスイッチがある（図3）。両方のタイプともにブリッジやカンチレバーに作られた電極と下部の電極はなるべく離れている方が、スイッチとしての特性は良い。オーミックタイプでは上部の電極が離れているほど、スイッチがOFF時の高い絶縁性が確保でき、上下の電極が密着しているほどスイッチON時の挿入損失が小さくなる。キャパシティブタイプのスイッチでは、以上とは全く逆に上部の電極が離れて

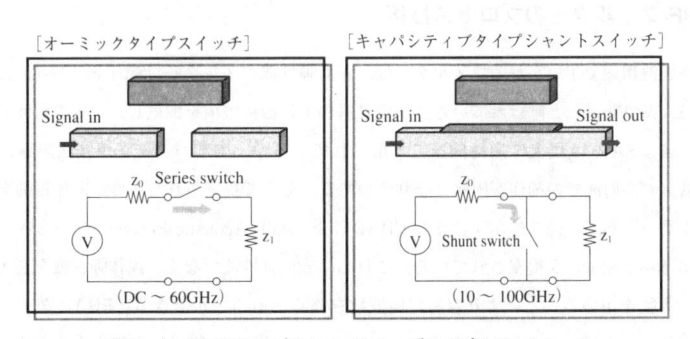

図3　オーミックタイプとキャパシティブタイプのRFスイッチ

43

いるほど，スイッチが ON 時の挿入損失が小さくなり，上下の電極が密着しているほどスイッチ OFF 時の絶縁性が確保される。いずれにしても上部電極と下部電極は上下に動く距離が大きいほど，スイッチの切れ味（絶縁性が高く，挿入損失が小さい）は良くなるためにアクチュエータは変位量が大きいことが期待される。しかし静電力型では変位量を大きくするためには，駆動電圧を大きく取る必要があり，電極間のスティッキング等の問題が起こり易くなる。RF MEMS スイッチではこれが信頼性を左右する大きな問題である。

図4に示したようにカンチレバーや信号線そのものに微細な孔を多数あける場合が多い。これは孔をあけることにより犠牲層エッチングの進行を早くするためと，カンチレバーに孔のある場合には構造がより柔らかくなり，低電圧で変形する効果をねらっている。

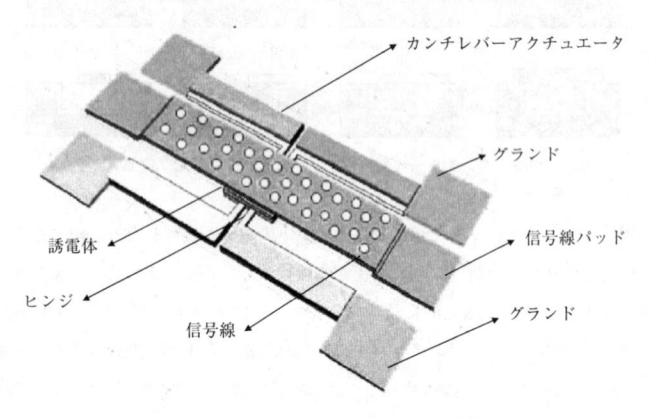

図4　キャパシティブタイプのスイッチ構造

3　RF フィルターのプロセス技術

通常高周波用途で用いられるフィルターは，表面弾性波フィルター（Surface Acoustic Wave Filter：SAW Filter）と呼ばれている。圧電材料の上に櫛歯電極を配置し，特定の周波数だけを通過させる。SAW は現実に通信機器に多用されているが，内部パターンが寸法限界に近く，3 GHz 以上の高周波での動作が困難になりつつある。そこで提案されたものが固体振動を利用するフィルターであり，図5に示すような FBAR（Film Balk Acoustic Resonator）や SMR（Solidly Mounted Resonator）が提案されている。これらは表面弾性波でなく，固体弾性波を利用しているので，薄膜を用いることにより容易に周波数を高くすることができる。FBAR タイプでは振動体の下を空洞とすることで，振動を閉じこめている。従って FBAR を製作するためには，圧

第2章　RF MEMS のプロセス技術

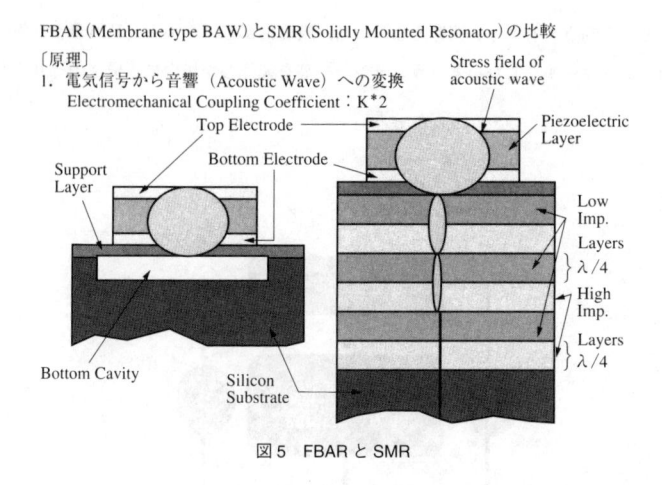

FBAR（Membrane type BAW）と SMR（Solidly Mounted Resonator）の比較
〔原理〕
1. 電気信号から音響（Acoustic Wave）への変換
   Electromechanical Coupling Coefficient：K^{*2}

図5　FBAR と SMR

電素子を中空構造とする必要があり，第1章で述べた犠牲層を用いる方法と，バルクエッチングで下部を空洞とする手法が考えられる。

これに対して SMR では空洞を形成する代わりに，音響的な高インピーダンス薄膜と低インピーダンス薄膜を多層に積層し，弾性波の干渉を利用して，振動の閉じこめを行う。ここでは多層膜の膜厚を数 nm 程度の精度でコントロールする必要があり，通常のスパッタ装置よりも格段に高い性能が望まれており，量産化が遅れている。

4　圧電膜の製造法

第3章で詳述するが，ここでは簡便な手法であるゾルゲル法について解説する。圧電体とは電圧をかけると，機械的に変形する材料である。圧電常数とは単位電圧あたりの，変位量の目安であり，圧電常数とヤング率の積が大きいほど出力の大きなアクチュエータとして期待される。圧電体としては ZnO や AlN がよく知られており，スパッタ法で製作されているが，あまり大きな圧電常数は報告されていない。これに対し PZT（チタン酸ジルコン酸鉛）膜はアクチュエータとして期待されているが，材料学的に製造が困難である。ゾルゲル法は以下の手法により行われる。まずチタンとジルコニウムがプロパノール等のアルコールに溶けた液体と酢酸鉛の混合溶液（前駆体）を調整する。これを下部電極を形成した基板上に滴下し，スピンコーティングで薄膜に塗布する，これに図6に示す熱処理プロセスを繰り返し，最終の PZT 膜を得る。この手法はスパッタ法等の手法に比べると，大がかりな装置がいらず，かつ大面積化する場合にもコストが

45

RF MEMS技術の最前線

かからないという利点を有する。問題となるのは，膜の内部応力である。熱処理や電極の厚さ等の内部応力コントロールをしないと，カンチレバー等を製作した場合に，構造のそりなどが問題となる。

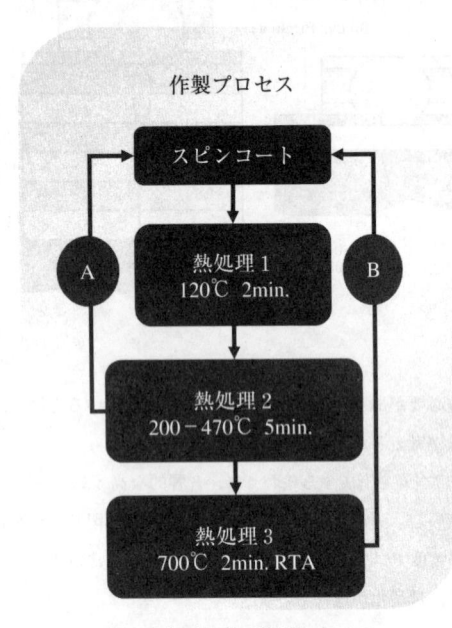

図6 ゾルゲル法の熱処理プロセス

図7 圧電素子で作成したカンチレバー左（熱処理前），右（熱処理後）

第3章　圧電薄膜を用いた RF MEMS スイッチの開発

神野伊策*

1 はじめに

1.1 圧電マイクロアクチュエータ

　高度情報化社会の進展とともにエレクトロニクスデバイスのあらゆる分野で小型化・高速化・高機能化の努力が続けられており、特に半導体分野における微細加工技術の急速な進展がその大きな原動力となっている。メカニカルデバイスの作製においても、1980年頃から半導体プロセスの特徴を大幅に取り入れた手法が本格的に検討されるようになり、センサ・アクチュエータの集積デバイスである MEMS（Micro-Electro Mechanical Systems）技術が実用化の段階に入ってきた。しかしながら、半導体プロセスは基本的に高い生産性を維持するために、新しい材料の導入に対して非常に保守的な分野であり、MEMS においても Si を中心とした比較的シンプルな材料系を使用する傾向があった。そのため、特にアクチュエータ素子においては電極間に電場を印加することによって発生する静電力を用いたデバイスが開発の中心となっている。
　静電アクチュエータの利点は、対向した電極間に電圧を印加することで引力が生じるという非常にシンプルな駆動原理によるものあり、そのため微細加工した Si 構造物に選択的に電極を付与することで容易にマイクロアクチュエータが完成する。しかしながら発生力は比較的弱く、引力のみの駆動と言った制限から実用的なデバイス開発においてもその適用範囲は限られたものにならざる得ない。一方で、MEMS デバイスが様々な機能性材料技術と融合することで幅広い分野への応用展開が可能となる。圧電材料は電圧を加えると伸縮する性質を示し、一般に複合酸化物で構成される機能性材料である。ここでは圧電材料を使った MEMS デバイスの特徴およびその応用である RF MEMS スイッチへの展開について紹介する。

1.2 圧電駆動 MEMS スイッチの特徴

　MEMS アクチュエータの駆動法としては、静電、圧電、熱、磁気によるものに大きく分けることができる。それぞれに駆動法には特徴があり、発生力や駆動電圧・電力消費量、レスポンスや素子間のクロストーク等の違い、また微細加工性やそのコストにより適用するデバイスに合わ

＊ Isaku Kanno　京都大学　工学研究科　マイクロエンジニアリング専攻　助教授

RF MEMS技術の最前線

せてアクチュエータの種類が選択される。圧電駆動アクチュエータは一般に下記の様な特徴が挙げられる。

- 体積変化による駆動のため変位量は小さいが精密制御が可能
- 比較的大きな力が発生する
- 電圧駆動であり消費電力は小さい
- 印加電圧の極性を変えることによりプッシュ・プル駆動が可能

　欠点としては、材料がセラミックスであるため微細加工が容易でない、また分極が不安定な場合は脱分極による変位量の経時変化がみられると言ったことが問題となる。

　圧電 MEMS アクチュエータは、特に低消費電力・低電圧駆動が可能な方式として期待されており、特に微細加工を行う必要性から圧電体の薄膜化が必要となる。図1に圧電薄膜を用いたMEMSデバイスの応用例を示す。圧電アクチュエータは比較的低電圧で大きな力が発生可能なことから、インクジェット等のマイクロポンプ、HDD用2段アクチュエータ[1]の実用化開発が行われており、この他光MEMS応用としてマイクロ光スキャナー用アクチュエータ[2]としての検討も進められている。またセンサデバイスとしては圧電薄膜を振動子としたマイクロジャイロセンサ等への商品化も行われている。

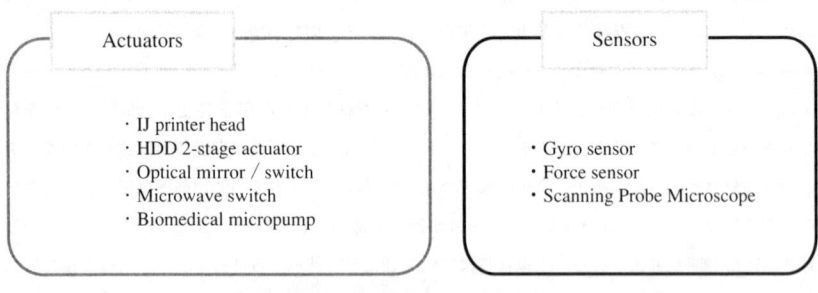

```
┌─────────────────────────┐    ┌─────────────────────────┐
│      Actuators          │    │       Sensors           │
│                         │    │                         │
│  · IJ printer head      │    │  · Gyro sensor          │
│  · HDD 2-stage actuator │    │  · Force sensor         │
│  · Optical mirror/switch│    │  · Scanning Probe       │
│  · Microwave switch     │    │    Microscope           │
│  · Biomedical micropump │    │                         │
└─────────────────────────┘    └─────────────────────────┘
```

図1　圧電薄膜を用いた MEMS アプリケーション

　MEMSスイッチへの応用を想定した場合、特に情報端末への応用には駆動電圧の低電圧化が必須であり、この点では圧電駆動が静電駆動よりも有利であると言える[3]。また、プッシュ・プル駆動も可能なことから静電で問題となるスティクションについても圧電ではあまり問題とならない。しかしながら、微細加工プロセスによる製造を行うために高い圧電特性を有する薄膜材料をいかにして手に入れるかが開発のスタート地点となる。現在、いくつかの機関で圧電RF MEMSの研究が進められているが、特にLG電子では5V以下の電圧でのスイッチングを達成しており、低電圧駆動に対して圧電薄膜のもつ可能性については既に実証済みである[4]。今後実

第3章 圧電薄膜を用いたRF MEMSスイッチの開発

用化へ向けては，圧電駆動の安定性および信頼性向上が課題となると思われる．

2 圧電薄膜成膜プロセス

2.1 薄膜材料

圧電性は絶縁体の中で結晶異方性を持つ材料が示す性質であり，正確には圧力を加えて電荷が発生する圧電効果と，電圧を印加してひずみや応力を発生する逆圧電効果を有している．圧電体の中で高い圧電特性を示す材料としては反転可能な自発分極を有する強誘電体があり，これまで様々な材料が開発されてきた．圧電材料のなかで最も広く用いられているものとしてPZT系材料がある．この材料は強誘電体の $PbTiO_3$ と反強誘電体の $PbZrO_3$ の固溶体で，正方晶と菱面体晶の相境界位置である $Zr/Ti = 52/48$ 付近の組成で圧電特性や誘電特性の極大が見られることが知られている（図2）．

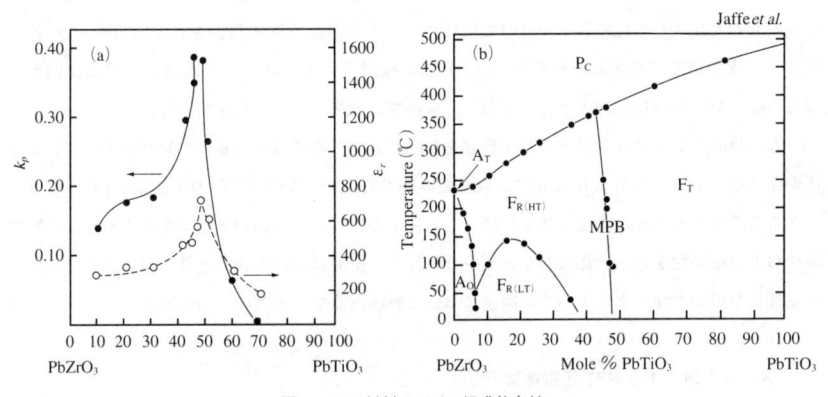

図2 PZT材料のZr/Ti組成依存性
(a) 圧電特性・誘電特性, (b) 結晶構造

圧電材料をMEMSに応用する場合，薄膜化が必要であるが，代表的な強誘電体であるPZT材料の薄膜化は，圧電素子としてよりも分極反転特性を利用した半導体記録素子への応用による開発が先行しており，不揮発メモリ（FeRAM）として実用化されている．強誘電体メモリとしての強誘電体薄膜化の開発は，同じPZT系材料を用いるといった点で圧電素子の薄膜化において，特に材料・プロセス技術の面で大きな進展を与えた．強誘電体メモリに用いる強誘電体薄膜は，その膜厚が $0.1\mu m$ 程度であるが，一方圧電素子の場合比較的大きな力を発生させる必要からその膜厚が $1\mu m$ 以上のものが多い．膜厚を $1\mu m$ を境に薄膜と厚膜とに分類する場合もある

が，今回は同様のプロセス技術を用いるといった観点で 1μm 以上の膜も薄膜として取り扱うことにする。

2.2 成膜プロセスの特徴

強誘電体メモリの作製プロセスから発展した PZT 薄膜作製プロセスは大きく分けてスパッタ法，ゾルゲル法 (CSD 法)，CVD 法に分けることができる。いずれのプロセスも圧電応用に関してはまだ開発途上であり，標準となるプロセスは確定されていない。しかし，3μm 程度の PZT 薄膜の成膜を考慮した場合，組成安定性，堆積速度の点から，量産までつながるプロセスとしてスパッタ法が有利であると思われる。スパッタ法は気相成長による成膜法のため，CVD と同様エピタキシャル基板を用いることにより単結晶配向膜であるエピタキシャル薄膜を得ることができる。この他，スパッタ法により成膜した強誘電体薄膜は上から下向きの安定な自発分極が膜形成時に生じており，一般にバルク材料で行われる様な高電圧印加によるポーリングを行わずとも圧電性を得ることができる。この特徴は圧電特性の安定性にも反映しており，ゾルゲル法による成膜のものと比較した圧電定数の経時変化についてもその優位性が報告されている[5]。この他，同じ気相成長法でパルスレーザ蒸着 (PLD) 法も検討されているが，大面積の成膜には向かないため研究レベルの検討にとどまっており，量産プロセスとしては利用できない。

一方，膜厚が数ミクロン以上の厚膜形成を目的として，明渡らによるエアロゾルデポジション法が開発されており，各種応用に向けた取り組みが進められている[6]。この手法は PZT 等セラミックスの微粉末を基板に高速に吹き付け，その粒子の持っている高い運動エネルギーにより膜の堆積および結晶化を行う。比較的シンプルな装置で，室温における強誘電性も報告されており，圧電材料を用いたマイクロデバイス開発において興味あるプロセスの一つである。

2.3 スパッタ法による PZT 圧電薄膜の形成

スパッタ法による PZT 薄膜の一般的な成膜条件を表1に示す。圧電性を示す薄膜を得るために PZT をペロブスカイト構造に結晶成長させる必要がある。そのため基板温度を約 600℃ 程度に加熱した状態で成膜を行う。ターゲットは PZT の焼結体を用いるが，絶縁体であるため高周波による RF スパッタが通常用いられる。形成した膜が酸素欠損しないように，スパッタガスである Ar の他に O_2 を加えた反応性スパッタにより薄膜を成長させる。基板は通常 Si 基板を用い，密着層として Ti もしくは TiO_2 を形成した後に Pt 電極をスパッタで形成する。電極の厚みは後の微細加工の障害とならないように通常 200 nm 程度の厚みで十分である。Pt は高温の酸化雰囲気においても安定であり，格子定数が 3.9Å と PZT の a 軸長さとほぼ同じであることから電極材料として良く用いられる。この他，エピタキシャル基板として MgO が良く用いられ，この表

第3章　圧電薄膜を用いたRF MEMSスイッチの開発

表1　PZT薄膜のスパッタ条件

Target	$[Pb(Zr_{0.53}Ti_{0.47})O_3]_{0.8} + [PbO]_{0.2}$
Substrates	(111)Pt/Ti/Si
Deposition temperature	～600℃
Sputtering Gas	$Ar/O_2 = 19/1$
Pressure	～0.5 Pa
Film thickness	2～3 μm

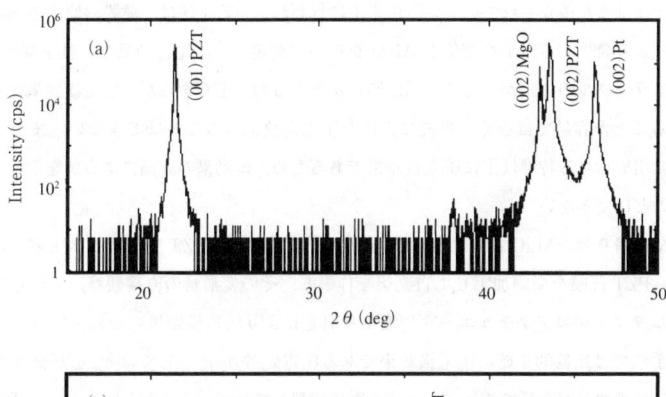

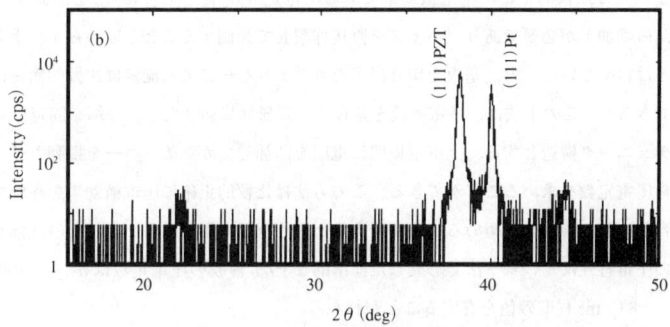

図3　PZT薄膜のX線回折パターン
(a)（100）Pt（100）MgO基板, (b)（111）Pt Ti SiO$_2$ Si基板

面にもPtを下部電極としてエピタキシャル成長させたものがPZTの成長に利用される。図3にMgOおよびSi基板上に形成したPZT薄膜のX線回折（XRD）パターンを示す。Si基板ではPt電極が（111）面に配向した多結晶膜として成長するため、その上に形成するPZT薄膜も多結晶構造となる。

一方MgO基板は、その格子定数が4.2Å程度でPt電極と近い値を有しているため、Ptを

(100)面にエピタキシャル成長させることができる。この基板上にPZTはc軸に配向したエピタキシャル薄膜の成長が可能となり、正方晶の分極軸に電圧を印加することから高い電気機械変換効率を有することが知られている。

2.4 圧電特性評価

薄膜材料の圧電定数の測定は、バルク材料と比較して厚みが非常に薄く、変形量が小さいため標準的な手法はまだ確立されていない。従来主に行われている手法は、薄膜の厚み方向に電圧を加えそれにより発生する微小な変位をAFMを用いて測定し、圧電縦効果の特性を評価する[7]。この手法はサンプルの加工が不要で容易に測定ができる利点を有するが、圧電横効果による影響を除外することが容易ではなく、単純に正確な圧電定数を得ることはできない。また、MEMSデバイスで用いられる特性は主に圧電横効果であるため、縦効果の評価による値をそのまま設計に生かすことはできない。

これまで筆者らは、MgO基板上およびSi基板上に形成したPZT圧電薄膜の圧電特性評価に取り組み、PZT薄膜を微細加工して自立梁を作製し、その変形量の直接観察、もしくは後述するユニモルフマイクロアクチュエータの変位量測定により圧電横効果の評価を行ってきた[8,9]。これらの手法では比較的正確に圧電横効果である圧電定数d_{31}、もしくはe_{31}を評価することができるが、微細加工が必要でありデバイスを直接作製して評価することと変わらず、手間がかかり実用的とは言えない。一方、基板を切り出したカンチレバーによる測定は比較的簡便に圧電定数を評価できる[10]。この手法は、圧電薄膜を基板ごと短冊状に切りだし、一端を固定してユニモルフアクチュエータ構造とする。上下電極間に電圧を印加してカンチレバーを振動させ、その先端変位から圧電定数を求めることができる。この方法は比較的正確に圧電横効果を評価することができ、容易に膜の特性を見極めることができるという点で有用である。これらの評価から得た薄膜材料の圧電特性は、スパッタ法で形成した標準的なPZT薄膜の圧電定数はd_{31}~-100 pm/V、e_{31}は-5~-8 C/m^{2}程度の値を有することがわかる。

3 RF MEMSスイッチの作製プロセス

形成した圧電薄膜は、微細加工技術を用いてマイクロカンチレバー（片持ち梁）もしくは両端支持梁構造に加工してON-OFF動作時に梁にたわみを生じさせ、高周波の伝送線路と機械的に接触、もしくは静電容量の比を利用することによりスイッチとすることができる。我々はこれまでに両端支持構造および片持ち梁構造のマイクロアクチュエータの作製を行ってきたが、基本的な構造はユニモルフアクチュエータとなる。この構造は、バルク材料で一般的な圧電層を2層重

第3章　圧電薄膜を用いた RF MEMS スイッチの開発

ね合わせたバイモルフに対して、圧電層が1層でこれと振動板となる弾性層とを接合した構造となる（図4）。一般に圧電薄膜を用いたマイクロアクチュエータは、バイモルフ構造で存在する中間電極の形成が難しいことから、圧電層が2層重ね合わせのバイモルフ構造よりも1層のみのユニモルフ構造をとることになる。ユニモルフ構造はバイモルフ構造と比較して、弾性層と圧電層との機械特性が同じ場合得られる変位量は半分となる。しかし薄膜材料の場合、バルク材料で必要な接着剤による層間接合が不要となり、接合の不安定性を回避することができるといった利点がある。

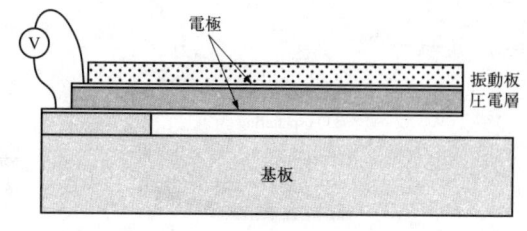

図4　ユニモルフアクチュエータの構造

圧電薄膜を用いたマイクロアクチュエータプロセスの概略を図5に示す。はじめにSi基板上に電極となるPt/Tiをスパッタで形成し、引き続き先に示した条件でPZTの成膜を行う。次に梁の形状に上部電極の形成とパターンニングを行うが、この電極が振動板を兼ねることになる。今回は蒸着で容易に厚い膜が得られるAlもしくはCrを用い、リフトオフにより梁状の構造にパターンニングした。引き続きPZT薄膜のエッチングに移るが、ウエットおよびドライの両方のエッチングが可能である。ウエットエッチングの場合はフッ硝酸を用いるが、等方性のエッチングのためサイドエッチングによる形状変化を考慮する必要がある。3μm程度の膜厚の場合は少なくとも両サイド5μm程度のマージンが必要になる。幅が50μm程度の梁の場合は、圧電振動特性に与える幅の影響も小さいためウエットエッチングで対応可能である。更に微細な形状加工が必要な場合はICP-RIEによるドライエッチングによる処理が必要であり、塩素系のガスを用いてミクロンオーダーの膜厚のPZTエッチングも検討されている。

PZT膜のエッチングの後は下部電極および梁の下部に存在しているSi基板除去の工程に移る。Pt/Ti層は反応性に劣るが膜厚が薄いため、通常のRIE装置を用いてArによる物理的なドライエッチングで除去する方法が一般的である。露出したSiはSF$_6$による等方性エッチングによって梁をリリースする。図6に完成したカンチレバーおよび両端支持梁構造のマイクロアクチュエータの外観を示す。このアクチュエータ部を伝送線路と一体化することによりMEMSスイッチが完成する。図より明らかなように、カンチレバータイプのアクチュエータは応力バランスをとることが技術的な課題であり、梁が反り返ることがしばしば起こる。スイッチング素子としての応用を考える場合には平坦なカンチレバーを作製することが不可欠となり、この点においては両端支持梁構造の方が安定な構造を作製することができる。しかしながら後述するように両端支持

RF MEMS技術の最前線

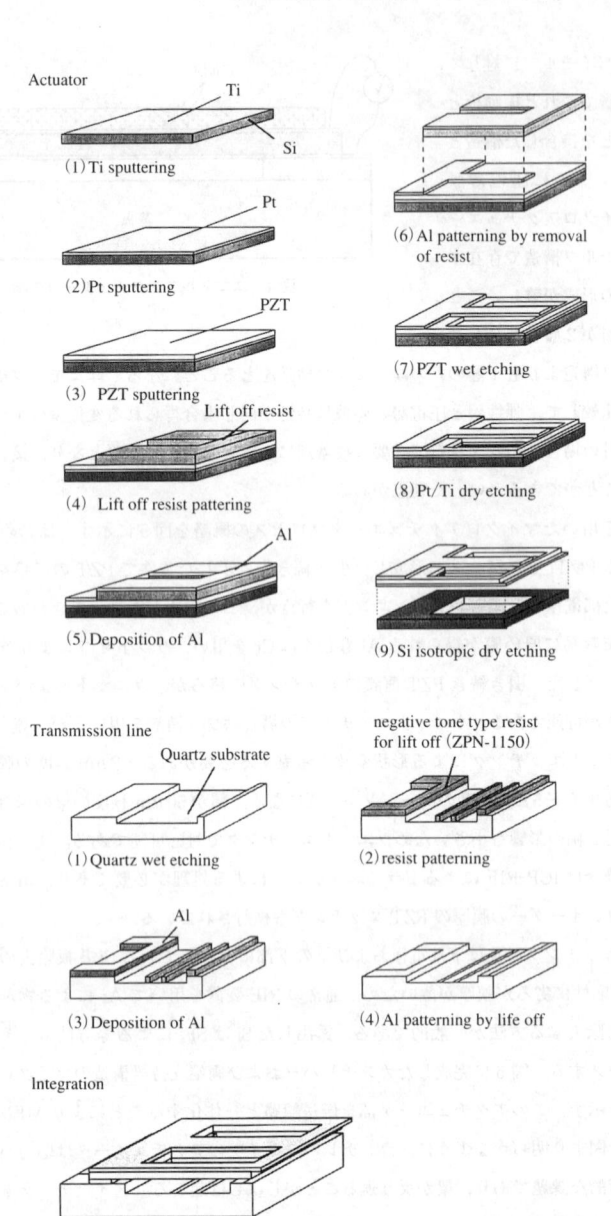

Actuator

(1) Ti sputtering

(2) Pt sputtering

(3) PZT sputtering

(4) Lift off resist pattering

(5) Deposition of Al

(6) Al patterning by removal of resist

(7) PZT wet etching

(8) Pt/Ti dry etching

(9) Si isotropic dry etching

Transmission line

(1) Quartz wet etching

(2) resist patterning (negative tone type resist for lift off (ZPN-1150))

(3) Deposition of Al

(4) Al patterning by life off

Integration

図5　圧電MEMSスイッチの試作工程

第3章　圧電薄膜を用いた RF MEMS スイッチの開発

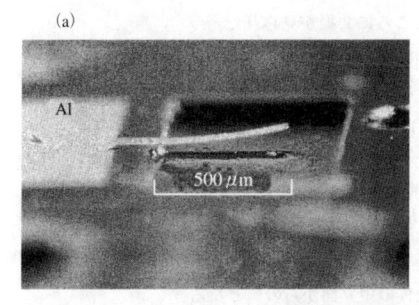

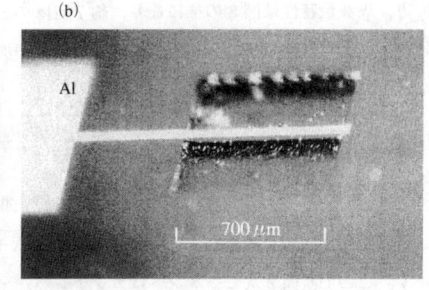

(a)　　　　　　　　　　　　　(b)

図6　PZT 薄膜を用いたマイクロアクチュエータの外観写真
(a)　片持ち梁構造，(b)　両端支持梁構造

構造では梁の剛性が増す分変位量が小さくなり，この点を設計と試作とで克服することが重要な点となる。

4　アクチュエータ特性

アクチュエータ特性はレーザドップラー振動計を用いて計測する。梁の上下電極間にサイン波を印加し，梁の変位量を測定した。図7に梁の長さ500 μm のカンチレバータイプのアクチュエータにおける電圧と先端変位量の関係を示す。図より，5 V の低い電圧においても約 1 μm の変位が得られた。このことから，カンチレバーと伝送線路とのギャップを 1 μm とした場合，5 V の電圧においてスイッチングが可能であることを示している。しかしながら今回の試作で得られた変位は，圧電定数から計算した値よりも 1/5 の低い値となってしまい，微細加工によるダメージとカンチレバー裏面の Si の残留が影響したためと考えている。一

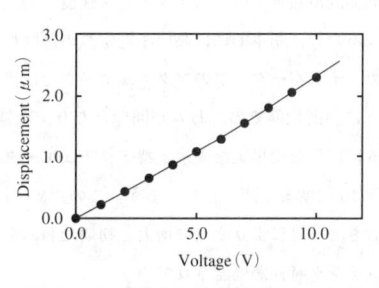

図7　カンチレバー構造のマイクロアクチュエータにおける印加電圧と先端変位量の関係（梁の長さ：500 μm）

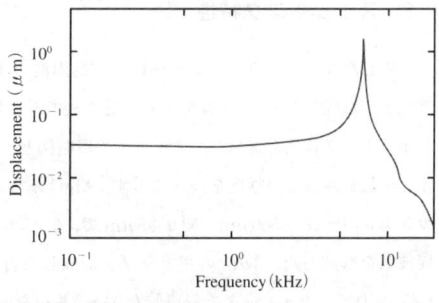

図8　カンチレバー構造のマイクロアクチュエータにおける先端変位量の周波数依存性（梁の長さ：500 μm）

方，周波数特性は図8の様になり，約7kHzのところに共振が見られた。

ユニモルフタイプのカンチレバーの場合，印加電圧と変位量δとの関係は次式で示される。

$$\delta = \frac{d_{31}l^2}{t_p(t_p+t_s) + \frac{4(E_pI_p+E_sI_s)(t_pE_p+t_sE_s)}{(t_p+t_s)bE_pt_sE_s}}V$$

ここで，l, V, d_{31}はカンチレバーの長さ，印加電圧，圧電層の圧電定数，t, E, Iはそれぞれ圧電層と振動板の厚さ，ヤング率，断面2次モーメントで，p, sは圧電層と振動板の値を指す。ここで断面2次モーメントはカンチレバー全体の中立面からの値となる。

一方，共振周波数は，

$$f = \frac{1}{2\pi}\left(\frac{1.875}{l}\right)^2\sqrt{\frac{EI}{\rho A}}$$

の式で表され，カンチレバー全体の厚みt，ヤング率E，断面2次モーメントI，密度ρ，断面積Aで規定される。単純なカンチレバー構造ではこれらのパラメータを制御することで変位量と共振周波数を上げてスイッチング速度を向上させることができるが，変位量とのトレードオフとなるため，基本的には高い圧電定数の薄膜材料を得る必要がある。

カンチレバータイプのアクチュエータでは比較的良好な圧電変位が得られる一方，先に示したように初期状態でのたわみが問題となり，両端支持による構造が実用的である。しかし一方で図6に試作した単純な両端支持アクチュエータでは剛性が増すため，変位量がカンチレバー構造の1/10程度まで低下してしまう。このため，片持ち梁構造を基本として複数のカンチレバーを結合させる等により変位の増大と初期たわみを抑える構造が実用的であり，良好な変位特性とスイッチング特性が確認されている。

5 スイッチング特性

形成したマイクロカンチレバーによる高周波のスイッチング特性を評価した[11]。評価はMgO基板上に形成したPZT薄膜を用い，Si基板でみられた変位特性の劣化のないアクチュエータでスイッチング特性を調べた。スイッチの概略図と，石英基板上に形成した伝送線路の裏面からスイッチ部を観察した写真を図9に示す。MgO基板を用いて作製したマイクロアクチュエータは，カンチレバー長さ500μm，幅が85μmで，5Vの電圧印加で5μm以上の変位と12kHzの共振周波数を確認した。3μmのギャップを形成した石英基板上にAlの伝送線路を作製し，これにPZT薄膜アクチュエータを形成したMgO基板を貼り付けてスイッチとした。図10に伝送特性を示す。アクチュエータに電圧を印加することで梁がたわみ伝送線路と接触することでOFFの

第3章 圧電薄膜を用いた RF MEMS スイッチの開発

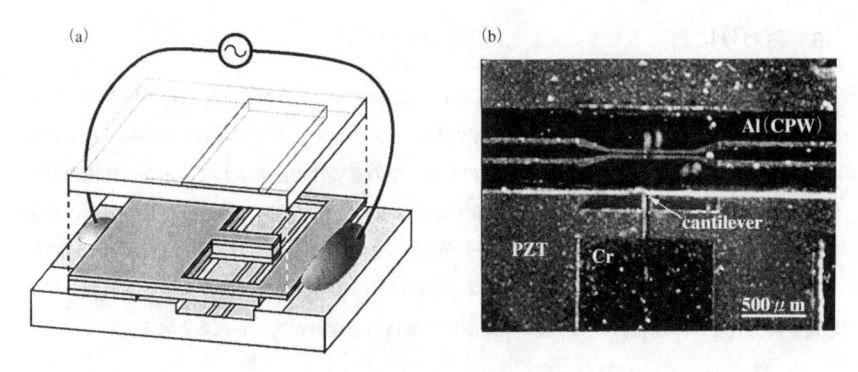

図9 圧電 MEMS スイッチの構造
(a) 概略図，(b) 伝送基板裏面より観察したスイッチ部の写真

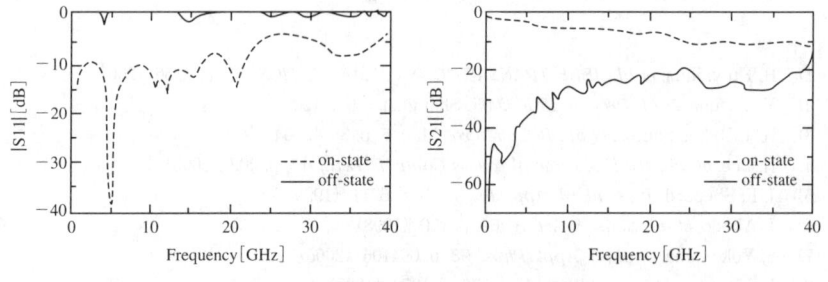

図10 圧電 MEMS スイッチのスイッチング特性

状態となる Normally ON タイプのスイッチを試作した．今回の試作に際して，アクチュエータ部と伝送線路部との接合に接着剤を用いてアラインメント接合したが，接着剤の厚みが制御できず，アクチュエータの駆動を共振付近の周波数で行うことで変位量を増大させスイッチング特性の計測を行った．図より On 状態と Off 状態で S11 および S21 で伝送特性の明瞭な変化が確認でき，圧電薄膜を用いた MEMS スイッチのスイッチング動作が確認できた．しかし現状の結果では素子の試作プロセス上の問題から DC 駆動ができず，理想的なスイッチング特性とは言えないが，アクチュエータの設計および微細加工プロセスの改善により，低電圧駆動が可能な MEMS スイッチが実現できると考えている．

6 おわりに

ミリ波帯域のスイッチングデバイスとして RF MEMS スイッチが脚光を浴びているが，開発の主流である静電駆動スイッチにおける動作電圧，スティッキング等の問題点が指摘されている。この問題を解決する切り札として圧電駆動のスイッチの重要性が認識されているが，圧電薄膜に関する MEMS 技術が未確立のため，その取り組みは限定された機関でのみ行われているのが現状である。しかしながら，圧電薄膜を用いた各種応用デバイスが提案されてきている中で，MEMS スイッチ開発への障害も取り除かれつつある。3 V 以下のスイッチング動作も確認されており，静電駆動方式との差別化の中で今後実用に向けた本格的な検討が進められると考えている。

文　献

1) H. Kuwajima, et al., *IEEE TRANSACTIONS ON MAGNETICS*, **38**, p. 2156 (2002)
2) Y. Yasuda, et al, *Proc. of ISIF 2005*, Shanghai, 6-9-I (2005)
3) H. J. D. Los Santos, et al., *IEEE Micro. Mag.* **5**, p. 36 (2004)
4) H. Lee, et. al., *IEEE Microw. Wireless Compon. Lett.*, **15**, p. 202 (2005)
5) J. F. Shepard, Jr., et al., *J. Appl. Phys.* **85**, p. 6711 (1999)
6) J. Akedo, et al., *Sens. & Act. A*, **69**, p. 106 (1998)
7) S. Yokoyama, et al., *J. Appl. Phys.* **98**, p. 094106 (2005)
8) I. Kanno, et al., *Appl. Phys. Lett.*, **70**, p. 1378 (1997)
9) I. Kanno, et al., *J. Kore. Phys. Soc.*, **32**, p. S 1481 (1998)
10) I. Kanno, et al., *Sens. & Act. A*, **107**, p. 68 (2003)
11) 神野伊策，小寺秀俊，精密学会誌, **70**, p. 1146 (2004)

第4章　MEMSファンドリーサービス

三原孝士*

1　はじめに

　第3章までに述べられているように，RF MEMSは半導体製造装置を基本とした加工精度が高く高価な装置を利用すること，またその製造過程もダストを徹底的に排除したクリーンルームを用いて製造されるため，誰でも簡単に製造出来るものではない。このためMEMSを用いてRF MEMSを開発することを希望する企業は，実験施設と研究経験を有する大学や国立研究所，地方の公立試験場等に相談に出かけ，実験設備に合わせたプロセスを構築しながら試行錯誤の上，試作・評価を行って機能を確認する場合が多い。その後このRF MEMSを量産する場合は，数十億円から数百億円の投資を行ってクリーンルームや工場を建設し，製造装置を導入する判断を迫られる。この投資リスクを回避するには，MEMSの試作請負，或いはMEMSの量産請負会社，即ちMEMSファンドリーサービスに依頼することになる。
　このMEMSファンドリーサービスは，欧州や米国では10年以上の歴史があるものの，日本ではまだ本格的に進めて精々5年位である。たまたま筆者はこのMEMSファンドリーサービスの黎明期からネットワーク作りに関与してきたので，ここではMEMSファンドリーサービス全体を鳥瞰して，特に日本に於けるMEMSファンドリーサービスの課題から紐解き，現状を紹介したいと思う。
　MEMSの中でもRF MEMSは近年特に注目を浴びつつある，また将来性のある技術や実用化分野であるが，RF MEMSに限定したファンドリーサービスがあるわけではないので，MEMSファンドリーサービス企業全体を見ていく必要がある。ここで，日本にどのようなMEMS企業があり，またMEMSファンダリー企業があって，その個々の企業はどのようなサービスを行っているかを詳細に述べたりリストを作成することは，必ずしもこの書籍の目的ではない。また各社のサービスの内容も時々刻々変化するので，それを確認しながらリストを作っても確信が持てない部分もある。よってこの章では，筆者がその設立に深く関与した，日本で最大のMEMSファンドリーネットワークである，マイクロマシンセンター内に組織化した「MEMSファンドリーサービス産業委員会」の会員企業である11施設を中心に紹介する。日本にはMEMSファ

---

*　Takashi Mihara　オリンパス㈱　未来創造研究所　研究コーディネータ

ンドリー企業が20社近くあると言われているので，このご紹介によって，主要なファンドリー企業の大半を含むものと期待される．

2 RF MEMSの特徴とファンドリーへのアプローチ

MEMSファンドリーのへのアプローチを前提として，RF MEMSのデバイス・プロセス的な特徴を，再度振り返って見る．RF MEMSとは，高周波伝送路のマイクロスイッチ（MEMSスイッチ），各種共振器やフィルタ，インダクタ等の受動部品のマイクロ化・MEMS化等に大きく分かれる．MEMSファンドリーサービスを選択する場合に，考慮すべきRF MEMSのデバイス・プロセスや使用材料に関する特徴は以下のように整理できる．

①MEMSスイッチや一部の共振器に関しては，他の部品との集積化を前提としない個別部品として開発・量産される．この場合，最大の性能を引き出す為にシリコン等の三次元構造を巧みに利用するバルクMEMS技術や，静電に限定せず電磁，圧電，バイモルフと言った様々なアクチュエータを最適に構成することができる．また使用する材料も，使用するアクチュエータに最適な機能材料や，信頼性の高い電極材料を選択できる．更に個別部品として信頼性を上げ，原価を低減するためにチップ単位での実装，即ちセラミックパッケージやプラスチックパッケージでは無くて，シリコン基板を含むウェーハやガラス基板をウェーハ単位で接合した後に一括ダイジングするチップパッケージが多用される．

②一方，各種共振器やフィルタ，アンテナ，インダクタ等の受動部品のマイクロ化，MEMS化においては，付加価値の高いフィルタ等を除いては，高周波ICにモノリシックに集積して付加価値を上げることを前提とした研究開発が多い．従来では基板上に高周波ICを中心にチップ型のインダクタ，キャパシタ，フィルタ等の機能部品を周囲に配置していた構成を，これらの受動部品をMEMS化してIC内に作りこんでしまう発想（ここでは集積化MEMSと呼ぶ）である．これは大変古い発想で従来から多くの研究がされてきたが，大量生産によって個別部品が超小型で安価に生産されるようになったため，集積化MEMSを含む高周波ICが実際に実用化されているケースは少ないと予想される．しかし，高周波システム・無線システムの高機能，多機能，マルチバンド化と，確実に進展を続ける昨今，MEMS技術を用いた集積化RF MEMSが将来市民権を得ることが可能と確信している．このような集積化RF MEMSは，高周波IC回路にモノリシック，或いはウェーハ張り合わせによる一体化が必要になる．特にモノリシック型では，通常のICプロセスとのプロセス整合性を重視する必要があり，通常のサーフェスMEMS，或いは，バルクMEMSとサーフェスMEMSの中間的なプロセスが必要になる．また使用する材料も，ICプロセスで通常使うシリコン系材料や誘電体，配線材

第4章 MEMSファンドリーサービス

料に限定される場合が多い。またポストプロセスとして，ICプロセスが完了したウェーハにRF部品を積層したり，基板となるシリコンを加工することでモノリシック化する場合は，使用材料や加工技術に制限が少なくなるが，単一部品に比較すると考慮すべき事が多い。

③まだあまり大きな流れになっていないが，RF MEMS特有の材料研究がある。特に，②のケースの様に，コストの高い高周波ICに集積化する場合は，如何に小さな受動部品を集積化するかが，鍵となる。例えばキャパシタの例では，リークを抑えて誘電率を上げる高誘電体材料の開発が必要となる。またICプロセスにあった薄膜セラミックスの成膜方法の開発も必要である。これまで高誘電体や強誘電体薄膜はDRAMや強誘電体メモリに特化した成膜が多かったので，高い誘電率を保ったまま，更に薄く，低い抗電圧を持つ研究に偏っていた。更にマイクロストリップラインの為に低誘電率を持つ材料，集積化アンテナの為に透磁率の制御等も必要である。

以上の大きな3つのポイント，①機能を特化させた個別部品としてのRF MEMS，②高周波ICとの集積化を前提とした集積化RF MEMS，③RF MEMSの差別化に必要な特殊な材料の採用，を考慮した上で，開発・量産するRF MEMSによって，利用すべきMEMSファンドリーを選択する必要がある。

3 MEMSファンドリーインフラ，およびそのネットワークの必要性

RF MEMSに限らず，MEMSは様々な機構部品やモジュールの高機能・高性能化に加えてマイクロ化・低コスト化・量産化を可能にし，搭載製品の機能を特長づける"要"の技術であり，日本の産業空洞化の救世主になりうる産業に成長するポテンシャルを持っている。これは第1，2章で述べられているように，MEMSは半導体プロセスに由来するマイクロ加工技術を用いて電子と機械機構を融合させた微小デバイスであり，一括・大量に製造できるためである。このため複数の高価な製造装置をクリーンルーム内に揃える必要がある。特にRF MEMSスイッチでは高い信頼性のアクチュエータと，高周波特性を満足する伝送路が必要であり，特殊な材料の採用も重要である。更にNEMSでは，ナノ加工装置等の更に特殊で高価な装置を必要とする。このような理由から，日本におけるMEMS産業は，自動車用センサーやインクジェットプリンターヘッドのように企業内に強力なアプリケーションを持ち，かつ十分な投資が可能な体力を持つ特定の企業が展開するケースが多かった。またMEMSの参入を拒むものとしてMEMSでは，LSIに比較して設計・製造・評価と言った一連の開発行為における標準化が進んでいないため，研究開発者が，MEMSにて実現する機能の物理モデルの導出・設計，CADやシミュレーション，プロセス設計，材料設計，評価技術の設計等の研究開発行為を研究者が自ら，或いはチームで行う

RF MEMS技術の最前線

必要があった。特にRF MEMSでは，高周波電子回路に加えて，機構設計，材料の特性を考慮した信頼性設計が入る。このために1990年代のMEMSは，優秀な人材を抱え，MEMSの必要性に早くから気づいて来た企業のみが，MEMSの研究開発と製造が可能であった。このようなMEMS開発の特長によって，国内のMEMS市場特性としては電子部品のように専門メーカが大量に生産・販売しておらず，少数の大企業が内製化部品として生産している場合が多かった。

一方海外では，1990年代からMEMS設計・ファンドリー専門企業が数多く設立されて活動を開始し，それらを結ぶネットワーク（欧州のEuroPractice[1]，米国のMEMS Exchange等）が存在していた。即ちアイデアさえあれば，外部ファンドリーを用いて必要なMEMSを開発・量産が可能なインフラが欧州や米国では既に存在していた。日本でも2000年代初頭になってMEMSのファンドリーを行う企業が出てきたが，欧州に見られるような産官学のネットワーク（即ち，大学や国立研究所で機能を確認したMEMSを実用化するためのファンドリー）はなかった。特に米国や欧州では，最近の傾向としてナノテクとの橋渡しをするMEMSやナノ材料との組み合わせによってその性能を大幅に向上させた研究テーマも増えてきており，益々高度技術の融合化が進んでいる。更に特筆すべきは，ICファンドリーで成功を収めた台湾でも，MEMSファンドリー企業が複数立ち上がっている。彼らは台湾工業技術院（ITRI）との産官学ネットワークを利用して，台湾の得意な高周波回路技術や無線技術と融合して，集積化RF MEMSを積極的に展開する姿勢を打ち出している。

このような背景の中で2000年初頭から日本でも，本格的なMEMSのファンドリーを行う企業が出てきて2005年の時点で20社以上がこのサービスをスタートさせている。しかし，2002年の時点では，欧米のような強力なネットワークは存在しなかったので，ユーザは誰に相談して良いかも判らない状態であった。このため㈶マイクロマシンセンター（MMC）が中心になり，MEMSファンドリー企業によるネットワーク化を進めた。2001年に事前の調査研究として，MEMSの研究者を中心にMEMSファンドリーに関する利用実態を産学官の関係者70人に対してアンケートを実施した。ここで回答者の71%はMEMSを生産または研究開発する直接的な関係者である。その結果，全体の69%は設計環境を不十分と回答した。また量産，試作を含めたトータルプロセスに対応できるラインを保有する割合は，MEMSを生産中の回答者の約70%，MEMSの研究開発者の約34%にとどまっている。これで研究開発に携わる方の2/3は設計・製造環境が不十分であるとの現実が浮き彫りになった。よって本サービスに対する潜在的な需要は高いことが予想された。しかしその時は既存のファンダリーを検討した割合は低く，サービス提供側からのアピールが不十分であることが明確になった。ファンドリーに対する要望は，高自由度のプロセス整備，コンサルティング機能，教育・トレーニングの充実等であった。このようなアンケート結果を基に，日本を代表する産官学の専門家による検討委員会を重ね，日本におけ

第 4 章　MEMS ファンドリーサービス

る MEMS 産業化推進の受け皿として 2002 年 6 月に 6 社の会員企業によって MEMS ファンドリーサービスネットワーク（正式名称は MEMS ファンドリーサービス産業委員会）を開始した。

4　MEMS ファンドリーネットワークの誕生と活動

4.1　MEMS ファンドリーサービス産業委員会の誕生

　マイクロマシンセンター内に組織化した MEMS ファンドリーサービス産業委員会が 2002 年 6 月に発足した。設立当初は 6 社からスタートしたメンバー企業も，年々参画企業数も増加し，2005 年の 9 月現在で独立法人・産業技術総合研究所を含む 11 施設となり，日本を代表する MEMS ファンドリーネットワークとして様々な活動をしてきた。更に最近では国内各地の工業試験場とも情報交換を行う等のネットワークが広がっている。これによって MEMS の研究・試作インフラがまだ十分揃っていない企業や研究機関でも，気軽に利用して頂ける MEMS ファンドリーサービスネットワークがある程度できたと考えている。このファンドリーネットワークの会員には，バルク MEMS を得意とする精密メカトロ企業，サーフェス MEMS を得意とする IC 企業からの参入，更に製造装置メーカー，設計やシミュレーションを得意とする企業，材料技術やナノテクに対して高い蓄積を持つ産業技術総合研究所がメンバーに入っており，2 節で述べたようなどのような RF MEMS デバイスに対しても対応出来るものと確信している。これから RF MEMS を設計・開発されようとするユーザの方々，及び自社，或いは研究機関等で既に機能検証を終えて今後量産を検討している方々に，この MEMS ファンドリーサービスネットワークの活動をご紹介するとともに，会員企業のサービス内容をご理解頂きたいと思う。

4.2　MEMS ファンドリーサービス産業委員会の活動

　2002 年の当産業委員会発足当時の MEMS ファンドリーサービスを提供する企業は，自社製品の製造設備を用いて社外の顧客に業務を拡大する場合が多かった。そのため提供できるサービスはその企業特有のプロセスや材料を用いたものに限定され，幅広いユーザの要求に対応することが困難となっていた。このため会員企業のリソースをネットワークで有機的に連携し（情報から設備まで）有効に使うことが重要であると考えた。また MEMS ファンドリーサービスが一般に知られていなかったため，プロモーション活動を行うことも重要であった。さらに新たに始めたファンドリーサービスの共通の課題も山積していた。発足時は 6 社であった会員企業も 2005 年の 12 月の時点では 10 社，及び特別会員として独立行政法人・産業技術総合研究所の先進プロセス製造部門を加えて 11 施設にて活動を行っている。設立当初にて議論による中心的な課題は以下のようなものであった。

RF MEMS技術の最前線

①MEMSユーザを広げるためのプロモーション活動
②ファンドリーネットワーク運用上の課題抽出
③MEMSファンドリー共通の課題抽出，例えば設計ツール・解析ツール等への要求
④ユーザのMEMS利用を容易にする取組み，プロセスの標準化やコンサルタント等
⑤ユーザ共通課題の議論，ビジネスガイドラインの検討

図1　メンバー企業

しかしながら設立の動機である"得意の技術をファンドリー間でお互いにシュアしてユーザの利便性を上げる"という活動は，「各会員企業の事情の違いや，顧客との秘密保持契約，標準化が困難である」等の課題が多かったため，設立当初は会員企業の要望をベースに以下の活動を中心に行ってきた。

①公知活動；会員企業および，サービス内容，このネットワークの存在を広く知って頂き，MEMSユーザを増やすための活動を中心に行ってきた。すなわち各企業のサービス内容やイベント情報を公開したホームページ (http://fsic.mmc.or.jp)[2]の立ち上げや，マイクロマシン展での出展・合同セミナー等である。2003年7月には，初めての本格的なMEMS合同セミナーを開催した。このMEMS合同セミナーは，冬に東京地区で，秋に京都地区で開催しているが，毎回テーマを絞って，設計からプロセス・応用に至るまで包含し，MEMSを始めて2～3年以内の比較的初心者層にご理解を頂くセミナーとなっている。同時に自動車やロボットと言った広い応用分野の専門家を招いたり，各企業のMEMS担当者による相談会を開催することによって，より身近にMEMSファンドリーサービスを認知して貰う活動を行っている。特に最近では要望の高いRF MEMSの設計からプロセス技術をテーマとしたものが人気が高い。

②産官学連携によるMEMS産業推進課題の議論；会員企業の定期的な会合によって，日本MEMS産業の推進の為に産業委員会として何が出来るか，何を実行すべきか，更に大学や産

第4章　MEMSファンドリーサービス

業技術総合研究所等にどのような要望を出していくべきかを議論してきた。この結果，安価で利用しやすい設計ツールの重要性や，信頼性の高い材料データベースの必要性等が明確になった。これらの要望はマイクロマシンセンター内の様々な委員会活動を通じて練られ，2004年度から始まった経済産業省/NEDO技術開発機構の「MEMS用設計・解析支援システム開発プロジェクト」（通称 MEMS-One）の立ち上げに貢献している。これは，本産業委員会が，日本を代表するユーザの会として大きな機能をした一例である。

③サービスの向上努力；以上のような活動を通じて，多岐にわたるファンドリーサービスが可能な企業を会員として迎えた。図2を見て頂くと判るように，純粋なMEMSファンドリー企業に加えて，MEMSの設計やシミュレーションツールを開発するみずほ情報総研（元富士総研），日本ユニシスエクセリューションズ，更にアルバックのようなMEMS製造装置メーカによる加工サービス企業，また独立行政法人・産業技術総合研究所の先進製造プロセス部門が特別会員となることによって，まだ未踏の領域であるNEMSデバイス，すなわち電子ビーム露光装置やナノ加工装置，ナノインプリント加工装置等のナノ加工装置や，様々な機能材料技術の活用が出来るようになって，ファンドリーのサービス範囲が大きく広がって来た。このような会員企業の広がりを背景にして，2005年4月からは，マイクロマシンセンターがファンドリー業務の顧客窓口業務を行う，図3にあるようなMEMStationサービスを開始した。これはお

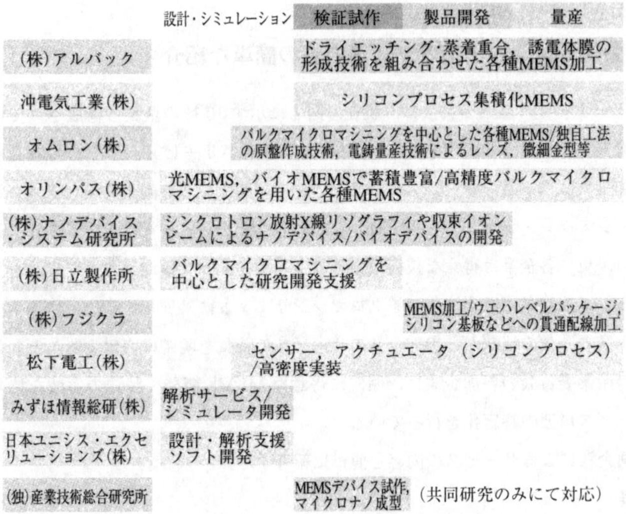

	設計・シミュレーション	検証試作	製品開発	量産
(株)アルバック		ドライエッチング・蒸着重合，誘電体膜の形成技術を組み合わせた各種MEMS加工		
沖電気工業(株)		シリコンプロセス集積化MEMS		
オムロン(株)		バルクマイクロマシニングを中心とした各種MEMS/独自工法の原盤作成技術，電鋳量産技術によるレンズ，微細金型等		
オリンパス(株)		光MEMS，バイオMEMSで蓄積豊富/高精度バルクマイクロマシニングを用いた各種MEMS		
(株)ナノデバイス・システム研究所		シンクロトロン放射X線リソグラフィや収束イオンビームによるナノデバイス/バイオデバイスの開発		
(株)日立製作所		バルクマイクロマシニングを中心とした研究開発支援		
(株)フジクラ			MEMS加工/ウエハレベルパッケージ，シリコン基板などへの貫通配線加工	
松下電工(株)			センサー，アクチュエータ（シリコンプロセス）/高密度実装	
みずほ情報総研(株)	解析サービス/シミュレータ開発			
日本ユニシス・エクセリューションズ(株)	設計・解析支援ソフト開発			
(独)産業技術総合研究所		MEMSデバイス試作マイクロナノ成型（共同研究のみにて対応）		

図2　メンバー企業のビジネス領域

RF MEMS 技術の最前線

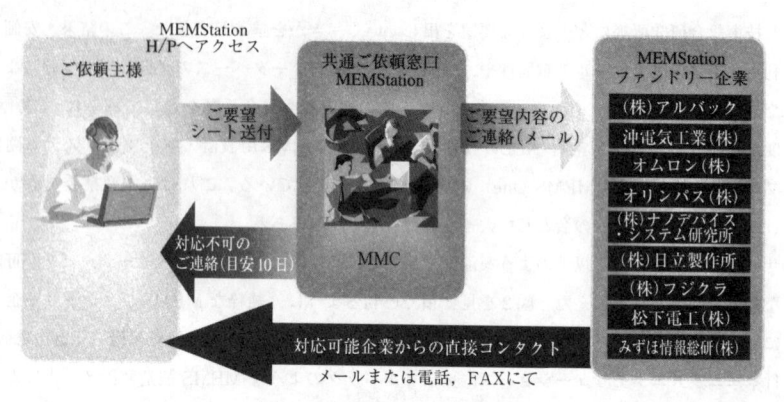

図3 MEMStation サービスの概要

　客様が会員企業に個別に問い合わせるのではなく，会員企業に一括してご依頼をして頂くサービスであって，マイクロマシンセンターのホームページから定型のご要望シートを共通窓口"MEMStation"に送って頂ければ，自動的に会員企業に回覧され，このサービスが対応可能な企業からご連絡が行くようなサービスの内容になっている。これによって，会員企業のサービス内容の詳細を事前調査なしに，気軽にサービスが依頼出来るようになった。

5　産業委員会メンバーのサービス内容の簡単な紹介

　ファンドリーサービス産業委員会は，現在，図1に示す10社の企業で構成されている。これらの企業は何らかの形でMEMS技術領域における請け負いサービス，すなわち設計やシミュレーション，加工や試作・量産サービスに関与している。図2に各参画企業のビジネス領域を示したが，設計・シミュレーションからMEMS受託開発，加工・試作・製造量産まで，それぞれ得意領域を持ち，更に各企業は得意な技術領域やアプリケーション領域において業務を行なっていることが判る。以前筆者が欧州でのマイクロマシンサミットに参加した折に，産業ネットワークに参加する企業の共栄の秘訣が「参加企業のサービスの特長を明確に表現すること」と示唆を受けた。現在の産業委員会の参加企業は，明確に得意なMEMS開発・製造の領域を持ち，かつ得意とするサービス形態の特定化を行っている。

　以下に参画企業によるサービスの内容を簡単に紹介する。

沖電気工業㈱

　マイクロマシン/MEMSのファンドリーサービスは長年に亘るLSIの製造で培ったシリコン加

第4章 MEMSファンドリーサービス

工技術に加え，厳しい市場の品質要求で鍛え上げられた工程管理・品質管理技術をベースにお客様と密接に連携しながら製品を作り上げていきます。お客様の一部工程を受託するケースからアライアンスパートナーとの協同受託も含め，全プロセスを一括して設計・受託するケースまで様々な切り口のサービスに柔軟に対応します。

　圧力センサ，マイクロレンズアレイなどの量産経験に基づいた技術をベースにしていることが特徴。提供するプロセスの中では陽極接合，ECE（エレクトロケミカルエッチストップ）の経験が豊富。半導体プロセスによるシリコン加工技術，専用ラインによるメタル形成，エッチング等のガラス加工技術，半導体微細加工で作製した原盤による電鋳加工技術，フォトポリマリゼーションによる超精密成形技術など幅広く受託を行っています。

オリンパス㈱

　MEMS開発の技術蓄積や経験に基づいて，設計から試作量産にわたって，幅広いお客様のニーズに応えるように顧客密着型・提案型のサービスを行っています。また応用製品としては，当社の光学技術，精密技術，流体技術が生かされる光MEMSやバイオMEMSを得意としていますが，精密な三次元加工や静電・電磁アクチュエータを利用するあらゆる種類のMEMS開発が可能です。

㈱日立製作所

　各種ノウハウと解析技術を提供することでユーザのデバイス開発の時間短縮やコスト削減を実現する研究開発支援型サービス。バルクマイクロマシニングを中心にガラスや樹脂の加工から電極形成まで，半導体のフォトリソグラフィー技術を核とした加工技術を提供。デバイス設計には，結晶異方性エッチング加工形状解析技術や強度／伝熱／流体等の解析技術を提供し，その最適化を支援。初心者からMEMS開発者まで，技術相談有り。

㈱フジクラ

　長年のシリコンピエゾ抵抗型圧力センサの開発，量産を通して培ったバルクマイクロマシン技術とセンサパッケージング技術をベースにした受託加工サービスを行っております。特に，MEMSデバイスの高速・高機能化，小型・高密度化を目指した，シリコン基板への貫通配線（電極）形成等の先端技術や最新のウエハレベルパッケージング技術，フレキシブルプリント基板への表面実装まで対応できるのが弊社の強みです。

松下電工㈱

　MEMS技術を応用した圧力センサや加速度センサを商品化し，その技術基盤をベースに，2002年1月よりMEMSファンドリー活動を開始した。松下電工のファンドリーは，単なるウエハの加工プロセスの試作サービスだけではなく，リードフレーム実装やシステムオンパッケージなど，パッケージングまでの幅広いサービスの提供と，SOIウエハを用いたデバイスの高機能化を特徴

としています。

みずほ情報総研㈱（旧富士総合研究所）

　半導体素子設計，流体解析，構造解析などの科学技術分野のソフトウェア開発やシミュレーションにおいて豊富な実績があります。特に，光デバイス，量子効果デバイスを含有する半導体素子設計からLSI設計，さらに，微細加工技術，電磁場問題，マイクロマシン（MEMS）領域までのソフトウェア開発および当該分野における解析や調査などでお客さまに最適なソリューションを提供いたします。

㈱ナノデバイス・システム研究所

　弊社の進める事業内容は，次の3本の柱があります。
- デバイス事業として，新型MEMSの開発。シンクロトロン放射X線リソグラフィによるナノデバイスの開発とその用途開発。特にバイオ医療系との接点を探る。
- MEMSおよびナノデバイスのファンドリーサービス。
- データマイニング事業：上記新型デバイスの支援として学習型ソフトウェアの開発およびコンサルティング。脳計測等の非線形データ解析を推進。

これら3事業を融合させながら，日用品へ応用し事業性を高めて参ります。

アルバック㈱

　アルバックは蒸着重合・誘電体成膜・NLDエッチングなどの独自技術を生かし，装置とプロセスをご提供するのはもとより，MEMSデバイスの加工や材料の供給を行ってMEMSファンドリーとしての役割を果たしていきます。

日本ユニシス・エクセリューションズ㈱

　CAD/CAMソリューションの専門企業としてCADCEUS，DigiD等の商品開発・販売・サポート業務を積極的におこなっています。特に，金型適用分野では業界NO.1のシェアを確立し，日本のものづくり技術を側面から支援しています。MEMS分野は21世紀の日本の製造業を支える基盤技術になると期待されていますが，これまでに培ってきたCAD/CAM/CAEシステム開発の知見と資産を生かして，MEMSなどマイクロマシン向け設計・解析支援ソフトの開発・販売を積極的に手がけていきます。

6　RF MEMS としてファンドリーを利用する場合の注意事項

　2節にRF MEMSのデバイス・プロセス的な特徴を述べ，3節では従来の日本におけるファンドリーインフラの課題，4，5節では最近のファンドリーサービスの内容を日本発のMEMSファンドリーネットワークであるMEMSファンドリーサービス産業委員会の活動内容と会員企業各

第4章　MEMSファンドリーサービス

社の得意分野とサービス内容を説明した。よってRF MEMSを設計・開発・試作・量産する場合の注意事項は，以下のように纏められる。

6.1　どのような段階からファンドリーサービスに依頼するのか？

5年前（2000年以前）は，設計から対応できるファンドリーサービスは殆ど存在しなかった。しかし，現在ではコンサルタント的に，デバイスの構造やプロセス開発の相談に乗ったり，設計やシミュレーションを行うファンドリーサービスも増えている。よって，自社にMEMS設計技術者が居ない場合でも，気軽に相談し，高額な費用のかかる試作を行うことなしに机上計算やシミュレーションを用いてある程度の機能を検証することが出来る。

6.2　個別部品型か？　集積化MEMSか？

2節で述べたように，個別部品型MEMSの場合は最適な基板，材料，プロセス，構造を選択することが出来る。このため，その機能を実現する構造を最初に構想し，机上計算で設計し，シミュレーションをかけて基本検証したあとは，バルクMEMS技術を用いてシリコンを自由に加工する。よってバルクマイクロマシンの得意なファンドリー企業を選択することが賢明である。一方，集積化MEMSとして，インダクタやキャパシタ，更にフィルタや共振器を高周波ICと集積する場合は，IC製造と互換性のあるプロセスを持つサーフェスMEMSを得意とするファンドリー企業を選択する必要がある。この企業は，ICの製造，開発販売を行う企業が実施するファンドリーに多い。

しかし最近では，バルクMEMSを得意とする企業でも，能動デバイスを作りこんだり，サーフェスMEMSを得意とするファンドリーがシリコンの三次元加工を始めたり，柔軟性が増して来ている。

6.3　MEMSスイッチの場合はアクチュエータを何に選ぶか？

特にMEMSスイッチでは，アクチュエータの選択が重要である。静電，電磁，圧電，バイモルフ…等の選択によってプロセスが大幅に変わってくる。また静電であっても，対抗電極を使う場合と，櫛歯電極でプロセスが大きく変わる。これらは事前に十分に，ファンドリーの担当者と相談して進める必要がある。また，大学や外部の研究所で試作，機能検証したMEMSをファンドリーに持ち込む場合は，アクチュエータの方式と同時に使用する機能材料の成膜，その品質評価や管理方法に関しても十分な検討が必要である。一般にファンドリーでは特殊な材料を持ち込むことは困難な場合が多い。

6.4 共同研究・開発の分担をどうするか？

　MEMS は一般に，構想-設計-シミュレーション-試作-実装-評価-信頼性評価のようなステップを踏むが，ここで注意が必要なのは実装と信頼性を含む評価である。特に MEMS では従来の IC と同じパッケージや評価技術が使えない場合が多い。RF MEMS は電子部品の分類に入るため，他の物理センサーや光 MEMS やバイオ MEMS に比較すると電子部品の経験やインフラが使える点は有利であるが，それでも内部の機構を評価するために新たな評価手法が必要になる。一般には，ユーザ企業が実装や評価を分担する場合が多いが，この評価技術をファンドリーに依頼する場合はよく相談する必要がある。

6.5 量産を前提としているか？

　量産の時期や規模をある程度想定しながら，ファンドリーを決定していくのは言うまでもない。ただ MEMS の場合は，通常の IC のように設計・シミュレーション・プロセス開発・評価等が標準化されていない。すなわち仕様書レベルでルーチン的な開発は少ないので必ずエンジニアが関与する。よって設計や開発の費用を正確に見積もると，高額でとても投資出来ない場合もある。この場合も，MEMS ファンドリー企業に相談すれば，量産を依頼することを前提で開発費用のディスカウントも可能であることを追記しておく。

7　おわりに

　RF MEMS は個別部品レベル，高周波 IC との集積化 MEMS，或いは MEMS スイッチのように新機能を提案する MEMS のレベルが対象となるが，今後無線・高周波システムの高性能化，複雑化に伴って確実に市場が形成されると信じている。しかし，RF MEMS の研究開発や製造には，高価な一連の試作・製造装置，更に分野横断的な設計，シミュレーション，プロセス技術をマスターした高度な設計者を社内に揃えて，初めて研究開発と実用化が可能であった。このような MEMS の特徴からくる実用化の障壁を取り除くものとして，日本で唯一の MEMS ファンドリーネットワークである，MEMS ファンドリーサービス産業委員会に関し，設立の背景から，日本に於ける MEMS ファンドリーサービスの課題，最近の活動，会員企業のサービス内容を紹介した。また RF MEMS 特有のデバイス，プロセス，材料的な特徴から，どのファンドリー企業を選択すべきか？を考察した。勿論，日本の MEMS ファンドリー企業は，ここで紹介した MEMS ファンドリーサービス産業委員会のメンバー以外にも有力な企業や施設も数多い。しかし，競合企業も含めて複数の企業・製造装置・設計支援企業までネットワーク化され，One Stop Solution を目指し，かつ国内の MEMS 産業推進の一翼を担う団体は数少ないと考える。

第4章　MEMSファンドリーサービス

　海外（最近では台湾や韓国も含め）ではMEMSを国家技術施策の一つとして，またナノテクの実用化テーマとして重視している。これが海外に先を越されると永年得意としてきた日本のメカトロニクスの産業基盤が大きく揺らぐことに大変危惧を抱いている。これらを打破する切り札として得意分野を持つ11施設のMEMSファンドリー施設をネットワーク化したMEMSファンドリー産業委員会は，小さく高機能なMEMSを提案することで，皆様の大きなソリューションに応えることが可能と考えている。

文　　献

1) 欧州のMEMS関連ネットワークはhttp://www.europractice.com/に詳しい
2) マイクロマシンセンター内；MEMSファンドリーサービス産業委員会のホームページ
 （http://fsic.mmc.or.jp）

Ⅲ 設計技術

第1章　MEMS構造体の力学的設計技術

鈴木健一郎*

1　はじめに

MEMS構造体を設計するには力の静的釣り合いと動的な振る舞いを調べる必要がある。以下，設計に役立つ関係式について述べる。

2　静的解析

静的な釣り合いがとれているときには，MEMS可動構造体に静電気力とばね復元力の二つの力が互いに反対方向に働く。

2.1　静電気力

図1に示すMEMS構造体では駆動電極に印加された電圧（V）により以下の静電気力が発生する。

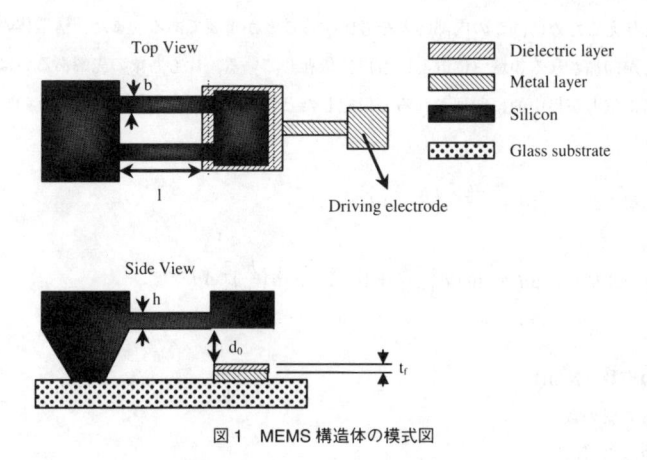

図1　MEMS構造体の模式図

＊　Kenichiro Suzuki　立命館大学　理工学部　マイクロ機械システム工学科　教授

RF MEMS技術の最前線

$$F_e = \frac{\varepsilon_0 A V^2}{2\left\{\left(d_0 + \dfrac{t_f}{\varepsilon_r}\right) - \Delta d\right\}^2} \tag{1}$$

ここで,

A：対向する電極面積 [m²]
d_0：印加電圧がゼロのときのMEMS構造体と保護膜の間隔 [m]
Δd：構造体の変位 [m]
t_f：保護膜の厚さ [m]
ε_0, ε_r：真空の誘電率および保護膜の比誘電率

である。
　静電気力は，構造体が変形するに従って逆二乗の割合で飛躍的に増加する。また，電圧の二乗に比例する。

2.2　ばねの復元力

　MEMS構造体では片もち梁（片側固定）とブリッジ構造（両端固定）がしばしば用いられる。スイッチ等のデバイスでは梁の長さに対して変位量が小さいために（典型的には100μmの長さに対して3μm程度の変位である），膜の伸張による大変形効果を無視することができる。このとき，ばねの復元力はばねの変位量に比例する。しかし，ブリッジ構造では面内の内部応力が大きな影響を与えるために，この内部応力を考慮することが重要である。また，構造体のばね定数は静電気力が印加される領域（位置と広さ）に依存している。片もち梁の先端あるいはブリッジの中心に静電気力が集中的に印加されると仮定したときには，ばねの復元力は以下の式によって表される。

$$\text{片もち梁}：F_s = K_c \Delta d = \frac{nEb}{4}\left(\frac{h}{l}\right)^3 \Delta d \tag{2}$$

$$\text{ブリッジ}：F_s = K_b \Delta d = \left[16 Eb \left(\frac{h}{l}\right)^3 + 4\sigma(1-\nu)b\left(\frac{h}{l}\right)\right]\Delta d \tag{3}$$

ここで,

K：ばね定数 [N/m]
n：片もち梁の数
h：梁の厚さ [m]
b：梁の幅 [m]
l：梁の長さ [m]

第 1 章　MEMS 構造体の力学的設計技術

　　E：ヤング率［Pa］
　　ν：ポアッソン比［Pa］
　　σ：残留応力［Pa］

である。なお，片もち梁においても厚さ方向に不均一な内部応力があるときには梁の湾曲が起こる。この場合には式(2)に内部応力の影響を含めなければならない。

2.3　静的釣り合い

以上二つの静電気力とばねの復元力は，MEMS 可動構造体に互いに逆向きに働く。静電気力の方が大きいときには MEMS 可動構造体は駆動電極のほうに引き寄せられ，最後には駆動電極に接触するようになる。図2は，静電気力とばねの復元力をばねの変位 Δd について模式的に示したものである。印加電圧が小さいときには MEMS 可動構造体は $\Delta d < d_0$ の範囲で安定につりあう。しかし，印加電圧が増大するとこの範囲で安定につりあうことができなくなり，駆動電極と接触することになる。

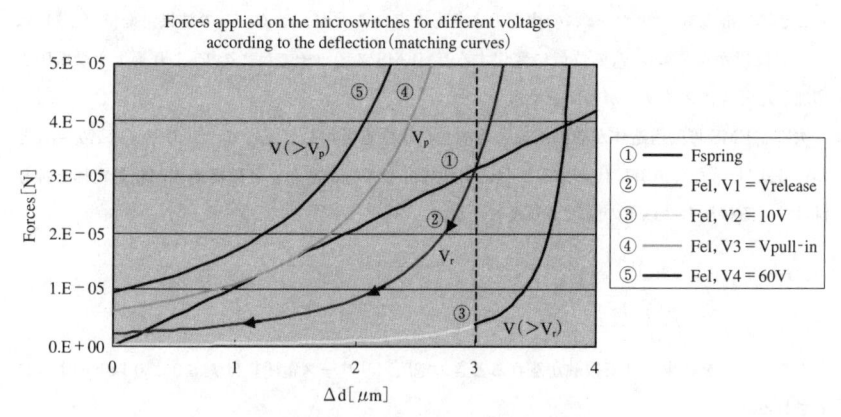

図 2　静電気力／ばねの復元力と変位 Δd の関係
直線はばねの復元力，曲線は駆動電圧を変化させたときの静電気力を示している。
$\Delta d > 3 \mu m$ の範囲は実際には実現しない（本章 4 節を参照）。

駆動電極と接触しない状態での静的な安定が実現するのは以下の条件のときである。

$$F_s = F_e \tag{4}$$

式(1)，(2)，(3)を式(4)に代入して印加電圧について解くと以下の関係が得られる。

RF MEMS技術の最前線

$$V = \sqrt{\frac{2K(\Delta d)}{\varepsilon_0 A}}\left(d_0 + \frac{t_f}{\varepsilon_r} - \Delta d\right) \tag{5}$$

この安定が成立しなくなるのは $\partial V/\partial(\Delta d)=0$ のときである。このときの変位は以下の式により表される。

$$(\Delta d)_p = \frac{d_0 + \frac{t_f}{\varepsilon_r}}{3} \tag{6}$$

この式は，静電気力とばねの復元力との二つの力を利用する MEMS 構造体は初期間隔の 1/3 までしか安定的に変形できないことを示している。式(6)を式(5)に代入することにより以下の安定が崩れる電圧（プルイン電圧（pull-in voltage））が導かれる。

$$V_p = \frac{2}{3}\sqrt{\frac{2K\left(d_0+\frac{t_f}{\varepsilon_r}\right)}{3\varepsilon_0 A}}\left(d_0 + \frac{t_f}{\varepsilon_r}\right) \tag{7}$$

図2をみると $V<V_p$ のときには静電気力とばねの復元力との間に交差する点があるが，$V>V_p$ のときには静電気力が常にばねの復元力よりも大きいことがわかる。その結果，変位（Δd）は $d_0/3$ の位置から急激に d_0 の位置に変化する。MEMS スイッチではこの V_p よりも大きな電圧を印加したときにスイッチが ON となる。

次に MEMS 可動構造体が駆動電極と接触した状態を考察してみよう。このときは $\Delta d = d_0$ とおいて式(1)，(2)，(3)に代入することにより解析できる。接点で可動構造体が駆動電極を押し付けている接触力は以下の式により表される。

$$F_c = F_e - F_s = \frac{\varepsilon_0 A V^2}{2\left(\frac{t_f}{\varepsilon_r}\right)^2} - Kd_0 \tag{8}$$

また，電圧を減少させて接触が離れるときの電圧（リリース電圧）は $F_c \leq 0$ より以下のように表される。

$$V_r = \sqrt{\frac{2Kd_0}{\varepsilon_0 A}}\frac{t_f}{\varepsilon_r} \tag{9}$$

MEMS スイッチではこの電圧より低い電圧を印加したときにスイッチが OFF となる。実際にはスイッチの接触部に付着力が発生するためにこの値よりも小さな電圧を印加したときにスイッチの接触が離れる。図2をみると $V<V_r$ に減少すると Δd が d_0（即ち，接触した状態）から急激に小さな変位に変化することがわかる。

試作したデバイスの印加電圧と変位の関係を調べるには電圧と静電容量との関係を測定すると

第1章　MEMS構造体の力学的設計技術

便利である。駆動電圧の領域での静電容量は以下のように表される。

$$C = \frac{\varepsilon_0 A}{d_0 + \frac{t_f}{\varepsilon_r} - \Delta d} \tag{10}$$

ここで Δd は式(5)に示すように印加電圧 V に依存している。図3は式(5)と(10)をもとにMEMS構造体の静電容量の変化を印加電圧に対して計算したものである。印加電圧を増加させると V_p で急激に静電容量が増大する。また印加電圧を減少させるときには V_r まで減少させたときに初めて静電容量が減少する。これら二つの静電容量の変化は微小な印加電圧の変化によって急激に起こることが特徴である。このように駆動電圧に対するMEMSスイッチの動作はヒステレシス曲線を描く。

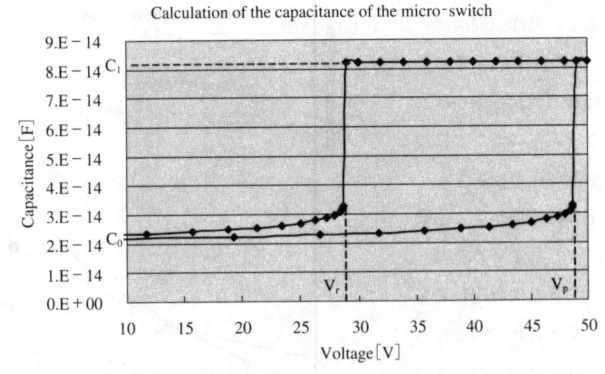

図3　マイクロスイッチの静電容量と印加電圧との関係
初期静電容量（C_0 = 21.7 fF），プルイン電圧後の静電容量（C_1 = 82.2 fF）として計算。

3　駆動電圧低減化のための設計

MEMS可動体を静電気力により駆動するときには一般に大きな電圧が必要である。これは，図2に示すように初期状態の間隔が大きいことから駆動に必要とする静電気力を得るために大きな電圧が必要であるためである。

この印加電圧を減少させるには，①ばね定数を下げる，②初期間隔を小さくする，③駆動電極との対向面積を増大させる，という方法があるが，いずれも実用的な限界がある。ばね定数を小さくすると可動構造体が駆動電極と接触したときにその付着力に抗して離れることが困難となる。また，初期間隔を小さくすると接点が離れている時の特性（アイソレーション等）が悪くなる。

さらに，対向面積の増大はデバイス寸法の増大となる。このような理由から単に静電気力だけを変化させて MEMS 構造体の駆動電圧を低減させるということは困難である。

しかし，間隔が十分に小さい（即ち大きな変位）領域では静電気力が急激に増大するという性質を利用すると駆動電圧を低減させることが可能である。以下に駆動電圧の低減に成功した三つの例を示す。

3.1 ばね定数を変化させる方法

間隔が小さくなる（変位が大きくなる）領域でばね定数を増大させるという非線形ばねを利用したマイクロスイッチの駆動原理を図4に示す。初期から中間までの動作（同図の変位ゼロから A 点および B 点までの範囲）には，ばね定数が小さいばねで可動構造体を支えているために，構造体は低い駆動電圧で変形する。一方，可動構造体の接触が起こる前（同図の B 点から C 点までの範囲）には，構造体は大きなばね定数をもつばねによって支えられているために，接触による付着力をこの大きなばねの復元力によって克服することが可能である。もし可動構造体がこの大きなばね定数をもつばねによって動作の初期から支えられていたならば，駆動には大きな電圧を必要としたことに注意されたい。このように静電気力が小さな間隔（大きな変位）で急激に増大するという特徴を利用すると，大きなばね定数をもつ構造体を駆動電圧の増大をまねくことなく駆動することが可能となる。ばね定数が変化する非線形ばねをもつ MEMS 構造体の一例を図5に示す[4]。構造体は，初期状態には小さなばね定数をもつばねによって支えられており，駆動電圧の増大に従って下側に変位する。やがて中央の突起に接触するが，駆動電極との間には未だ間隔が残されている。さらに駆動電圧を増大させると構造体の変位が起こるが，ばねの長さが短くなったためにこの段階にはばね定数が増加している。図4にはばね定

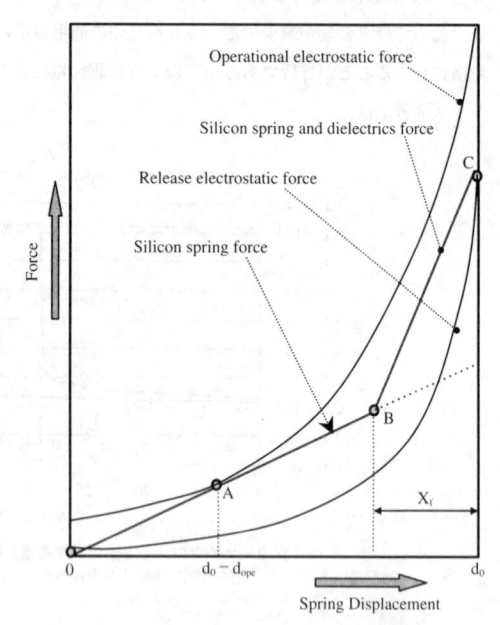

図4 ばね定数を変化させることにより駆動電圧の低減化を行う原理

第1章　MEMS構造体の力学的設計技術

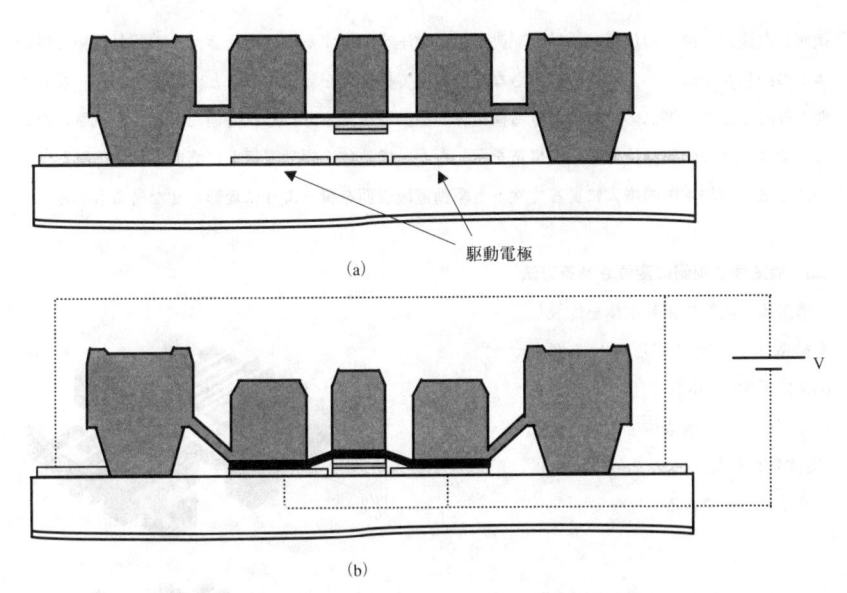

図5　図4の原理を利用したマイクロスイッチの動作原理[4]
(a) 初期状態（V=0 V）　(b) 電圧印加（V>V_p）

数が二段階に変化する例を示したが，三段階に変化するばね構造を作製したことが文献5)に示されている。

3.2　駆動電圧を印加する場所を変化させる方法

駆動電圧を印加する場所を変化させて静電気力を効率的に利用する例を図6に示す[6]。最初に駆動電圧が印加される場所では可動構造体と駆動電極との間の間隔が小さく設定されている。このため，小さな駆動電圧で大きな静電気力が得られる。構造体がこの位置で

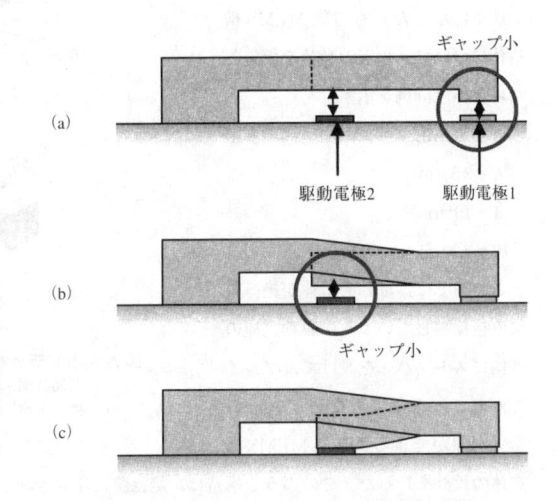

図6　二段階で動作するマイクロスイッチの動作原理[6]
(a) 駆動電極1に電圧を印加，(b) 駆動電極1が接触した後に駆動電極2に電圧を印加，(c) 駆動電極2が接触

81

接触した後に，第二の位置に設けた駆動電極に電圧を印加する．このとき，この駆動電極と構造体との間隔がやはり小さいために小さな駆動電圧で構造体を駆動することが可能である．なお初期の段階ではこの第二の位置における構造体と駆動電極は十分に離れていたことに注意されたい．ここでは，二つの駆動位置をもつ構造を示したが，構造体を駆動電極上に湾曲させて作製し，この湾曲部を印加電圧の増大に従って次々と駆動電極表面を覆うように変形させた構造もある[7]．

3.3 構造体を両側に変位させる方法

構造体の両側に駆動電極を作製して構造体を両側に変形させる例を図7に示す[8]．駆動電圧の大きさを変化させずに，構造体を大きく変位（変位量が片側のみの2倍に拡大）させることができる．

4 マイクロスイッチ設計の実例

図1に示した片もち梁MEMS構造体について，以下の数値を仮定した場合の設計例を示す．

$b = 20\,\mu\mathrm{m}$, $l = 130\,\mu\mathrm{m}$,
$h = 2.5\,\mu\mathrm{m}$
$A = 10^4\,\mu\mathrm{m}^2$
$d_0 = 3.7\,\mu\mathrm{m}$, $t_f = 0\,\mu\mathrm{m}$

この例では，可動構造体が絶縁膜に直接接触しないように駆動電極の外側にストッパーを設けて，プルインが起こった後にもなお0.7 μmの空気間隙ができるようにMEMS構造体の設計を行った．このような構造は，絶縁膜に注入される電荷を減少できることからデバイスの長期信頼性を高めるのに役立つ．また，ボロンが高濃度に注入されたシリコン梁を利用して作製し，そのヤング率を1.47×10^{11} Paとした．図2および図3の数値はこの計算結果を示した

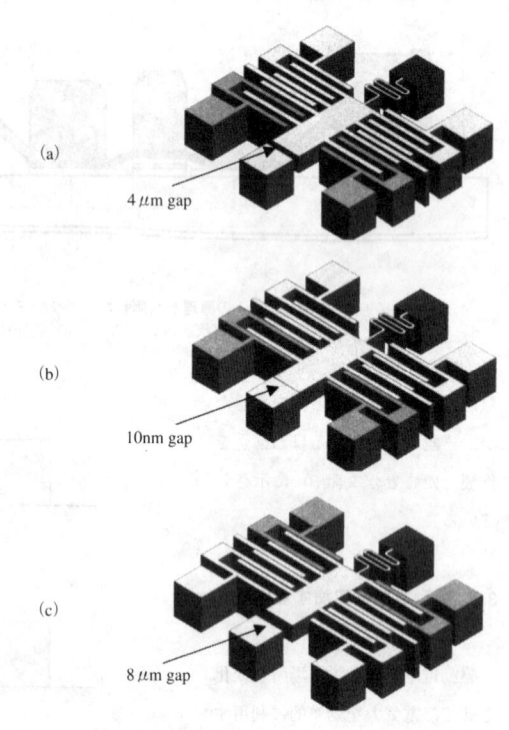

図7 両側に駆動するマイクロスイッチの動作原理[8]
(a) 初期状態，(b) 手前の電極に電圧を印加，
(c) 奥の電極に電圧を印加

第1章　MEMS 構造体の力学的設計技術

ものである。このとき，重要なスイッチパラメータとして

$V_p = 48.7$ V

$V_r = 28.7$ V

$(\Delta d)_p = 1.2 \mu$m

の値が得られた。

5 動的解析

MEMS 構造体の時間応答特性は，スイッチの切り替え時間や通過する RF 信号に対する依存性に大きな影響を与える。構造体の一次元の動特性は以下の微分方程式によって与えられる。

$$m\frac{d^2x}{dt^2} + b\frac{dx}{dt} + Kx = f_{ex} \tag{11}$$

ここでは構造体の変位を x とした。その他のパラメータは，

m：質量 [kg]

b：ダンピング係数 [Ns/m]

K：ばね定数 [N/m]

f_{ex}：外部から印加される力

である。

この微分方程式からラプラス変換を利用することによって，周波数 ω に関する以下の伝達関数を導くことができる。

$$\frac{X(j\omega)}{F(j\omega)} = \frac{1}{K}\left(\frac{1}{1-\left(\frac{\omega}{\omega_0}\right)^2 + j\frac{\omega}{Q\omega_0}}\right) \tag{12}$$

ここで

$\omega_0 = \sqrt{\frac{K}{m}}$：共振周波数 [Hz]

$Q = \frac{K}{\omega_0 b}$：Q 値

である。

可動体は，共振周波数（ω_0）にあるとき静止しているときの Q 倍の振幅をもって振動する。Q 値は，スイッチ応用では $0.5 < Q < 2$ の範囲に設計されることが多い。$Q < 0.5$ ではスイッチ速度が遅く，$2 < Q$ ではスイッチを切り離した後に安定するまでの時間が長いという問題があるか

らである。

　時間に関する過渡応答特性は，式(11)を数値的に解くことによって計算することができる。ある限定された条件下では，以下の解析式を利用してスイッチング時間を見積もることが可能である。

ⅰ) $Q>2$ ($b\sim 0$) のとき：
式(11)は以下のように表される。

$$m\frac{d^2x}{dt^2} + Kx = -\frac{1}{2}\frac{\varepsilon_0 A V_s^2}{d_0^2} \tag{13}$$

ここでV_sはスイッチに印加される電圧であり，時間的に一定であるとする。また，これは式(7)に示したプルイン電圧 (V_p) よりも大きな値である。なおこの式の右辺の静電気力が構造体の変位 (x) に依存しないと仮定していることに注意してほしい。この方程式を解いてxが0からd_0まで変位する時間を計算するとスイッチング時間が以下のように導かれる。

$$t_s \approx 3.67\frac{V_p}{V_s\omega_0} \tag{14}$$

ⅱ) $Q<0.5$ のとき：
式(11)は以下のように表される。

$$b\frac{dx}{dt} = -\frac{1}{2}\frac{\varepsilon_0 A V_s^2}{d_0^2} \tag{15}$$

このとき，スイッチング時間は以下のように導かれる。

$$t_s = \frac{2bd_0^3}{3\varepsilon_0 A V_s^2} = \frac{9V_p^2}{4\omega_0 Q V_s^2} \tag{16}$$

一方，可動体の速度 (dx/dt) が一定であると仮定すると式(15)より，以下のスイッチング時間が導かれる。

$$t_s = \frac{2bd_0^3}{\varepsilon_0 A V_s^2} = \frac{27V_p^2}{4\omega_0 Q V_s^2} \tag{17}$$

ダンピングが支配的 ($Q<0.5$) なときには，実際のスイッチング時間は式(16)と式(17)との間の値になる。

なお，式(14)，(16)，(17)に示すように，スイッチング時間は印加電圧 (V_s) を増大させると短くなる。

第1章 MEMS構造体の力学的設計技術

6 解析シミュレーションソフトウェア

以上述べた関係式は1次元モデルについて導かれたものである。二・三次元の静解析あるいはさらに高次元の共振モードについて構造体の動解析を行うにはコンピュータを利用したシミュレーションが役立つ。MEMS では，ANSIS, CoventorWare, IntelliSweet, MEMSCAP 等の市販のソフトウェアが有名である。

文　献

本章で述べた設計理論についてさらに詳細な内容を知りたい方には文献1), 2), 3)が役立つ。
1) Gabiel M. Rebeiz, *RF MEMS Theory, Design, and Technology*, John Wiley & Sons, Inc. (2003)
2) Warren C. Young, ROARK'S Formulas for Stress & Stress, McGraw-Hill, Inc. (1989)
3) J. P. Den Hartog, Mechanical Vibrations, Dover Publications, Inc. (1984)
4) S. Kasai, K. Suzuki, Y. Ota, and T. Ide, "An Electro-Statically Driven MEMS Relay," *Proceedings of the 49 th International Relay Conference* (*NARM 2001*), Chicago (2001)
5) 坂田, 藤井, 積, 佐野, 速水, 今仲, "高周波 MMR の開発," 信学論(C), Vol. J 84-C, No. 1, pp. 11-16, Jan. (2001)
6) H. Tauchi and K. Suzuki, "Design and Fabrication of Two-Stage-Driven Cantilever-Based RF Micro-Switch," *Tech. Dig. of the 22 th Sensor Symposium*, pp. 21-24 (2005)
7) S. Duffy *et al.* "MEMS Microswitches for Reconfigurable Microwave Circuitry," *Microwave and Wireless Comp. Lett.*, Vol. 11, No. 3, pp. 106-108, March (2001)
8) S. Kamide and K. Suzuki, "Design and Fabrication of a Laterally-Driven RF Micro-Switch with High Isolation," *Tech. Dig. of the 22 th Sensor Symposium*, pp. 241-244 (2005)

第2章　MEMS構造体のRF設計技術

鈴木健一郎*

1　はじめに

　高周波MEMS (RF MEMS) デバイスの回路は，高周波電気信号を低損失で透過させるRF平面導波路とスイッチ等のMEMS構造体から構成されている．RFデバイスの高周波特性を評価するのにSパラメータがしばしば使用される．以下にコプレーナ導波路とSパラメータの基礎関係式を示し，これらの関係式をMEMSスイッチに適用することを述べる．

2　RF平面導波路

2.1　表皮効果

　導線の中を非常に速く時間変化する電流が流れるときには，誘導される磁場の影響により電流が導線内部に侵入できなくなる．これを表皮効果と呼び，導体表面から内部に侵入できる厚さ（表皮厚さ）は，その振幅が表面の値の1/eになる距離として定義される．表皮厚さは，周波数に対して以下の関係がある．

$$\delta_s = \sqrt{\frac{2}{\omega\mu\sigma}} \quad [\text{m}] \tag{1}$$

ここで，
　ω：角周波数 [ラジアン/秒]
　μ：透磁率 [N/A^2]
　σ：電気伝導度 [S/m]

である．
　図1は，式(1)を使って銅の表皮厚さを計算したものである．ここで，銅に対する物性値として以下の値を使った．

$$\mu = \mu_0 = 4\pi \times 10^{-7} \text{H/m}, \tag{2}$$
$$\sigma = 5.80 \times 10^7 \text{S/m}$$

＊　Kenichiro Suzuki　立命館大学　理工学部　マイクロ機械システム工学科　教授

第2章　MEMS 構造体の RF 設計技術

表皮厚さが，a) 8.53 mm (60 Hz)，b) 0.0661 mm (1 MHz)，c) 0.661 μm (10 GHz) と周波数が高くなるに従って急激に薄くなることに注意されたい．特に 1 GHz 以上の高周波信号に対しては，表皮厚さは 2 μm 以下となる．

表皮効果が意味しているものを理解するために円形の断面形状をもつ導線の抵抗を考えてみる．定常電流（時間的に変化しない）が流れている場合には，2 a の直径をもつ導線の抵抗は以下のように表される．

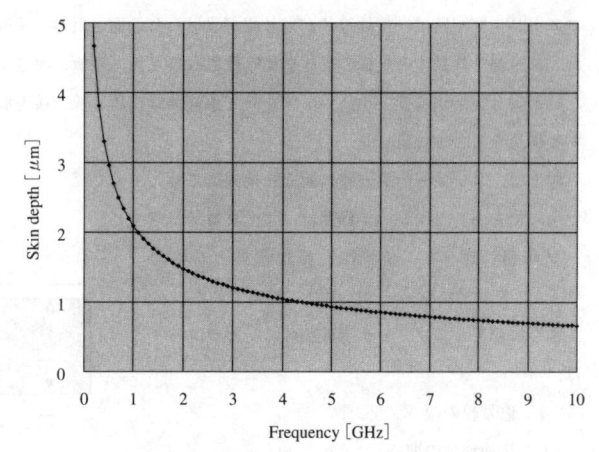

図1　銅線の表皮厚さと周波数の関係
銅の物性値として $\mu = \mu_0 = 4\pi \times 10^{-7}$ H/m，$\sigma_c = 5.80 \times 10^7$ S/m を使って計算した．

$$R = \frac{1}{\sigma}\frac{1}{\pi a^2} \quad [\Omega/\text{m}] \tag{3}$$

一方，高周波電流が流れる場合には導線の抵抗は表皮厚さを用いて以下のように表される．

$$R_{ac} = \frac{1}{2\pi a}\frac{1}{\sigma \delta_s} \quad [\Omega/\text{m}] \tag{4}$$

式(1)，(2)，(4)を用いて直径 0.88 mm の円形断面をもつ銅線の抵抗を 1 GHz の高周波に対して計算すると 0.298 Ω/m となる．一方，定常電流の場合には 2.83×10^{-4} Ω/m であり，1 GHz の高周波信号では導線の抵抗が 1000 倍も大きくなることがわかる．従って，導線の厚さを表皮厚さよりもさらに大きくしても，導線の抵抗を著しく低減するのに役立たない．普通，表皮厚さの 2〜3 倍の厚さにするとこれ以上厚くしたものと電気的に同じ特性をもつようになる．

2.2　コプレーナ導波路

高周波信号を伝搬するときには，上に述べた導体損失の他に，周囲の空間に電磁波が放射されるためにエネルギー損失が起こる．高周波信号回路では，効率よく伝達させるために伝送路に電磁波の波としての性質を利用した導波路が用いられる．種々の導波路の中で構造が簡単なマイクロストリップおよびコプレーナ平面導波路が MEMS デバイスとの集積化に優れている．マイク

RF MEMS技術の最前線

ロストリップ回路は，接地導体が信号線が設けられる面と反対の基板裏面に作製される。このため，信号線を作製する上面の配線が簡略化される反面，基板の厚さを精密に制御しなければいけないという短所がある。一方，コプレーナ導波路は，信号線と接地導体を同一の基板表面に作製する構造をもっている。

図2は，コプレーナ導波路の断面を模式的に示したものである。コプレーナ回路は，マイクロストリップ回路に比べて，信号線と接地導体との間隔 ($b-a$) を設計パラメータに新たに加えている。

図2に示したコプレーナ導波路の設計パラメータは，

$2a$：信号線の幅
$2b$：接地導体の間隔
h：基板の厚さ
ε_r：基板の比誘電率

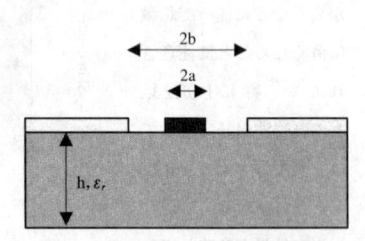

図2 コプレーナ導波路の断面図

である。

コプレーナ導波路は，周波数が低い場合や波長に対して導波路の寸法が非常に小さい場合には準TEMモードの伝播モードをもつために，準静電界近似を適用して解析を行うことができる。このコプレーナ導波路がもつインピーダンスおよび実効誘電率は以下のように表される。

$$Z_0 = \frac{30\pi}{\sqrt{\varepsilon_{\mathit{eff}}}} \frac{K'(k_1)}{K(k_1)} \tag{5}$$

$$\varepsilon_{\mathit{eff}} = 1 + \frac{\varepsilon_r - 1}{2} \frac{K(k_2)}{K'(k_2)} \frac{K'(k_1)}{K(k_1)} \tag{6}$$

ただし，

$$k_1 = \frac{a}{b}, \quad k_2 = \frac{\sinh(\pi a / 2h)}{\sinh(\pi b / 2h)} \tag{7}$$

である。ここで K は第1種完全楕円積分であり，以下のように近似される。

$$\frac{K(k)}{K'(k)} = \frac{1}{\pi} \ln\left[\frac{2(1+\sqrt{k})}{1-\sqrt{k}}\right] \quad 0.707 \leq k \leq 1,$$

$$\frac{K(k)}{K'(k)} = \frac{\pi}{\ln\left[\frac{2(1+\sqrt{k'})}{1-\sqrt{k'}}\right]} \quad 0 \leq k \leq 0.707 \tag{8}$$

ここで，$k' = \sqrt{1-k^2}$ である。

第2章 MEMS構造体のRF設計技術

式(5)および(6)に示したようにインピーダンスおよび実効誘電率は基板の厚さ (h) に依存している。しかし，基板の厚さが接地導体の間隔 ($2b$) の5倍程度より厚くなると基板の厚さはほとんど特性に影響を与えない。このとき，式(6)の実効誘電率は以下の値に近づく。

$$\varepsilon_{\mathit{eff}} = \frac{1+\varepsilon_r}{2} \tag{9}$$

このように基板の厚さに特性が強く影響されないことがコプレーナ導波路の特徴の一つである。
また，接地導体の幅については，接地導体間隔 ($2b$) の2倍以上あれば特性にほとんど影響を与えないことが示されている[2]。

以上の式を使って，パイレックスガラス（コーニング社#7740）を基板とした (h = 0.5 mm, ε_r = 4.6) コプレーナ導波路のインピーダンスおよび実効誘電率 ($\varepsilon_{\mathit{eff}}$) を a/b に対して計算した結果を図3および図4に示す。また，図中のパラメータは信号線の幅 ($2a$) を示している。この図より，50Ωのインピーダンスが得られるのは a/b が 0.79 のときであることがわかる。なお GaAs 基板を用いたときには高い誘電率 (ε_r = 12.6) のために a/b が 0.44 のときに 50Ω インピーダンスが得られる。このため，GaAs 基板の方がガラス基板よりも導波路の小型化が容易である。

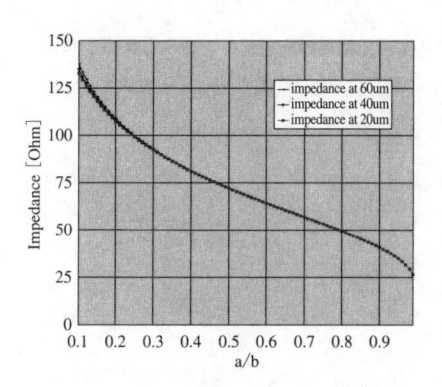

図3 コプレーナ導波路のインピーダンス
（パイレックスガラスを基板とした場合：
h = 0.5 mm, ε_r = 4.6）

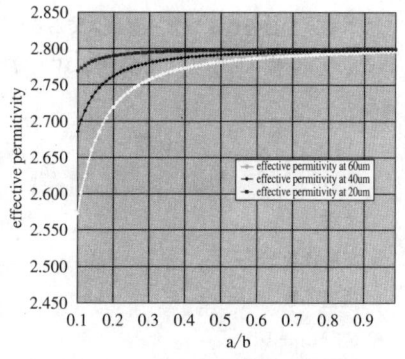

図4 コプレーナ導波路の実効誘電率
（パイレックスガラスを基板とした場合：
h = 0.5 mm, ε_r = 4.6）

なお，ここで述べた導波路による信号の伝達は，線路の長さが波長の 1/10 程度よりも長くなるときに必要となるものである。線路長が短いときには，導波路を用いない配線でも特に問題はないが，外部と入出力する領域に対しては，互いの特性インピーダンスが合うように注意する必要がある。

3 Sパラメータ

図5は4端子回路を示したものである。この入力側および出力側のそれぞれの電圧および電流をデバイスに入射する入射波 (V^+, I^+) と逆方向に伝搬する反射波 (V^-, I^-) の二つの成分に分けると以下のように表される。

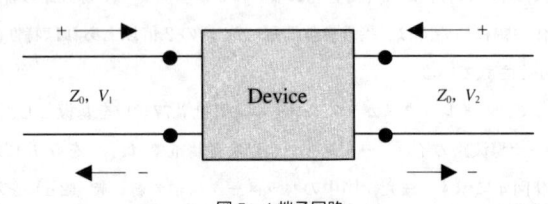

図5　4端子回路
入射波（+）と反射波（-）を模式的に示す。

$$V = V^+ + V^-$$
$$I = (V^+ - V^-)/Z_0 \tag{10}$$

ここで，Z_0 は特性インピーダンスである。この4端子回路の入力側および出力側のそれぞれの電圧の入射波 (V^+, I^+) と反射波 (V^-, I^-) の関係は以下の散乱行列によって表すことができる。

$$\begin{bmatrix} V_1^- \\ V_2^- \end{bmatrix} = \begin{bmatrix} S_{11} & S_{12} \\ S_{21} & S_{22} \end{bmatrix} \begin{bmatrix} V_1^+ \\ V_2^+ \end{bmatrix} \tag{11}$$

ここで，

反射係数：$S_{11} = S_{22}$
透過係数：$S_{21} = S_{12}$ \hfill (12)
$S_{21} - S_{11} = 1$

の関係がある。

デバイスの高周波特性は，この S パラメータを用いて以下のように表すことができる。

$$\text{挿入損失（スイッチON）} \quad : 10\log\left(\frac{P_1^i}{P_2^i}\right) = 20\log|S_{21}|$$

$$\text{アイソレーション（スイッチOFF）} : 10\log\left(\frac{P_1^i}{P_2^i}\right) = 20\log|S_{21}| \tag{13}$$

$$\text{リターンロス} \quad : 10\log\left(\frac{P_1^i}{P_2^i}\right) = 20\log|S_{11}|$$

第 2 章 MEMS 構造体の RF 設計技術

ここで，P_1^r は 4 端子回路の左側 (1) から右側 (2) に入力した信号のエネルギー，P_2^t は 4 端子回路の右側 (2) に透過した信号のエネルギー，P_1^r は 4 端子回路の左側 (1) に反射した信号のエネルギーを表している．式(13)よりわかるように，挿入損失 0.1 dB とは 2.3%，挿入損失 1 dB とは 20.6%，のエネルギーが 4 端子回路を透過できなかったことを表している．また，アイソレーション 20 dB とは 1%，アイソレーション 40 dB とは 0.01%，のエネルギーが 4 端子回路を透過したことを表している．また，リターンロス 20 dB とは 1%，リターンロス 40 dB とは 0.01%，のエネルギーが 4 端子回路の入力側に戻ってきたことを表している．

4 並列型スイッチ

図 5 に示した 4 端子回路が伝送線路に対して並列に配列されている場合を考える．このとき，式(11)の散乱行列は以下のように導かれる．

$$\begin{bmatrix} V_1^- \\ V_2^- \end{bmatrix} = \frac{1}{G + 2G_0} \begin{bmatrix} -G & 2G_0 \\ 2G_0 & -G \end{bmatrix} \begin{bmatrix} V_1^+ \\ V_2^+ \end{bmatrix} \tag{14}$$

ここで，G_0 は伝送線路の特性アドミッタンス (1/50 S)，G は RF デバイスのアドミッタンスである．

図 6 に示すように可変の静電容量が伝送線路に並列に接続されたスイッチを考える．この場合には，式(14)は以下のようになる．

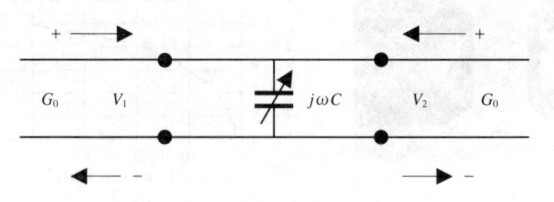

図 6 並列接続の静電容量型スイッチ
ここで，G_0 は特性アドミッタンス (1/50 S) である．

$$\text{Insertion loss(switch-on)} = 20 \log \left| \frac{2/50}{2/50 + j\omega C} \right|$$

$$\text{Isolation(Switch-off)} = 20 \log \left| \frac{2/50}{2/50 + j\omega C} \right| \tag{15}$$

$$\text{Return loss} = 20 \log \left| \frac{-j\omega C}{2/50 + j\omega C} \right|$$

図7は，この式（15）を用いて，$C_u=10\,\mathrm{fF}$ および $C_d=3\,\mathrm{pF}$ の場合のそれぞれについて挿入損失とアイソレーションを周波数に対して計算した結果である．

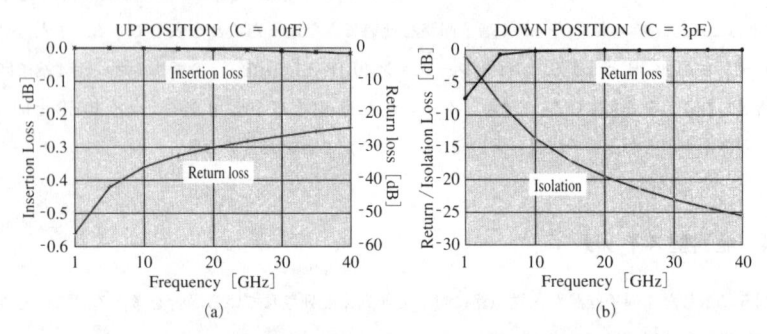

図7 スイッチのRF特性（計算値）：a)挿入損失，b)アイソレーション

一方，図8(a)は，Raytheonが作製したマイクロスイッチの写真である[3]．可動部と導波路の間の距離が大きく（スイッチON），両者の間に10 fFの静電容量があった．図8(b)は，この状態のスイッチの挿入損失を周波数に対して測定したものである．

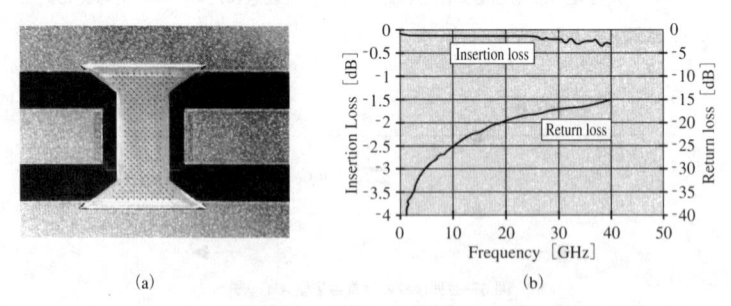

図8 スイッチONの状態[3]：a) 試作デバイス写真，b) 挿入損失のRF特性

一方，図9(a)は可動部と導波路の間の距離が小さい状態（スイッチOFF）のスイッチ写真であり，3 pFの静電容量があった．図9(b)は，この状態のスイッチのアイソレーションを周波数に対して測定したものである．図7と図8(b)および図9(b)を比べると両者がよく一致していることが分かる．

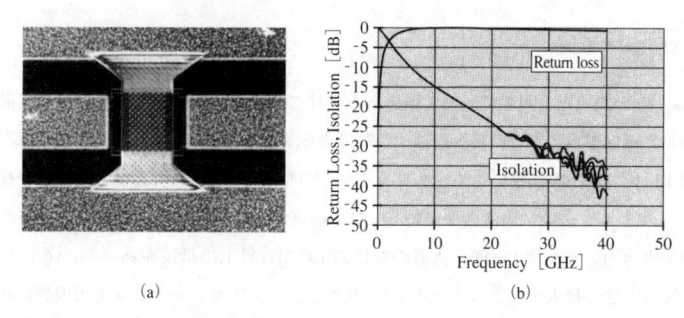

第 2 章　MEMS 構造体の RF 設計技術

(a)　(b)

図 9　スイッチ OFF の状態[3]：a) 試作デバイス写真，b) アイソレーションの RF 特性

5　直列型スイッチ

次に，図 5 に示した 4 端子回路が伝送線路に対して直列に配列されている場合を考える。このとき，式(11)の散乱行列は以下のようになる。

$$\begin{bmatrix} V_1^- \\ V_2^- \end{bmatrix} = \frac{1}{Z + 2Z_0} \begin{bmatrix} Z & 2Z_0 \\ 2Z_0 & Z \end{bmatrix} \begin{bmatrix} V_1^+ \\ V_2^+ \end{bmatrix} \tag{16}$$

ここで，Z_0 は伝送線路の特性インピーダンス（50Ω），Z は RF デバイスのインピーダンスである。

図 10 に示すような可変の抵抗が伝送線路に直列に接続されたスイッチの場合には，式(16)は以下のようになる。

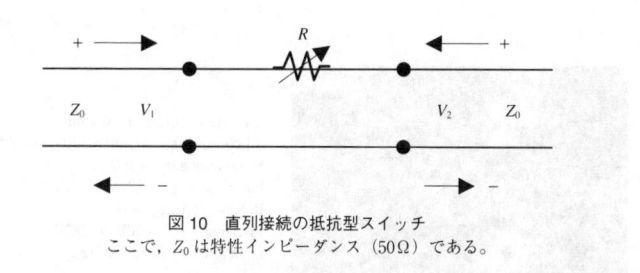

図 10　直列接続の抵抗型スイッチ
ここで，Z_0 は特性インピーダンス（50Ω）である。

$$\text{Insertion loss (switch-on)} = 20 \log \left| \frac{100}{100 + R} \right|$$

$$\text{Isolation (Switch-off)} = 20 \log \left| \frac{100}{100 + R} \right| \tag{17}$$

RF MEMS技術の最前線

$$\text{Return loss} = 20 \log \left| \frac{R}{100+R} \right|$$

図11は，この式(17)を用いて，挿入損失あるいはアイソレーションを抵抗について計算した結果である。抵抗型スイッチの場合には式(17)に明らかなようにRF特性は周波数に依存しない。一方，図12は，NECが作製したマイクロスイッチの写真である[4]。可動部と導波路が接触しているとき（スイッチON），両者の間に約0.01Ωの抵抗があった。また，可動部と導波路が接触していないとき（スイッチOFF），両者の間に約100 MΩ以上の抵抗があった。図13は，スイッチがONのときの挿入損失とスイッチがOFFのときのアイソレーションを周波数に対して測定したものである。図11と図13を比べると両者がよく一致していることが分かる。

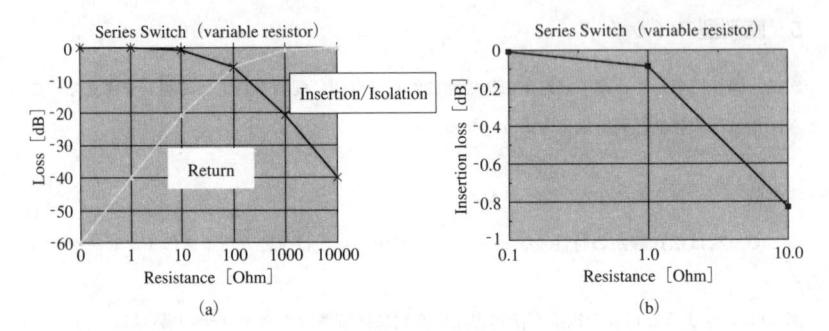

図11　抵抗型スイッチのRF特性（計算値）： a)10 KΩ以下，b)0.1～10Ω

Chip size：0.25mm×0.9mm
Silicon spring：20μm×130μm×2.5μm
Separation gap：4μm
Pull-in voltage：125V
Release voltage：90V
Insertion loss：0.3dB at 30GHz
Isolation：14dB at 30GHz

図12　抵抗型マイクロスイッチの試作例[4]

第2章 MEMS構造体のRF設計技術

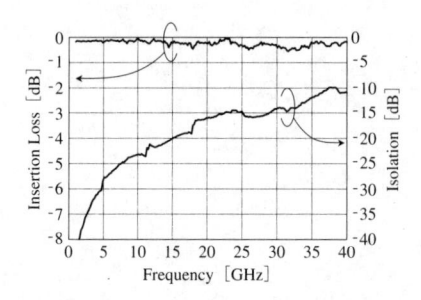

図13 抵抗型マイクロスイッチのRF特性(測定値)[4]

文　　献

本章で述べた全般的な内容については文献1)に，コプレーナ導波路の設計については文献2)に詳しい説明がある．
1) P. R. Karmel, G. D. Colef and R. L. Camisa, Introduction to Electromagnetic and Microwave Engineering, John Wiley & Sons, Inc., 1998.
2) 豊田，コプレーナ導波路(CPW)を用いた回路設計，*MWE '96 Microwave Workshop Digest,* Yokohama, pp. 461-470, Dec. 1996.
3) C. L. Goldsmith, Z. Yao, S. Eshelman, and D. Denniston, *"Performance of Low-Loss RF MEMS Capacitive Switches," IEEE Microwave and Guided Wave Lett.* Vol. 8, No. 8, pp. 269-271, Aug. 1998.
4) K. Suzuki, S. Chen, T. Marumoto, Y. Ara, and R. Iwata, *"A Micromachined RF Microswitch Applicable to Phased-Array Antennas," IEEE MTT-S Int. Microwave Symp. Digest,* Anaheim, pp. 1923-1926, June 1999.

IV　デバイス技術

第1章　単結晶シリコンメンブレン型スイッチ

佐野浩二[*]

1　はじめに

　情報通信ネットワークの発達により情報に対する時間と空間の制約が取り払われる昨今では，機器間／機器内の伝達速度向上のために高周波（RF）信号が多く使用され，多岐に渡る周波数帯域での通信が行われている。さらには，ユーザーが意識することなく情報通信を行うユビキタス社会の到来が目前であり，機器の携帯性，部品の集積化が市場価値を高める源泉となってきている。従って搭載される部品は低消費電力，超小型化が重要な市場要求であると言える。

　これらの要求を実現する手段の一つとして，RF MEMS デバイスへの期待が高まっており，研究開発が盛んである。中でもスイッチは無線通信回路の多機能化に重要な役割を担っていることもあり，高機能な小型 RF MEMS スイッチの登場が望まれている。

　既存の MEMS ではない RF スイッチとしては，半導体方式の PIN ダイオードや，GaAs MMIC（Monolithic Microwave Integrated Circuits）があり，半導体スイッチと呼ばれている。今後の更なる機器の小型化，高機能化の要求に対し，高周波信号損失と絶縁性の両立，消費電力，非直線性による歪成分，シリコン系回路素子との混載性，などに課題がある。RF MEMS スイッチの場合，機械的な構造によりスイッチングを行うため，高周波信号の低損失と高絶縁性の両立を実現し，直線性に優れ，シリコン系回路素子との混載も可能になるなど，半導体スイッチの課題を一挙に解決できる可能性がある。そこで，筆者らはオーミック接触型の RF MEMS スイッチの開発を進めている。半導体スイッチと比較した場合，①低インサーションロス（低挿入損失）・高アイソレーション（高絶縁性）の両方を兼ね備えていること，②DC 領域から数十 GHz に渡る広帯域で良好な特性が得られること，③直線性に優れるため高調波歪が基本的に発生しないこと，などが挙げられる。もちろんこれらの特長は，従来型の機械機構部品でも実現されている。中でも比較的小型であり多用されている基板実装タイプの電磁リレーと比較すると，①超小型薄型，②低消費電力，③動作速度の高速性などが優位点となり，次世代情報通信分野において超小型の RF スイッチとして期待されている。

---

[*] Koji Sano　オムロン㈱　技術本部先端デバイス研究所　マイクロマシニンググループ　主事

RF MEMS技術の最前線

RF MEMS スイッチの駆動方式としては，静電[1]や電磁[2]，熱[3]，およびそれらの組み合わせ[4]など様々な方式が報告されている．筆者らは携帯端末への搭載において，重要な市場要求の内の1つである低消費電力に向いている静電駆動方式を採用した．本稿では，筆者らが開発した静電駆動方式の単結晶シリコンメンブレン型スイッチについて解説する．

2 設計

2.1 デバイス構造

図1は，開発中の単結晶メンブレン型 RF MEMS スイッチの分解構造図，図2はその断面模式図を示したものである．このスイッチは3つの基板から構成される．ベースとなるガラス基板と，アクチュエータとなる単結晶のシリコン基板，そしてアクチュエータや接点を保護するためのキャップとなるガラス基板である．ベースガラス基板の表面には，入力信号線，出力信号線，その先端にはそれぞれ固定接点が設けられ，信号線を挟んだ両側には静電駆動用の固定電極が形成されている．この固定電極は，高周波信号の基準電位となる RF-GND も兼ねている．シリコン基板は，ベースガラス基板に2つのアンカで両端支持され，ベースガラス基板の駆動電極にアンカを通して電気的に接続されている．シリコン基板の中央下面には絶縁膜を

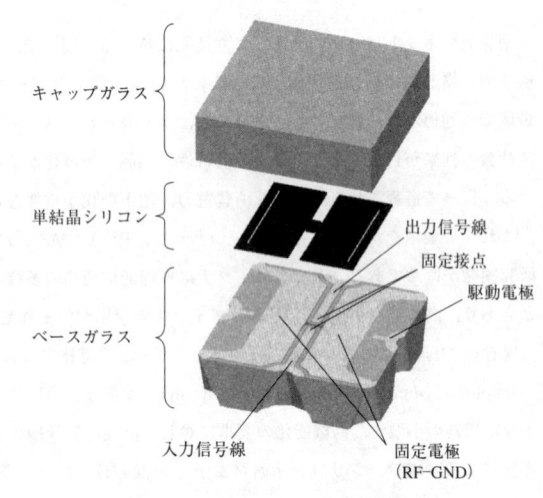

図1 RF MEMS スイッチの分解構造図

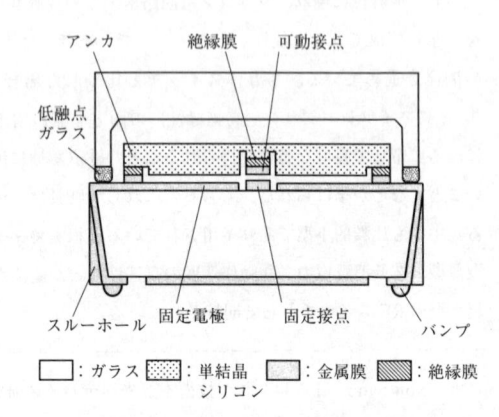

図2 RF MEMS スイッチの断面模式図

第1章 単結晶シリコンメンブレン型スイッチ

介して可動接点が形成されている。また、シリコン基板は可動接点が位置するところは除いて、信号線に対向する部分が切り欠かれている。キャップガラス基板は、シリコン基板が格納される部分に凹部が形成され、周囲で低融点ガラスを接合材にしてベースガラス基板に接合される。また、ベースガラス基板の周囲にはスルーホールを設け、その内壁に金属薄膜を形成することにより、それぞれの電極をベースガラス基板の裏面電極に取り出す構造になっている。ベースガラス基板の裏面電極には基板実装用のバンプが設けられている。

2.2 静電アクチュエータ設計

次に、RF MEMSスイッチの機構部である静電アクチュエータの設計について述べる。図3にRF MEMSスイッチの動作原理を示す。ベースガラス基板上の固定電極と可動電極となるシリコン基板に電圧を印加することで発生する静電引力によってシリコン基板を固定電極側に引き付け、可動接点と固定接点が接触し、2本の信号線は電気的に接続される。電圧を除去するとシリコン基板のたわみによるバネの反力（復帰力）によって、可動接点は固定接点から離れ電気的に絶縁される。復帰力の関係は、式(1)で表される。

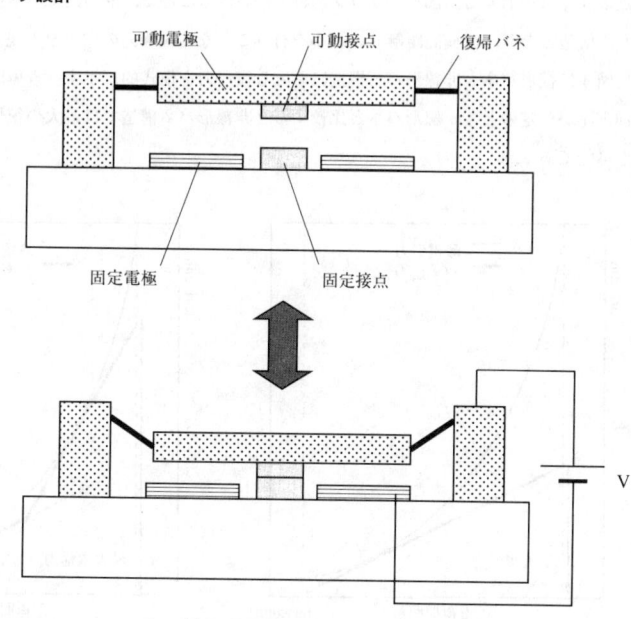

図3 RF MEMSスイッチの動作原理

$$F = \frac{27\,\varepsilon_0\,\varepsilon_r S V^2}{8\,d^2} \tag{1}$$

ここで、F：復帰力、ε_0：真空の誘電率、ε_r：雰囲気ガス中の比誘電率、S：電極面積、V：印加電圧、d：電極間距離である。静電アクチュエータを設計する場合は、式(1)で表される復帰力をもとにアクチュエータのバネ負荷を設計する必要がある。式(1)より復帰力の最大値は電

RF MEMS技術の最前線

極間距離dの2乗に反比例するので,電極面積Sおよび印加電圧Vが一定の場合,復帰力を大きくとるためには電極間距離dを小さくする必要があることがわかる。しかし電極間距離dを小さくすると接点間の距離も小さくなり,絶縁耐圧が下がる,あるいはアイソレーション特性が悪くなるという問題が生じる。

この問題を解決するのに,筆者らのRF MEMSスイッチにおいては,独自の非線形バネ構造を採用することで,実用的な駆動電圧と,接点の開閉信頼性・接触安定性をバランスさせている。静電引力が発生してシリコン基板がベースガラス基板上の固定電極に引き付けられたとき,接点より先に接触する凸部をシリコン基板上に設けることで,漸増的にバネ係数が変化する非線形バネ構造となり,電極間距離dの縮小を行うことなく復帰力の向上を実現した。

図4に線形バネと非線形バネ構造における復帰力を模式的に示す。電極間距離,電極面積,印加電圧が一定のとき,線形バネと比較すると非線形バネ構造では最大の復帰力を大きくとることが可能である。

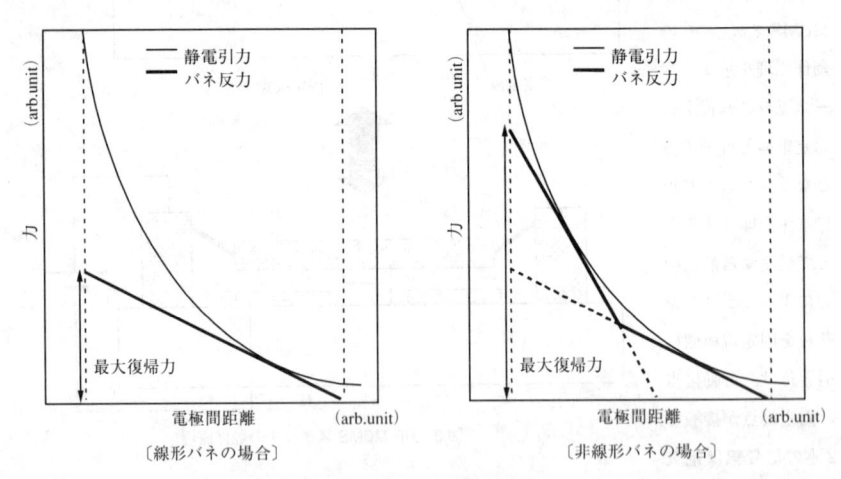

図4 復帰力とバネ構造の関係

2.3 パッケージ設計

スイッチとしての接触信頼性においては,接点表面の清浄度のコントロールが重要である。RF MEMSスイッチの接触力は微小であり,その影響を大きく受ける。そこで,可動部分をキャップガラスで保護している。接点の有機汚染を防ぐため,ガラスキャップ基板による封着工程は,ウエハレベルでのパッケージングを採用した。また,接合材には無機材料である低融点ガラスフ

第1章 単結晶シリコンメンブレン型スイッチ

リット材を用い，不活性ガス雰囲気中で封着する。従って，①安定した生産が可能である，②時間当たりの生産量が大きい，③接点表面の環境コントロールが容易である，といった特長があり，高い量産性をもちつつ清浄な状態で接点を保護することができる。

2.4 高周波線路設計

次に，RF MEMS スイッチとして最も重要な高周波線路設計について，その項目別に述べる。

(特性インピーダンス)

高周波信号線路のパラメータに特性インピーダンスがあり，単位長さの信号線が持つL成分とC成分，R成分で決まる。特性インピーダンスが異なる信号線路を接続すると，境界面で信号の反射による損失が発生する。既存の高周波用ケーブルは50Ωの特性インピーダンスを持つものが多いので，50Ωの特性インピーダンスで設計を行った。

(伝送線路基本構造)

高周波信号の伝送構造として一般的なマイクロストリップライン構造を採用した場合，比誘電率が5程度で厚さが400μmのガラス基板の場合，50Ωの特性インピーダンスを実現するためには，600〜700μmの信号線幅が必要になり，チップサイズが大きくなってしまう。そこで原理的に信号線幅の制約が無いコプレナ構造を伝送構造として採用した。また，配線の取り出し方法としてスルーホールを採用し，電極を裏面から取り出すことで伝送線路長を可能な限り短縮し，損失を減らす構造とした。一般に基板の誘電率の低い方が信号の実効波長が長くなり，反射による損失を減らす設計がしやすいので，ベース基板としてガラス基板（パイレックス）を採用した。

(表皮効果)

高周波信号は，周波数が高くなるほど信号線の表面しか流れなくなる「表皮効果」と呼ばれる性質がある。信号の浸透する深さは信号線のR成分に依存するが，一般に良導体ほど浸透する深さは浅くなる。Auを信号線に使用した場合，1 GHzで2.5μm程度しか信号は浸透しない。ゆえに1μmの高低差が信号線の実効長に影響する。信号線の実効長が伸びると，一般に信号の反射や損失の増大が起きる。そのため，筆者らのRF MEMS スイッチにおいては，信号線や固定接点などを極力同じ厚み，材料となるように製造プロセスを工夫している。

(線路形状による反射)

高周波信号の波長と信号線路の寸法が近いと，DCや低周波領域の信号に比べ，信号が信号線屈曲部で反射し，定在波が発生しやすい。信号の出力端子に定在波の節が出来た場合信号の遮断が起こる。従って，信号線を不用意に引き回すことは避けなくてはならない。そこで，筆者らは入力信号線と出力信号線を直線状に配置した。

(GND 面積)

　高周波信号用の GND は，十分な面積を取る必要がある．GND 面積が狭いと，GND パターンが基準電位として機能せず，結果として信号の損失が起きてしまうからである．筆者らの RF MEMS スイッチにおいては，ガラス基板上にある静電駆動用の固定電極を RF-GND として共用することで，十分な GND 面積を取りつつ小型化を図っている．

3　製造プロセス

　次に，RF MEMS スイッチの製造プロセスについて述べる．本製造プロセスの特徴は SOI (Silicon On Insulator) ウエハとガラスウエハとの接合を組み合わせていることである．

　薄肉化したシリコン基板を形成する方法としては，シリコンウエハとガラスウエハを接合した後に，シリコンウエハをアルカリエッチングで薄肉化する．シリコンのアルカリエッチングにおけるエッチングストップの手法としては，PN 接合にバイアス電圧を印加する ECE (Electro Chemical Etch stop)，あるいは高濃度の P 層でエッチングストップする手法があるが，両者ともドーピングされたシリコンが機械的可動部となるため，ビルトインストレスあるいは膜厚方向のストレスの傾斜による機械的挙動への影響を無視できなくなる．また，特に ECE ではプロセスが非常に複雑になってしまう．これらと比較し，本プロセスでは SOI ウエハの中間酸化膜でエッチングを停止させるので，可動部への高濃度ドーピングが不要でプロセスも簡略化できる．

　また，バネ要素となるアクチュエータの可動電極部に SOI ウエハの活性層を用いるので，高い膜厚精度でバネ要素が形成でき，動作電圧などの特性ばらつきを減らすことができる．

　図 5 は，RF MEMS スイッチの製造プロセスを示すフローである．

　まず，ハンドルレイヤー／中間酸化膜／活性層からなる SOI ウエハ (図 5(a)) の活性層側にアクチュエータのギャップや厚みなどを決めるためにエッチングで所望の位置に段差を形成する (図 5(b))．次に，可動接点とシリコン基板を絶縁するための絶縁膜，可動接点およびガラス基板との接合用の金属膜を形成する (図 5(c))．次に，ベース基板となるガラスウエハにサンドブラストなどで電極取り出し用のスルーホールを形成し (図 5(d))，表面には，固定電極や駆動電極などの配線および，シリコン基板との接合用金属膜を形成する (図 5(e))．また，スルーホールの内壁には，電極取り出し用および裏面電極用の金属膜を形成する (図 5(f))．

　こうして出来上がった，SOI ウエハとベース用ガラスウエハを，荷重と加熱により接合する (図 5(g))．この後，SOI ウエハのハンドルレイヤーを KOH などのエッチャントで除去し，さらに HF などで中間酸化膜を除去する (図 5(h))．その後，残った活性層をドライエッチングでパターニングし，デバイスウエハ (スイッチ部分) が完成する (図 5(i))．

第1章 単結晶シリコンメンブレン型スイッチ

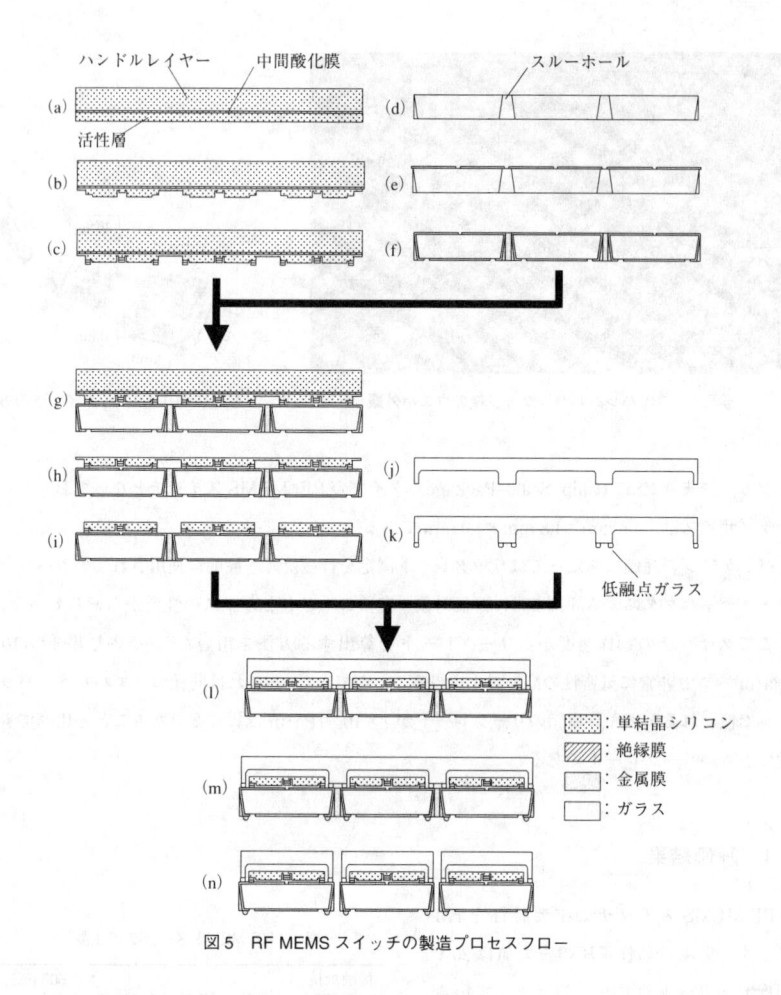

図5 RF MEMS スイッチの製造プロセスフロー

次に，キャップガラスにアクチュエータ部分を格納するキャビティをエッチングで形成し（図5(j)），接合する箇所に低融点ガラスをパターニングする（図5(k)）。キャップガラスをデバイスウエハと荷重と加熱により接合する（図5(l)）。このとき，キャビティ内は不活性ガス雰囲気で封止され，ウエハレベルのパッケージが完成する（写真1）。最後に，ベース基板の裏面にAuバンプを形成し（図5(m)），ダイシングにより個別チップに切り出す（図5(n)）。

RF MEMS スイッチの外観を写真2に示す。チップの表面と裏面から撮影したものである。

チップのまま，回路基板などに直接実装することができるので，外付けのパッケージが必要な

RF MEMS技術の最前線

写真1 ウエハレベルパッケージ後のウエハ外観

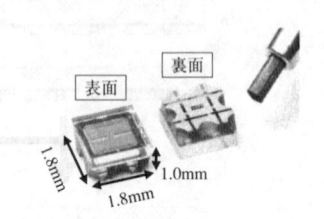

写真2 RF MEMS スイッチの外観

くなる。つまり CSP（Chip Scale Package）タイプの RF MEMS スイッチとなっており，そのチップサイズは，1.8 mm×1.8 mm×1.0 mm である[5]。

パッケージの評価にあたってはリークレート測定を行った。一般的に使用されているヘリウムリークディテクタによる評価では，評価対象の容積の小ささとガラスの性質から適していない[6]。そこでスイッチの動作速度からリークレートを算出する方法を用いた[7]。その結果 3.4×10^{-17} [Pa・m³/s] と非常に気密性の高い封止を得ることができた[8]。これは同様のウエハレベルパッケージで使われるエポキシ樹脂のリークレートが 1×10^{-9} [Pa・m³/s] 程度であることと比べても格段に小さいリークレートである。

4 評価結果

RF MEMS スイッチの主要特性を表1に示す。実際の動作電圧の実力値は 20 V 程度で，定格駆動電圧を 24 V としている。接点の接触抵抗は 500 mΩ 程度である。電気的耐久性試験（抵抗負荷：0.5 V-0.5 mA）においても，接点の固着なども発生せず，概して抵抗値は安定しており，10 億回以上の電気的耐久性が見込める（図6）。

図7に，高周波特性の測定結果を示す。この測定には，高周波プローバとネットワークアナライザ（8722 ES：アジレント社）を用いた。

表1 RF MEMS スイッチの主要特性

接触抵抗	400-600 mΩ
動作電圧	17-20 V
動作時間	<300 μsec
消費電力	<0.05 mW
電気的耐久性	10 億回以上
インサーションロス	-0.7 dB@10 GHz
アイソレーション	-23 dB@10 GHz
0.1 dB 圧縮時入力電力（2 GHz）	+33 dB 以上

第1章　単結晶シリコンメンブレン型スイッチ

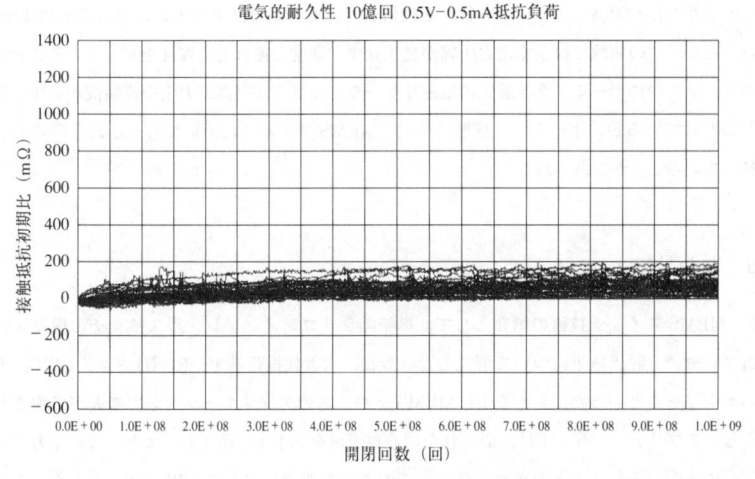

図6　RF MEMS スイッチの電気的耐久性試験結果例

2 GHz, 10 GHz, 20 GHz における インサーションロスはそれぞれ, 0.29 dB, 0.68 dB, 0.89 dB, アイソレーションは, 41 dB, 23 dB, 22 dB の値を得た. この結果から, 筆者らの開発した RF MEMS スイッチは, 半導体スイッチである PIN ダイオードや GaAs MMIC と比べて非常に広帯域で低損失な特性を有していることがわかる.

また, 高周波電力に対する入出力特性を図8に示す. 測定デバイスを基板に実装した状態で治具にセットし, 2 GHz の高周波信号を徐々に電力を増やしながらデバイスに印加, そのときの入出力電力を測定した. 高周波電力の測定には, パワーメータ (E 4419 B：アジレント社) とパ

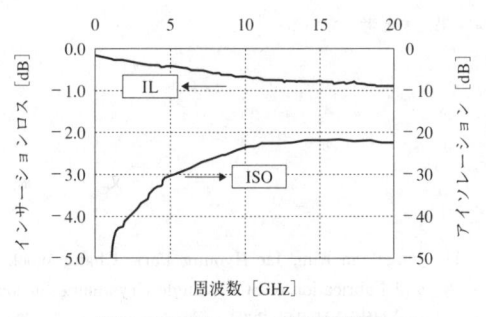

図7　RF MEMS スイッチの高周波特性

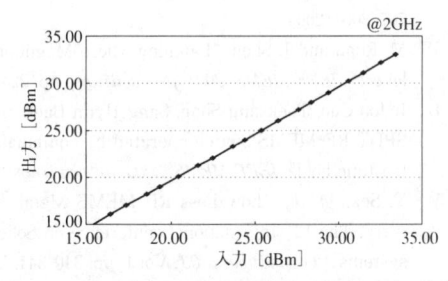

図8　RF MEMS スイッチの高周波電力に対する入出力特性

107

ワーセンサ（E9300 A：アジレント社）を使用した。電力測定はデバイス入力端で+33 dBm まで行ったが，この領域では全く電力圧縮が発生せず，非常に優れた直線性を有していることが確認された。一般にオーミック接触式の電磁リレーなどでは，高周波電力歪や高調波が発生しにくいといわれているが，オーミック接触式のRF MEMSスイッチにおいても，これと同様の特性を持っていることが確認された。

5 おわりに

RF MEMSスイッチ技術の紹介として，単結晶シリコンメンブレン型スイッチの構造・設計，製造プロセス，評価結果について解説した。今後，次世代携帯端末，RF IDタグ，UWB，センサネットワークといった，新たなRF MEMSデバイスのアプリケーションの増大が予想される。こうしたアプリケーションでは，限られた周波数帯域を効率よく活用し，より少ない電力で高周波信号の送受信を行うことが求められる。このような要求に対して，RF MEMSスイッチの低損失，広帯域，低歪，超小型，低消費電力などの特長が次世代情報通信分野の成長に大きな役割を果たすと考えている。

文　献

1) Jong-Man Kim, Jae-Hyoung Park, Chang-Wook Beak and Yong-Kweon Kim, "Design and Fabrication of SCS (Single Crystalline Silicon) RF MEMS Switch using SiOG Process", *IEEE MEMS 2004 proceedings*, pp. 785-788 (2004)
2) Long Que, Kabir Udeshi, Jaehyun Park and Yogesh B. Gianchandani, "A Bi-Stable Electro-Thermal RF Switch High Power Applications", *IEEE MEMS 2004 proceedings*, pp. 797-800 (2004)
3) M. Ruan and J. Shen, "Latching Micro Magnetic Relays with Multistrip Permalloy Cantilevers", *IEEE MEMS 2001 proceedings*, pp. 224-227 (2001)
4) Il-Joo Cho, Taeksang Song, Sang-Hyun Baek and Euisik Yoon, "A low-voltage push-pull SPDT RF-MEMS Switch operated by combination of electromagnetic actuation and electrostatic hold", *IEEE MEMS 2005 proceedings*, pp. 32-35 (2005)
5) T. Seki, *et al.*, "Low-Loss RF MEMS Metal-to-metal Contact Switch with CSP Structure", The 12th International conference on Solid-State Sensors and Actuators and Microsystems: *Transducers '03*, Vol 1. pp. 340-341, Boston, USA, June (2003)
6) A. Jourdain, P. Demoor, S. Pamidighantam, and H. A. C. Tilmans, "Investigation of the

第 1 章　単結晶シリコンメンブレン型スイッチ

Hermeticity of BCB-Sealed Cavities for Housing RF-MEMS Devices", *Tech. Dig. of 15 th IEEE Int. Conf. on Micro Electro Mechanical Systems* (MEMS' 02), pp. 677-680, January (2002)

7) T. Masai, T. Seki, and K. Imanaka, "Wafer Level Packaging for RF MEMS Devices", *Tech. Dig. of International Conference on Electronics Packaging* (2003 ICEP), pp. 310-313, April (2003)

8) S. Sato,「RF MEMS パッケージ技術」, エレクトロニクス実装学会誌 Vol. 7, No. 4, June (2004)

第2章　線路駆動型スイッチと
　　　メタルカンチレバー型スイッチ

曽田真之介*

1　はじめに

MEMS スイッチは，既存の RF スイッチである PIN ダイオードや半導体トランジスタと比べて，低挿入損失，高アイソレーション，低消費電力といった利点を持つ[1,2]。だが実用化や既存の RF スイッチとの差別化を考慮すると，低コスト化や広帯域特性も要求される。

そこで本章前半では，キャビティ構造を用いた線路駆動型スイッチ[3~5]を紹介する。この MEMS スイッチは，キャビティ構造を用いた他の RF MEMS 素子[6~8]とプロセス整合性を保ち，低コストな集積化 RF MEMS を製造することを想定している。またミリ波のような超高周波でも良好な特性を得るために，駆動電極が RF 信号へ影響を与えないようにコプレーナ伝送線路（Coplanar Waveguide；CPW）の構造を利用している。

一方，本章後半においては，10 GHz 程度までのマイクロ波をターゲットとした，メタルカンチレバー型スイッチを紹介する。この MEMS スイッチは簡易な工程にて作製でき，また小型でありスイッチ単体でも低コスト化が可能となっている。

本章では，これら2つの MEMS スイッチの構造，作製プロセス，高周波特性，耐電力試験結果を説明する。

2　線路駆動型 MEMS スイッチ

2.1　構造

線路駆動型スイッチの SEM 写真を図1

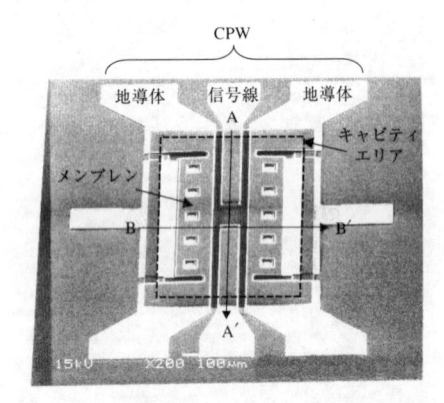

図1　線路駆動型スイッチの SEM 写真

---

* Shinnosuke Soda　三菱電機㈱　先端技術総合研究所　センシング技術部　MEMS プロセスグループ　研究員

第 2 章 線路駆動型スイッチとメタルカンチレバー型スイッチ

に示す。Si 基板に深さ $2\mu m$ のキャビティを形成し、このキャビティを利用したメンブレン上に CPW を配置している。Au からなる CPW は SiN_x でサンドイッチされており、メンブレン全体では $SiN_x/Cr/Au/Cr/SiN_x$ という対称構造となっている（Cr は Au と SiN_x との密着層）。このように対称構造とすることで、膜の応力による反りを抑制している。

　駆動方法を説明する。図 1 の線 AA' における断面図を図 2 に、線 BB' における断面図を図 3 に示す。図 2 より、信号線が中央で分断されているのが分かる。従ってスイッチオフの状態（駆動電圧が 0 V）では、RF 信号は遮断される。信号線の分断部分は下方に接点となる突起が形成され、またキャビティ底面には下部信号線が設置されている。図 3 を見ると、地導体の下方には CPW を吸引するための駆動電極が設置されている。

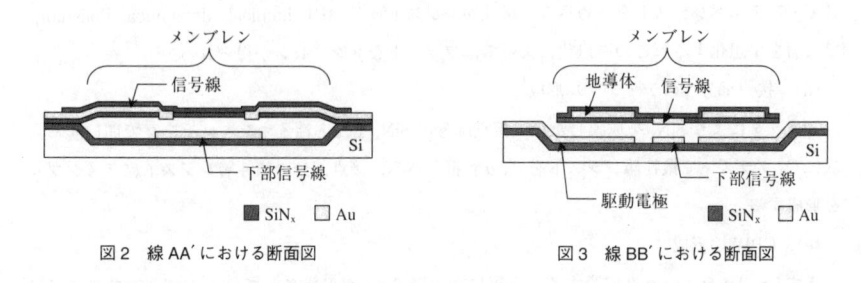

図 2　線 AA' における断面図

図 3　線 BB' における断面図

　次にスイッチオンの状態での断面図を図 4, 5 に示す。駆動電極と地導体との間に所定の駆動電圧を印加すると、CPW の地導体が静電力によって駆動電極に吸引され、図 5 に示すようにメンブレン全体が下方へ変位する。その結果、図 4 のように信号線の突起と下部信号線路が接触し、下部信号線が橋渡しとなり RF 信号が通過状態となる。

図 4　スイッチオン状態での線 AA' における断面図

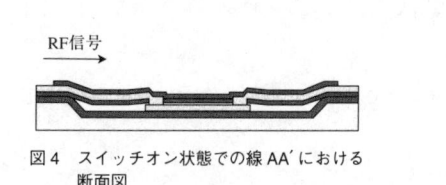

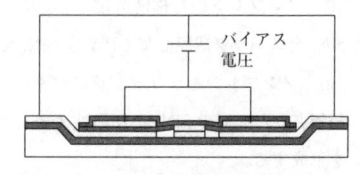

図 5　スイッチオン状態での線 BB' における断面図

　メンブレンの寸法は幅 $170\mu m$、全長 $540\mu m$ である。CPW は信号線幅が $30\mu m$、信号線—地導体間が $12\mu m$ である。メンブレン各層の膜厚は、$SiN_x = 0.7\mu m$、$Au = 1.0\mu m$、$Cr = 0.03\mu m$ である。基板には $>1 k\Omega$ の高抵抗 Si 基板を用いている。接点材料は Au である。

RF MEMS技術の最前線

2.2 作製プロセス

以下では図6に従って，線路駆動型スイッチの作製プロセスを説明する。

(a) キャビティ形成

熱酸化膜をマスクとしてアルカリ溶液による異方性Siエッチングを行い，キャビティを形成する。熱酸化膜はキャビティ形成後にBHFで除去する。

(b) 駆動電極と下部信号線の形成

スパッタによりSiN_xとCr/Auを成膜した後，イオンビームエッチングでCr/Auをパターニングし，駆動電極と下部信号線を形成する。SiN_xは駆動電極とSi基板との絶縁層である。

(c) 犠牲層レジストの埋め込みと平坦化

キャビティへレジストを埋め込み（犠牲層レジスト），CMP(Chemical Mechanical Polishing)で表面を平坦化する。この平坦化によって，フラットなメンブレンが得られる。

(d) 接点部分へのディンプル形成

スパッタによりSiN_xを成膜した後，接点部分のSiN_xを反応性イオンエッチングで開口する。次にO_2プラズマで犠牲層レジストを$0.7\mu m$掘り込み，接点部分の犠牲層レジストにディンプルを形成する。

(e) CPWの形成

まずCr/Auをスパッタ成膜する。下層に密着層のCrが形成されているので，このままでは接点材料がCrとなってしまう。そこでイオンビームエッチングで接点部分のみCr/Auを除去した後，Au/Crをスパッタ成膜し，接点部分の下層がAuとなるようにする。したがって接点部分はAu/Crで他の部分はCr/Au/Crという膜構造となる。このCr/Au/Crをイオンビームエッチングで CPWとしてパターニングする。

(f) メンブレンの対称構造化

SiN_xをスパッタ成膜してCPWをSiN_xで挟み込む。

(g) メンブレンをブリッジ状にパターニング

積層された2層のSiN_xを反応性イオンエッチングでパターニングし，ブリッジ状のメンブレンを形成する。

(h) 犠牲層エッチングとメンブレンのリリース

レジスト剥離液でキャビティへ埋め込んだ犠牲層レジストを除去し，フリーズドライによりスティッキングを回避してメンブレンをリリースする。

本工程においてキーとなる技術は，工程(c)における犠牲層レジストの平坦化技術である。これについては，第6章「受動回路素子」にて詳しく説明する。

ここで他のRF MEMS素子とのプロセス整合性について説明する。図7に伝送線路，インダ

第 2 章　線路駆動型スイッチとメタルカンチレバー型スイッチ

(a) キャビティの形成

(b) 駆動電極と下部信号線の形成

(c) 犠牲層レジストの埋め込みと平坦化

(d) 接点部分へのディンプル形成

(e) CPW の形成

(f) メンブレンの対称構造化

(g) メンブレンをブリッジ状にパターニング

(h) 犠牲層エッチングとメンブレンのリリース

図 6　線路駆動型スイッチの作製プロセスフロー

(a) キャビティ形成

(b) 犠牲層埋め込み＋平坦化

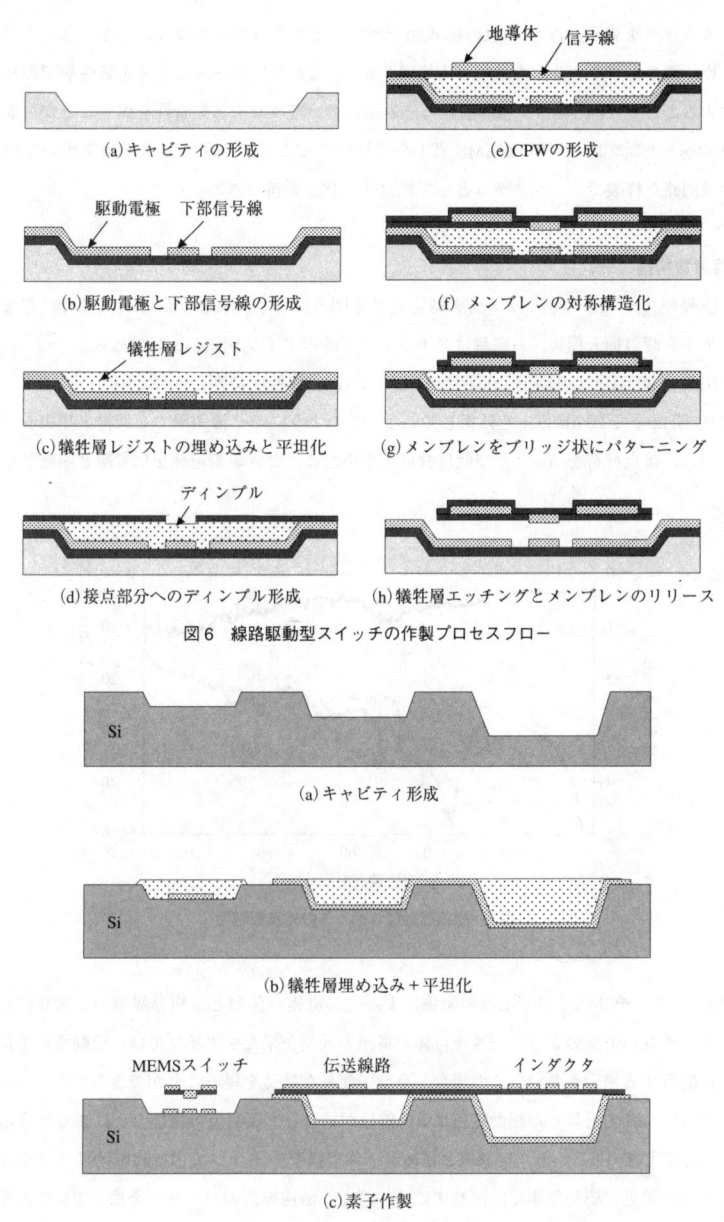

(c) 素子作製

図 7　集積化 RF MEMS の模式図

クタ，スイッチを集積したSi基板の模式図を示す。それぞれの素子は最適なキャビティ深さを持つため，深さがバラバラとなっている（図7(a)）。だが全てのキャビティを犠牲層で埋め込み，平坦化することで（図7(b)），犠牲層埋め込み後においてプロセス整合性を保つことが可能となる（図7(c)）。このようにRF MEMS素子を集積化することで，安価なSi基板を用いて低損失な高周波回路を作製でき，システムとして低コスト化が期待できる。

2.3 周波数特性

線路駆動型スイッチのSパラメータ測定結果を図8に示す。横軸が信号周波数で，左縦軸はスイッチオン時の挿入損失，右縦軸はスイッチオフ時のアイソレーションである。

挿入損失は30 GHzで0.5 dB，90 GHzにおいても1 dB程度に抑えられている。アイソレーションは90 GHzまで20 dB以上を確保している。このようにミリ波領域でも低挿入損失を実現できた理由は，接点材料をAuとして低接触抵抗を得たことと，駆動電極を信号線と隔離したことによる。

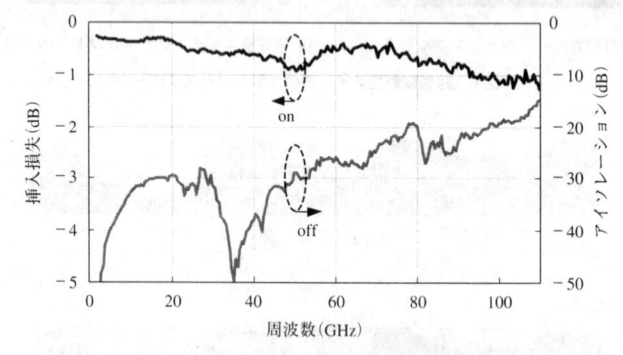

図8 線路駆動型スイッチの周波数特性

MEMSスイッチは信号線と電極の関係によって，電極一体型と電極分離型の2通りに分けられる。カンチレバー型のように信号線自体が電極の役割を果たすタイプでは，駆動電極を信号線の直下に配置する場合が多い。この場合，小型で簡易な構造を得ることができるが，信号周波数が高くなるにつれて近接した駆動電極にRF信号が結合し，反射波の増加などによる挿入損失の増加が生じてしまう[9]。一方，信号線と電極が一体ではないタイプでは，比較的サイズが大きくなるが信号線付近に駆動電極を配置せずに済むので，伝送線路のパターンを乱さずに駆動電極を配置できる。

第2章 線路駆動型スイッチとメタルカンチレバー型スイッチ

2.4 耐電力試験

現在 MEMS スイッチは数mW～数10mW 程度の信号電力を想定して，受信回路やマッチング回路など比較的電力負荷の小さい用途への応用が検討されている。だが MEMS スイッチは機械的なオン／オフ駆動のため，半導体スイッチに比べて電力の増加に対する信号のひずみが小さく，大電力回路への適用も期待されている。

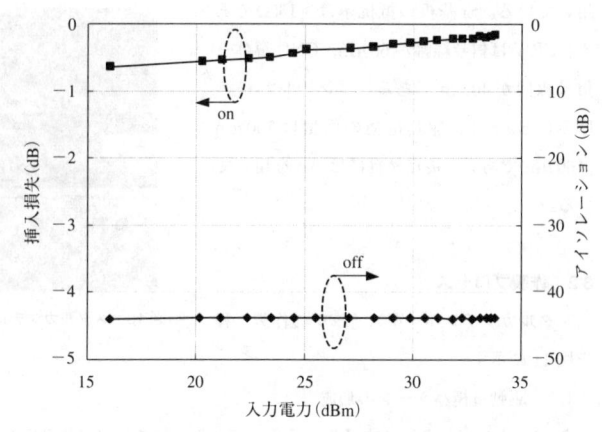

図9 線路駆動型スイッチの耐電力試験結果

線路駆動型スイッチの耐電力試験の結果を図9に示す。横軸は入力電力で，左縦軸はスイッチオン時の挿入損失，右縦軸はスイッチオフ時のアイソレーションである。試験に用いた周波数は 5 GHz で，ホットスイッチング（電力を入力したままのスイッチング）にて動作させた。試験の結果，図9が示すように 33.74 dBm（2.36 W）まで故障せずに動作した。2.4 W 以上の耐電力試験は装置上の制約から行っていない。ここでスイッチオン時の挿入損失に注目すると，入力電力の増加に従って挿入損失が低下しているのが分かる。これは入力電力の増加により接点温度が上がり，Au が軟化して接触抵抗が低下した可能性がある[10,11]。

3 メタルカンチレバー型 MEMS スイッチ

3.1 構造

図10にメタルカンチレバー型スイッチの SEM 写真を示す。CPW の信号線がカンチレバー構造となっており，カンチレバーの下部には地導体と接続された駆動電極が配置されている（図10ではカンチレバーの下に隠れていて見えない）。信号線へ所定の駆動電圧を印加すると，カンチレバーと駆動電極との間に静電力が発生して，カンチレバーが下方へ駆動する。カンチレバーの先端には下方へ突き出た接点が形成されており，スイッチオン時には，このカンチレバー先端の接点と信号線が接触し，信号線が遮断状態から通過状態へと切り替わる。

基板には 1μm の熱酸化膜付き Si 基板を用いている。Si 基板の抵抗率は＞1kΩである。CPW は信号線幅が 60μm，GND 導体―信号線間が 40μm である。カンチレバーの厚みは 5μm で，駆動電極の面積は 100μm×60μm である。接点材料には Au を用いている。

3.2 作製プロセス

メタルカンチレバー型スイッチの作製工程を図 11 に示す。

図 10 メタルカンチレバー型スイッチの SEM 写真

(a) 駆動電極パターンの形成
Cr/Au をスパッタにて成膜し，イオンビームエッチングで駆動電極を形成する。
(b) 犠牲層 Ni パターンとディンプルの形成
犠牲層となる Ni を成膜して，Ni 上に接点となるディンプルを形成する。
(c) カンチレバーと CPW の形成
レジストパターンを施して，カンチレバー部分とコプレーナ線路部分に Au のメッキパターンを形成する。Au メッキ後，レジストをアセトンにて除去する。
(d) 犠牲層 Ni のエッチングとカンチレバーのリリース

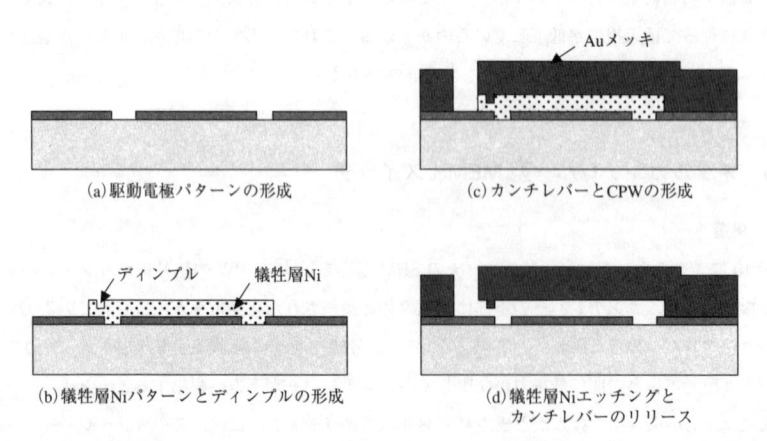

図 11 メタルカンチレバー型スイッチの作製プロセスフロー

第2章 線路駆動型スイッチとメタルカンチレバー型スイッチ

犠牲層 Ni をウェットエッチングし，フリーズドライによってカンチレバーをリリースする．

3.3 高周波特性

図12にメタルカンチレバー型スイッチのSパラメータ測定結果を示す．メタルカンチレバー型スイッチでは 10 GHz において，0.5 dB の挿入損失と 28 dB 程度のアイソレーションを得た．挿入損失と信号周波数の関係を見ると，20 GHz を超えたあたりで挿入損失が大きく増加している．これは接地導体と接続した駆動電極がカンチレバーの直下に位置しているので，駆動電極と RF 信号の結合が大きくなっている為である[10]．

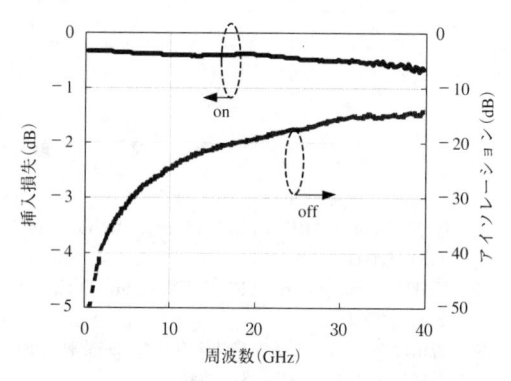

図12 メタルカンチレバー型スイッチの周波数特性

3.4 耐電力試験

図13にメタルカンチレバー型スイッチによる耐電力試験の結果を示す．周波数は 5 GHz で，ホットスイッチングによる試験である．入力電力 27.56 dBm (571 mW) から試験を開始し，入力電力 31.75 dBm (1.50 W) まで故障しなかった．そして 32.27 dBm (1.69 W) でのスイッチオンの後，スイッチオフしても通過状態のままとなり故障した（スティッキング）．メタルカンチレバー型スイッチは，線路駆動型スイッチよりも低い入力電力で故障した．接点材料は共に Au であるので，構造による耐電力性の違いと考えられる．メタルカンチレバー型は線路駆動型よりも寸法が小さく，スイッチオフ時の復元力が弱い．このため，接点の溶着に対してスティッキングし易かったと考えられる．

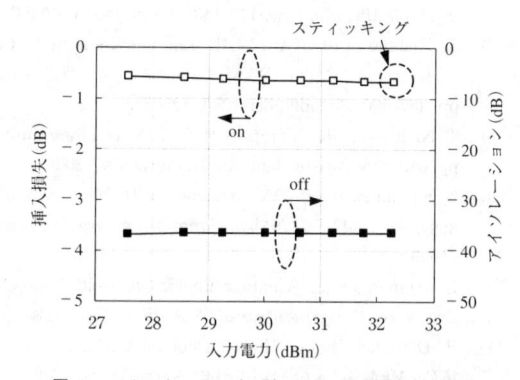

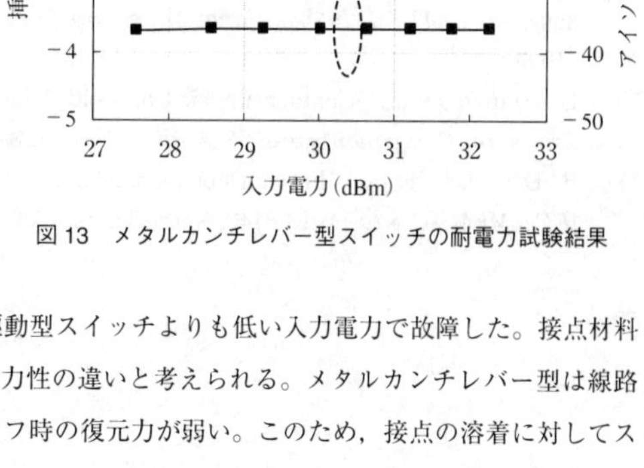

図13 メタルカンチレバー型スイッチの耐電力試験結果

RF MEMS技術の最前線

謝辞

本研究は,三菱電機㈱情報技術総合研究所の西野有氏,半谷政毅氏,宮崎守泰氏,同先端技術総合研究所の出尾晋一氏と共同で行われました.

文　献

1) G. M. Rebeiz, "RF MEMS Theory, Design, and Techology", John Wiley & Sons, New York (2003)
2) V. K. Varadan et al., "RF MEMS and Their Applicatinos", John Wiley & Sons, New York (2003)
3) 曽田ほか, "キャビティ構造を有した線路駆動型 RF MEMS スイッチ", 電気学会全国大会予稿集 Vol. 3, pp. 186-187 (2005)
4) S. Soda et al., "High Power Handling Capability of Movable-Waveguide Direct Contact MEMS Switches, Proc. IEEE Transducers '05 pp. 1990-1993, Seoul, Korea (2005)
5) 西野ほか, "コプレーナ線路駆動型 RF MEMS スイッチ", 電子情報通信学会ソサエティ大会 (2005)
6) Y. Yoshida et al., "A Novel Grounded Coplanar Waveguide with Cavity Structure", Proc. IEEE MEMS Conf., pp. 140-143, Kyoto, Japan (2003)
7) T. Nishino et al., "A 12 GHz Lumped-element Hybrid Fabricated on a Micromachined Dielectric-Air-Metal (DAM) Cavity", Proc. MTT-S International Microwave Symposium, pp. 487-490, Philadelphia, USA (2003)
8) T. Nishino et al., "Compact Helical Delay Lines Embedded in a Silicon", Proc. EuMC '04, pp. 613-616, Amsterdam, the Netherlands (2004)
9) K. Suzuki et al., "A Micromachined RF Microswitch Applicable to Phased-Array Antennas", Proc. MTT-S International Microwave Symposium, pp 1923-1926, Anaheim, USA (1999)
10) D. Hyman et al., "Contact Physics of Gold Microcontacts for MEMS switches", IEEE Trans. on Components and Packaging Tech., 22, 357 (1999)
11) B. D. Jensen et al., "Force Dependence of RF MEMS Switch Contact Heating", Proc. IEEE MEMS Conf., pp 137-140, Netherlands (2004)

第3章　単結晶シリコンカンチレバー型スイッチ

中谷忠司*

1　はじめに

携帯電話のマルチバンド化が進みつつある中，複数のアンテナを切替える手段としてRF MEMSスイッチへの期待が高まっている。これは既存の半導体スイッチでは実現困難な低損失・高アイソレーションでかつ低ひずみな特性をMEMSスイッチが有するために他ならない。しかし一方で移動端末用スイッチとしては，

① 低駆動電圧
② 低消費電力
③ 小型かつマルチ接点（SPnT：Single-Pole n-Throw，1入力n切替出力）
④ 低コスト

などが必須である。特に駆動電圧の高さはMEMSスイッチ実用化のための障壁となっている。MEMSスイッチ駆動方式の主流である静電駆動では一般に数十Vの電圧を要するため，電磁や圧電，バイメタルなどの駆動方式による低電圧化が試みられている[1~3]。しかし静電駆動は構造が単純であることから低コストでの量産性に優れ，低消費電力で動作速度も比較的速いなど，移動端末用に適した特徴を持っている。本章では，このような背景のもと筆者らが開発を進めている静電駆動方式による単結晶シリコンカンチレバー型MEMSスイッチについて述べる[4]。

2　素子構造と特長

図1に示すような素子構造を持つ静電駆動の抵抗接触型スイッチである。単結晶シリコンからなるカンチレバー型可動部の上方にメッキ固定電極をブリッジ形状に設けた二重立体構造となっている。カンチレバー表面には接点電極と駆動電極を設けている。メッキ電極は二つのRF信号線路とGND電極からなる。MEMSスイッチの一般的な構造とは逆に信号線路より可動部のほうが支持基板に近い側にある。駆動電極とGND電極との間に電圧を印加すると，静電引力でカ

---

* Tadashi Nakatani　㈱富士通研究所　ストレージ・インテリジェントシステム研究所
　　　　　　　　　　　　　　メディアデバイス研究部　研究員

RF MEMS技術の最前線

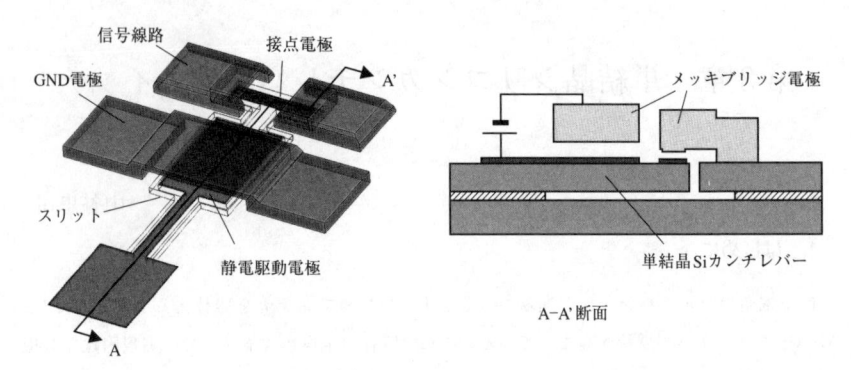

図1 単結晶シリコンカンチレバー型 RF MEMS スイッチの構造

ンチレバーが上方に反り，接点電極が二つの信号線路に同時に接触しオン状態となる。駆動電圧を切るとカンチレバーの持つバネ性で接点が離れオフ状態に戻る。

この単結晶シリコンカンチレバー型 MEMS スイッチは次のような特長を持つ。

① 一般的な MEMS スイッチでは信号線路を設けた基板上に表面マイクロマシーニングにより薄膜で可動部を形成する[5]が，膜応力やパッケージ封止熱工程による可動部の変形を抑制するのが容易ではない。本方式では可動部材として厚い単結晶シリコンを用いているため，薄膜形成後も変形がほとんどない。そのためカンチレバー（片持ち梁）構造が容易に作製できる。これはメンブレン（両持ち梁）構造に比べ，マルチ接点（SPnT）構成を小型化できる利点がある。またメッキ電極との微小エアギャップや可動部のバネ定数を精度良く制御できるため，静電駆動でありながら低電圧駆動が可能である。可動部としての機械的寿命の点でも単結晶シリコンは優れている。

② 可動部の上方に信号線路があるため，信号線路を厚膜のメッキで形成して低抵抗化できる。一般にメッキ膜は厚いほど表面に凹凸を生じるが，平滑なメッキ背面を接点として利用するため接触抵抗は増大しない。

③ 基板接合[6]が不要の表面プロセスで作製できるため，微小エアギャップの基板面内での製造ばらつきが小さい。また基板への貫通穴形成[2]が不要なため WLP（Wafer-Level Packaging）も可能である。

④ オン状態でも駆動電極と GND 電極は接触しない構造であるため，両者の間に絶縁層を挟む必要がない。したがって絶縁層の帯電による誤動作（駆動電圧印加が無い状態でオン動作する）が発生しない。また信号線路と駆動電極が電気的に分離されているため，高周波信号の駆動電源側への漏れが生じない。

第3章　単結晶シリコンカンチレバー型スイッチ

3　作製プロセス

作製プロセス断面を図2に，各工程でのSEM写真を写真1に示す。必要なマスク数は6であり，SOI基板上の表面プロセスのみで作製できるのが特徴である。以下に各工程を説明する。

① SOI基板はSiが高抵抗（3,000Ω·cm）のものを使用する。活性層厚さは15μm，中間酸化膜厚さは2μmである。活性層表面に0.7μm厚さでMo/Auをスパッタした後，ドライエッチングにより接点電極と駆動電極とに同時にパターニングする（写真1(a)）。

② 電極を取り囲むように活性層に2μm幅のスリットをDeep-RIEにより加工してカンチレバーを形成する（写真1(b)）。

③ 犠牲層として4μm厚さのSiO$_2$をCVDで成膜する。スリット形成後には基板表面に活性層厚と同じ段差が生じているが，側壁へのSiO$_2$の堆積によりスリットは自動的に塞がり基板表面はほぼ平坦な状態に戻る（写真1(c)）。これは後のフォトリソ工程を容易にする効果がある。

④ 接点部および駆動部のSiO$_2$犠牲層を所望の厚さまでフッ酸でエッチングする。エッチング量の調整により接点部と駆動部のエアギャップを独立に制御できる。メッキ電極のアンカーとなる部分では犠牲層を全て除去する（写真1(d)）。

⑤ メッキシード層としてMo/Auをスパッタした後，信号線路とGND電極をAuメッキで同時形成する。

⑥ 不要なシード層を除去した後，フッ酸に浸漬して犠牲層とカンチレバー下部の中間酸化膜を除去する。カンチレバーが基板から離れた時点でエッチングを停止し，乾燥する（写真1(e)）。

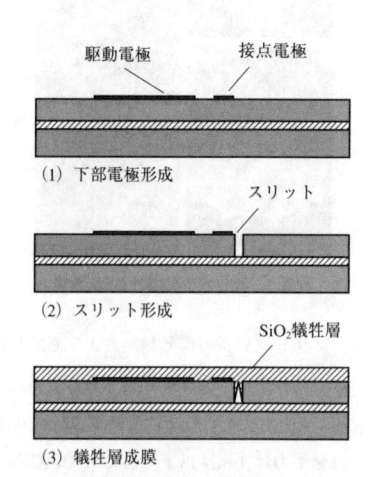

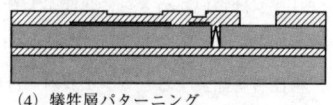

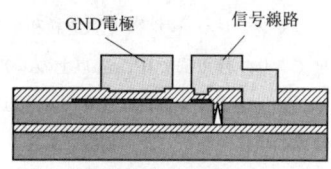

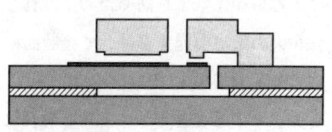

図2　単結晶シリコンカンチレバー型RF MEMSスイッチの作製プロセス

写真1 試作素子の部分 SEM 写真

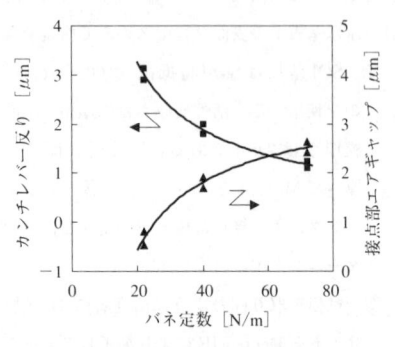

図3 エアギャップの調整

ブリッジ形状の信号線路および GND 電極は固定電極として使用するため，カンチレバー駆動時にたわまない強度が必要である．強度はブリッジ電極の膜厚を増やすことで飛躍的に増大できる．Au メッキで形成した膜厚 $20\,\mu m$ の GND 電極の強度は $10^5\,N/m$ 以上である．静電駆動部での発生力は $1\,mN$ 以下であるので，GND 電極の変位は $0.01\,\mu m$ 以下と十分小さい．信号線路のブリッジは短いためさらに強度が大きく，カンチレバー接触による変位は無視できる大きさである．

犠牲層を除去するとカンチレバーは駆動電極膜の応力によりわずかに反り上がる．反り量を考慮して犠牲層のエッチング量を調整することでエアギャップを制御する．図3に示すように反り量はカンチレバーのバネ定数を緩和するほど大きくなるが，比較的小さなバネ定数でも $3\,\mu m$ 程度であり，接点部で $0.5\,\mu m$ 以上のエアギャップを確保することができる．駆動部は接点部とは別にエッチングすればエアギャップは独立に制御できる．SiO_2 犠牲層のエッチング制御性は有機膜の犠牲層などに比べ良好である．

接点部分のメッキ電極背面には，接点の張り付きによる信頼性低下を防ぐために写真2(a)のような $5\,\mu m$ 大の微小突起を形成して接触面積を制限している．SiO_2 犠牲層に窪み（写真2(b)）を形成してからメッキすることでこのような形状に加工できる．犠牲層としての SiO_2 膜は，有機膜のようにエッチング残渣が接点表面に残らない利点がある．

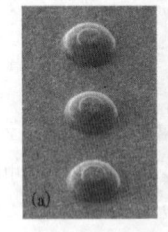

写真2 接点部の突起

第3章 単結晶シリコンカンチレバー型スイッチ

素子全体の SEM 写真を写真3に示す。また1入力4切替出力（SP4T）スイッチを写真4に示す。カンチレバー構造のため信号線路長を短くできる。これは素子の小型化と線路での損失を最小限に抑えるうえで有利である。

写真3 試作素子の全体 SEM 写真

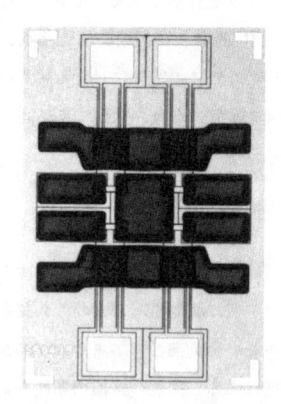

写真4 SP4T スイッチの構造

4 素子特性

試作素子の RF 信号スイッチング特性をチップ状態で測定した結果を図4に示す。オン状態での損失は DC から 5 GHz までの信号に対し -0.3 dB 以下（線路での損失を含む）であり、オフ状態でのアイソレーションは 2 GHz で -35 dB 以上、5 GHz で -25 dB 以上である。いずれも競合の半導体スイッチを上回る性能であり、高抵抗の SOI 基板を使用することで得られている。

図4 RF スイッチング特性

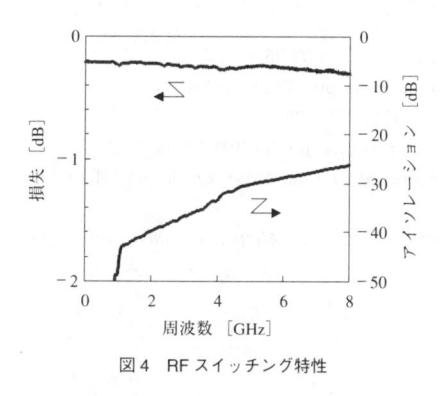

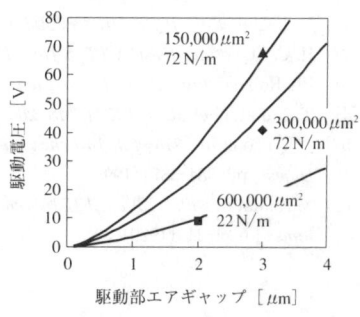

図5 駆動電圧（実線は計算値）

駆動電圧は静電駆動部の設計最適化により低減が可能である。図5に実験結果を計算値とともに示す。駆動電極面積を拡大しバネ定数を緩和するとともに駆動部のエアギャップを狭くすることで，10 V以下でのスイッチング動作を得ている。このように駆動電極を大面積化しても微小エアギャップを作製できることがこの方式の利点である。動作速度は100 μs以下である。また機械的に10^7回以上の開閉動作も確認している。開閉寿命は信号電力や動作雰囲気に強く依存するが，1 Wクラスの電力に対する接点の損傷や張り付き，接点の乖離力が開閉寿命に及ぼす影響など詳細な解析は今後の課題である。

5 おわりに

静電駆動による単結晶シリコンカンチレバー型MEMSスイッチを紹介した。静電駆動型スイッチは一般に駆動電圧が高いため移動端末には不向きと言われているが，ここで述べたように変形の少ない可動部とエアギャップの制御性に優れた表面プロセスを組み合わせることで低電圧化が可能になる。接点の長期信頼性や低コストのパッケージング技術など今後クリアすべき障壁は低くはないが，移動端末への搭載がMEMSスイッチにとって最も魅力的なアプリケーションであることは間違いないであろう。

なお，本稿の一部は，独立行政法人情報通信研究機構（NICT）「新世代移動機用適用アンテナシステムに関する研究開発」の委託研究によるものである。

文　　献

1) I-. J. Cho *et al.*, *IEEE MEMS 2005 Technical Digest*, pp 32-35（2005）
2) H. C. Lee *et al.*, *IEEE MTT-S Int. Microwave Symp.* pp 585-588（2004）
3) Ph. Robert *et al.*, *Proc. Transducers '03*, pp 1714-1717（2003）
4) T. Nakatani *et al.*, *IEEE MEMS 2005 Technical Digest*, pp. 187-190（2005）
5) J. J. Yao *et al.*, *The 8th International Conference on Solid-State Sensors and Actuators Digest*, pp. 384-387（1995）
6) M. Sakata *et al.*, *12th IEEE International Conference on Microelectromechanical Systems*, pp 21-24（1999）

第4章 簡易トリプル電極構造スイッチ

中西淑人*

1 はじめに

　無線通信端末のフロンエンドにおいて，LNA（Low Noise Amplifier）で増幅する前までのデバイス（スイッチ，フィルタなど）の損失は NF（Noise Figure）の劣化そのものになり，受信感度の劣化に繋がるため，フロンエンド部には損失の少ないデバイスが要求される。これを実現するデバイスとして MEMS スイッチが注目を集めている。

　しかしながら，MEMS スイッチを実用化するためには，幾つか解決しなければならない課題があり，その中で最も大きな課題が，低駆動電圧化と高速応答の両立を達成することである。

　本稿では，受信フロントエンドの集積化と親和性の高いシリコンプロセスを用いた MEMS スイッチを取り上げ，低駆動電圧と高速応答を同時に実現するため，ON/OFF 両動作を静電力で駆動することが可能な簡易トリプル電極構造とした MEMS スイッチ（quasi-three plate）の開発例を示す。

2 スイッチの現状と課題

　MEMS スイッチは，微小な梁（可動電極）を静電力で機械的に変位させて，可動電極と固定電極との接触状態を切り替えることで信号の開閉を行うものである。MEMS スイッチで生じる損失は，理想的には信号が電極を伝搬する際に生じる損失のみとすることができるため，従来の PIN ダイオード（PIN Diode）や，FET（Field Effect Transistor）を用いた半導体スイッチよりも損失を低減することが可能となる。

　また，電極間の距離を十分引き離せばスイッチ OFF 状態でのアイソレーションを十分大きくすることが可能，半導体のように fT（電流利得遮断周波数：transition frequency）などの周波数限界がないためミリ波帯にも適用可能，非線形動作を生じないため線形性が高いという特徴を有している。

　しかしながら，従来の MEMS スイッチは可動電極を静電力で駆動するため，高い駆動電圧が

---

* Yoshito Nakanishi 松下電器産業㈱ ネットワーク開発センター 主任技師

必要となる．例えば，数 μs でスイッチングさせるためには数 10 V と高い駆動電圧を要するため，昇圧回路が必要となる．CMOS プロセスの微細化に伴い IC の動作電圧が低くなることを考えると，MEMS スイッチのために昇圧回路を設けることは，コスト，実装面積などの観点から好ましくなく，携帯端末搭載に向けては，低駆動電圧ながら高速応答のスイッチを低コストで実現する必要がある．

3 低駆動電圧・高速スイッチの検討

3.1 簡易トリプル電極構造スイッチの考案

今回の検討にあたって設定した MEMS スイッチの目標仕様（暫定）を表 1 に示す．なお適用周波数は 2 GHz 以下としている．

表 1 目標仕様

項	目	内 容	単 位
駆動特性	応答時間	5	μs
	駆動電圧	5	V
RF 特性	挿入損失	0.5	dB
	アイソレーション	25	dB

一般的な MEMS スイッチの構成を図 1 に示す．MEMS スイッチは，可動電極を固定電極に引き込む（pull-in）際は静電力で，引き離す際（release）は梁のもつばね力で駆動している．引き離し速度を高速にするためには，引き離しの駆動力であるばね力を大きくする必要がある．一方，引き込む場合には，この大きなばね力を上回る静電力が必要となるので，高速応答特性を得るためには，従来の MEMS スイッチは必然的に高い駆動電圧を要する．

これに対して最も単純な解決策として，引き込み/引き離し（ON/OFF）両動作とも静電力で駆動する構造が考えられる．しかし，具現化に向けて，基板垂直方向に 3 層メタル構造（固定電

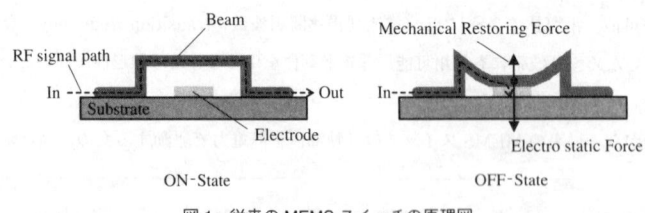

図 1 従来の MEMS スイッチの原理図

第4章 簡易トリプル電極構造スイッチ

極-可動電極-固定電極）が必要となるため，構造が複雑になり，デバイスのコスト増加に繋がる。

上記課題を解決するために，従来の MEMS スイッチと同じ工程数で実現可能な簡易トリプル電極構造スイッチ[1]を考案し，設計，試作，駆動特性の評価を行った。試作スイッチの構造を図2に示す。基本的な構造は従来の MEMS スイッチと同様であり，加えて，可動電極の両側に微細な櫛歯を形成するとともに，さらに可動電極と同一レイヤに可動電極の櫛歯と対向する固定櫛歯電極を設ける構造としている。

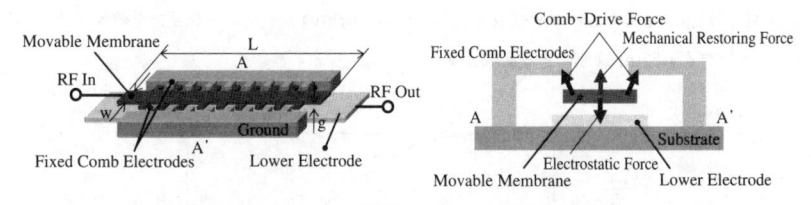

図2 簡易トリプル電極構造スイッチの概観図と断面図

表2にスイッチの制御方法を示す。可動電極を引き込む（Pull-down）際は，可動電極と下部電極間に電位差を設け，可動電極と固定電極間に静電力を発生させ，可動電極を固定電極に引き込む。一方，引き上げる（Pull-up）際は，可動電極と固定櫛歯電極間に電位差を設け，可動電極と固定櫛歯電極の櫛歯間に静電力を発生させ，可動電極を引き上げる。

表2 簡易トリプル電極構造のスイッチ制御方法

状態		下部電極	可動電極	櫛歯固定電極
pull-down	(ON)	High	Low	Low
pull-up	(OFF)	High	High	Low

可動電極のばね定数を十分小さくすれば，引き込み電圧を小さくすることが可能となる。また，ばね力が小さくなることによって遅くなる引き上げ速度は，櫛歯間に生じる静電力で補うことで，低駆動電圧ながら高速に応答するスイッチを実現することができる。また可動電極と固定櫛歯電極を同一レイヤ上に形成するため，プロセス工程を増加させることなく，擬似的な3層電極構造が形成できる。

3.2 基本 Design

RF特性，駆動特性を得るスイッチ構造をシミュレーションで，それぞれ算出し，構造の最適化を図った。また本構造の特徴である櫛歯構造が挿入損失に対して与える影響に関して合わせて

RF MEMS技術の最前線

シミュレーションしている。

RF特性は，回路シミュレータを（アジレント社：ADS）用いてCPWの結合から結合容量（ON/OFF）を算出し，挿入損失特性を満たすための電極の形状およびアイソレーション特性を満足する電極間距離（ギャップ）を算出している。特にアイソレーションと駆動特性はトレードオフの関係にある。アイソレーションを大きくとるためにはギャップを大きくする必要があるが，静電力はギャップの2乗分の1に比例するため，高い駆動電圧が必要となる。

回路シミュレータから算出したギャップと通過損失（S21）の関係を図3に示す。適用周波数は2GHz，電極サイズを500μm×5μmとしている。所望のアイソレーションを確保するためには，ギャップを0.6μm以上にする必要がある。

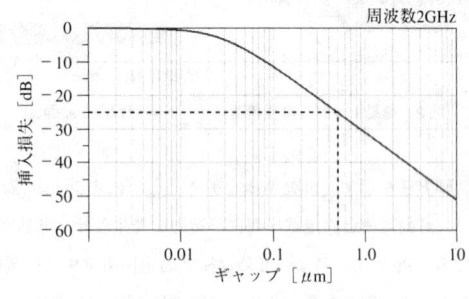

図3 ギャップと通過損失の関係

駆動特性は，式(1)の非線形運動方程式[2]から算出し，所望の駆動特性を得るために，電極の形状および材料特性を決定した。両持ち梁である可動電極のばね定数kは式(1)に示されるように，電極の形状（長さl，幅w，厚みt）と材料物性値（内部応力σ，ポアソンν）比で決定される。またFonはpull-down時の下部電極-可動電極間に生じる静電力，Foffが櫛歯固定電極-可動電極間に生じる静電力をそれぞれ示す。

図4にばね定数を変化させた際のギャップと応答時間の関係を示す。駆動電圧は5Vとしている。所望ギャップ0.6μmで応答時間を5μs以下にするためには，ばね定数を1.4[N/m]以下にする必要があることがわかる。

$$m\frac{d^2}{dt^2}Z(t) + b\left(1.2 - \frac{Z(t)}{g}\right)^{-\frac{3}{2}} Z(t) + kZ(t) = F_{on} - F_{off}$$

$$k = 32EW\left(\frac{t}{l}\right)^3\left(\frac{27}{49}\right) + 8\sigma(1-\nu)w\left(\frac{t}{l}\right)\left(\frac{3}{5}\right)$$

(1)

先に述べたように，ばね定数は可動電極の長さl，幅w，厚みtと，内部応力などの物性値で

第4章 簡易トリプル電極構造スイッチ

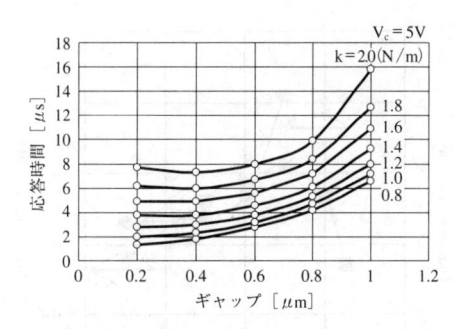

図4 ばね定数を変化させた際のギャップと応答時間の関係

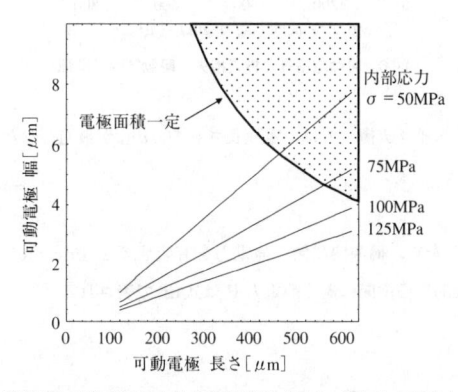

図5 所望ばね定数を得るための電極形状（長さ，幅）と内部応力の関係

決定される．図5に内部応力 σ をパラメータに所望のばね定数（k＝1.4 N/m）を得る可動電極の長さと幅の関係を導出した結果を示す．あわせて，電極面積一定（長さ×幅）の曲線を示す．容量結合型のスイッチでは，所望の容量を確保するために，曲線で囲まれた右上の領域内の電極長さと幅にする必要がある．例えば，可動電極の長さを $500\,\mu m$，電極の幅を $5\,\mu m$ とすると，内部応力は 75 MPa 以下にしなければならない．

次に，駆動特性と RF 特性を両立をする形状を導出する．可動電極の長さと応答時間，挿入損失の関係を図6に示す．可動電極を長くすると，応答時間は短くなる．これは今までの検討からも明らかなように，可動電極が長くなるとばね定数が小さくなるためである．一方，挿入損失は $300\,\mu m$ 付近で最小になり，それより長くても短くても損失が増加する．これは可動電極が長くなると導体損が増加し，逆に短くなると，電極面積が減少し，十分な結合容量が得られないため

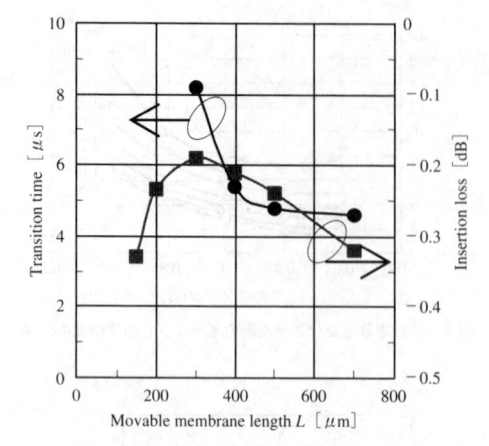

図6 可動電極長と挿入損失，駆動特性の関係

である。以上より，本スイッチ構造では，電極長さを500μmが最適とした。

3.3 櫛歯部 Design

pull-up力を見積もるため，櫛歯間に働く静電力を有限要素法(Coventor社：Coventor Ware)により算出した。一般的に櫛歯間に働く静電力Fは式(2)で表される。

$$F = \frac{\Delta C}{\Delta Z} \tag{2}$$

$\Delta C/\Delta z$は櫛歯が基板方向（z方向）に相対的に変位した時の容量変化比である。本検討では，一対の櫛歯に対する容量変化比を求め，実際に形成する櫛歯数分を加算した。櫛歯一本の長さLを5μm，幅Wを1μm，厚みTを0.7μmとした場合の，櫛歯が基板垂直方向に変位している遷移状態を図7に，垂直変位量と静電容量の関係を図8にそれぞれ示す。

櫛歯の効果を検証するため，上記で算出した容量変化比を式(1)の非線形方程式に適用し，櫛歯のあり/なしでpull-up特性（リリース特性）がどのように変化するかを示す。図9は500μmの可動電極に櫛歯を250本（両側）に配置した場合の駆動特性を算出したものである。櫛歯なしでは，可動電極にはばね力のみしか働かないため，元の状態に戻るには21μsを要している。櫛歯ありでは15μsで復帰できることがわかる。なお本検討では試作プロセスの制約で，十分な櫛歯部の微細化を図れないため，設計値を15μsとした。また目標値を達成するためには，更に櫛歯部の微細化を図る必要があることもわかる。

最後に本構造の特徴である櫛歯構造がRF特性（挿入損失）に対して与える影響をシミュレー

第4章 簡易トリプル電極構造スイッチ

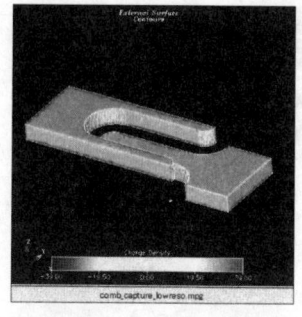

図7 櫛歯電極かみ合いの有限要素モデル 濃淡は表面電荷密度（Charge density）を表す。

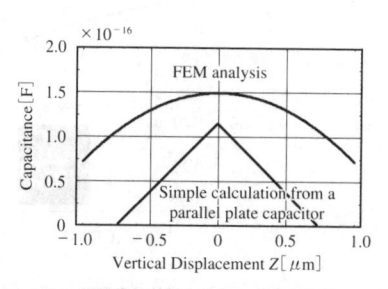

図8 櫛歯電極1個あたりの垂直変位量と静電容量の計算値

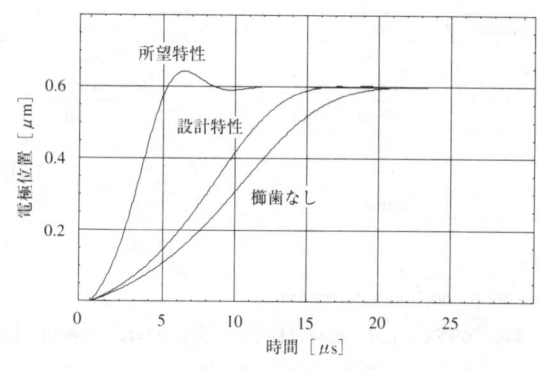

図9 櫛歯による応答特性（設計値）

ションから算出する。本構造は伝送線路である可動電極部に微細な櫛歯を設けているため，あたかも伝送線路に無数のスタブを取り付けた構造になっている。櫛歯のサイズは伝送する信号の波長に対して十分小さいため影響ないと考えられるが，電磁界解析を用いて櫛歯の有無による損失の差を評価した。

$250\,\mu$m 長の CPW 線路に櫛歯のありなしの条件でシミュレーションした結果を図10に示す。櫛歯の有無による差は 0.02 dB 程度であり，挿入損失には殆ど影響しないことがわかる。

最終的なスイッチ形状を表3に，RF 特性の設計値を表4に示す。駆動電圧5Vで引き込み時間 $5\,\mu$s，引き離し時間 $15\,\mu$s である。

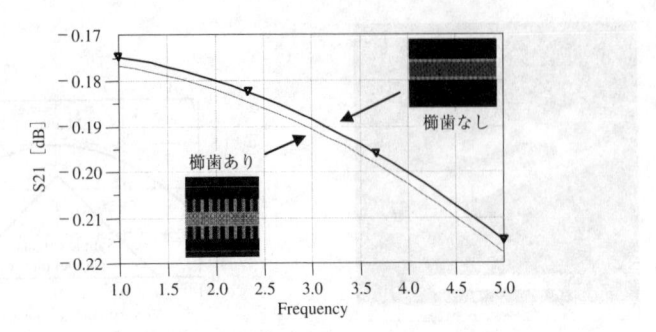

図10 櫛歯の有無による伝送線路の損失（シミュレーション）

表3 スイッチ形状

Parameter	Symbol	Value
Length	L	500 μm
Width	W	5 μm
Thickness	t	0.7 μm
Gap	g	0.6 μm
Spring const.		1.4 N/m
Material		Aluminum

表4 RF 特性（設計値）

Parameter	Value
Voltage	5 V
Insertion loss	<0.5 dB
Isolation	>25 dB
Transition time；ON	4.8 μs
OFF	15.0 μs

3.4 Materials Selection and Characterization

電極材料には，導電率が高く，LSI の配線材料として広く使われ，微細加工に適しているアルミニウムのスパッタ薄膜を用いた。特に，内部応力はばね定数を決定する重要なパラメータ材料物性値を正確に把握する必要がある。

しかしながら，薄膜の機械的特性値は成膜条件で異なるため，実際に評価算出し，設計に反映させた。

可動電極のばね定数は材料のヤング率 E と内部応力 σ で決定されるため，ばね定数に依存する共振周波数 fres を測定することで，ヤング率 E と内部応力 σ を算出できる。

長さ L の異なる片持ち梁と両持ち梁のテスト構造を試作し，それぞれの共振周波数をレーザドップラー計で検出する。片持ち梁の共振周波数 fres の測定結果を図11 に示す。片持ち梁の共振周波数 fres は式(3)の理論式に従って長さ L の 2 乗に反比例する。

$$f_{res.} = 0.162 \frac{t}{L^2} \sqrt{\frac{E}{\rho}} \tag{3}$$

梁の厚み，密度が既知であるため式(2)を用いてヤング率 E を算出することができる。この結

第4章 簡易トリプル電極構造スイッチ

果ヤング率 E は 64 GPa を得た。

次に長さが異なる両持ち梁の共振周波数を測定した結果を図 12 に示す。片持ち梁で算出したヤング率 E と Ye らの方法[3]から内部応力を 52 MPa と算出した。今回試作に適用した材料の内部応力 52 MPa は所望の駆動特性を得るための内部応力 75 MPa 以下を満たしていることを確認した。

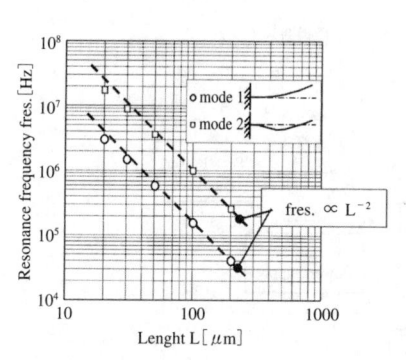

図 11 片持ち梁の共振周波数測定結果

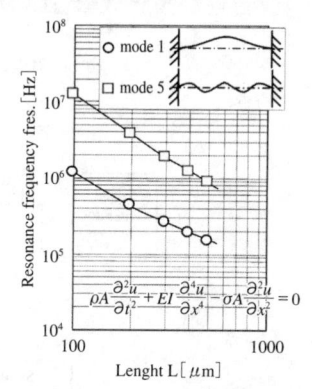

図 12 両持ち梁の共振周波数測定結果

$$\rho A \frac{\partial^2 u}{\partial t^2} + EI \frac{\partial^4 u}{\partial x^4} - \sigma A \frac{\partial^2 u}{\partial x^2} = 0$$

3.5 Fabrication

図 13 にプロセスフローを示す。基板上に下部電極，絶縁膜を形成し(a)，その上に犠牲層となるレジストとさらに上部に梁および固定櫛歯電極となる Al 電極を形成する(b)。フォトレジストを形成してパターニングを行い(c)，フォトレジストをマスクとして梁をドライエッチングで加工後，犠牲層を除去する(d)。このように，pull-up の際の駆動力となる固定櫛歯電極を可動電極と同一層に形成できるため，極めて簡易なプロセス工程で擬似的な 3 層電極を形成することが可能となる。

図 14 に試作したスイッチの SEM 観察写真を示す。

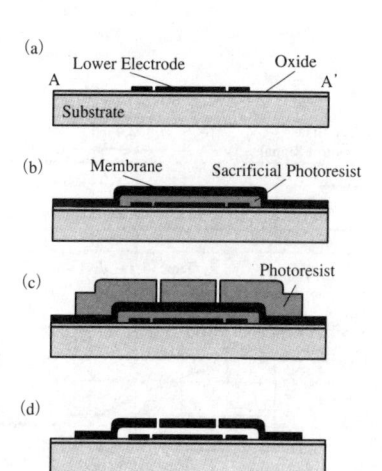

図 13 簡易トリプル電極構造のプロセスフロー

133

RF MEMS技術の最前線

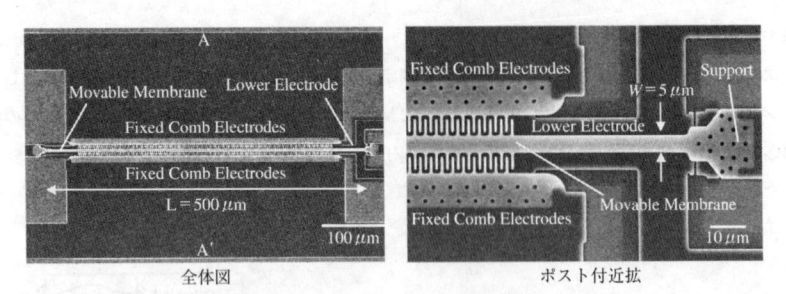

全体図　　　　　　　　　　　　　　　ポスト付近拡

図14　試作した簡易トリプル電極構造スイッチ

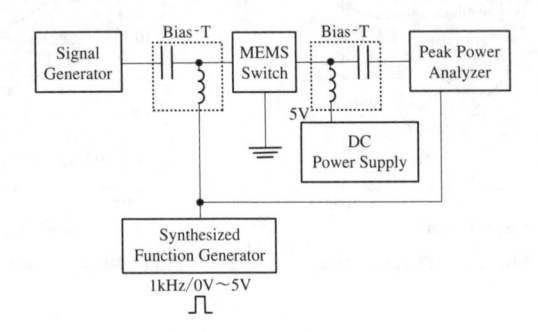

図15　評価系　構成図

表5　評価結果

単位：μs　駆動電圧 5 V

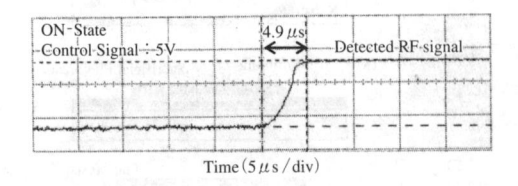

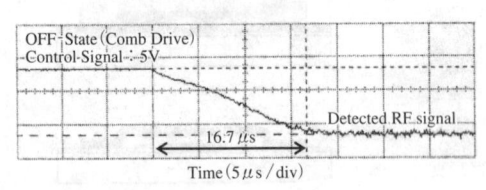

応答時間	ON	OFF	
		櫛歯あり	櫛歯なし
設計値	4.8	15.0	21.8
実験結果	4.9	16.7	20.1

図16　駆動特性　評価結果

3.6 Measurement

駆動特性の評価系を図15に,測定結果を図16に示す。駆動電圧5Vにおいて,ON時応答時間 4.9μs, OFF 時応答時間 16.7μs と設計値と良好に一致した高速応答特性を達成している。

4 おわりに

低駆動電圧,高速応答スイッチを実現するため,簡易トリプル電極構造スイッチを提案,設計,試作し駆動特性の評価を通じて,低駆動電圧ながら高速応答特性が得られることを実証した。

文　献

1) Y. Naito, N. Shimizu, A. Hashimura, K. Nakamura and Y. Nakanishi, "A Low-Cost Vertical Comb-Drive Approach to Low Voltage and Fast Response RF-MEMS Switches", *Proceedings of 34th European Microwave Conference,* pp. 1149-1152, October 2003.
2) Gabriel M. Rebeiz, "RF MEMS-Theory, Design and Technology", John Wiley & Sons, 2003.
3) X. Y. Ye *et al., TRANSDUCERS '95*, pp. 100-103.

第5章　FBARフィルタ

佐藤良夫*

1　FBARの構造と特徴

　FBARとはFilm Bulk Acoustic Resonatorの略で，日本語で圧電薄膜共振子と呼ばれている。その構造を図1に示す。Siなどの基板の上に薄い圧電膜（例えばAlN）と電極膜を形成して共振子とするものである。上部電極と下部電極とに挟まれた領域が圧電効果で振動するため，その領域の下部は基板のSiを取り除き空洞とし，自由な振動を妨げない構造となっている。同図のFBARは1対の電極で形成されるため1ポート共振子と呼ばれ，簡単な電気的等価回路で表すと同図のまん中のLC回路になる。これとほとんど同じ機能であるSAW（Surface Acoustic Wave）共振子を右側に図示し，比較しながらFBARの特徴を述べる。フィルタの中心周波数を決める共振子の共振周波数 fr は，SAWが電極パターンの周期 λ を用いて

$$fr = V_S/\lambda \tag{1}$$

で決まるのに対して，FBARのそれは，圧電薄膜の膜厚を h_T として，

$$fr = V_b/h_T \tag{2}$$

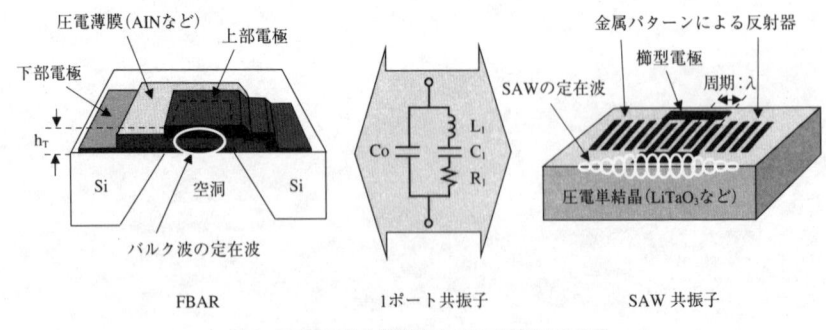

図1　FBARの基本構造及びSAW共振子との比較

---

*　Yoshio Satoh　㈱富士通研究所　フェロー

第5章　FBARフィルタ

でほぼ決まる。ここに V_s, V_b はそれぞれ圧電体固有な表面波の音速，及びバルク波の音速である。従って高周波化したい場合，SAW は電極パターンをさらに微細化しなければならないのに対して，FBAR は圧電薄膜を薄膜化するだけで良い。従って FBAR は SAW に比べて以下の特徴をもつ。

① 高周波化しても Q は高く，耐電力性にも優れている。
② ESD（electrostatic discharge）にも耐性が高い。
③ Si 基板上に形成できるので Si デバイスとのモノリシック化が可能である。

一方，FBAR の課題は以下の通りである。フィルタを作った時の周波数変動 Δfr に対しては，SAW がパターンピッチで決まるのでプロセス変動が少ないのに対し，FBAR は圧電薄膜の膜厚変動に弱く，膜厚均一性の優れた成膜装置が必要となる。これは製造工程での歩留まりに大きく影響する。ただし，SAW のウエハ径が LiTaO$_3$ 結晶の4インチであるのに対し，FBAR は Si 基板を使うため8インチ以上も可能であるため，大口径ウエハによる低コスト化は FBAR の方が有利である。

上記の FBAR 構造のように，共振子の下部を空洞とするかわりに，音響多層膜を敷くことによって弾性波のブラッグ反射を起こし，波の閉じ込めを行うタイプの薄膜共振子もあり，これをSMR（Solidly mounted resonator）と呼んでいる。この構造を図2に示す。機能は FBAR と全く同じである。音響多層膜は W や Mo のような音響インピーダンスが大きな膜と SiO$_2$ のような音響インピーダンスが小さい膜とを $\lambda/4$ の厚さで交互に重ねることで実現される。6～7層積むことで十分な反射が得られ，十分な Q が得られる。SMR の FBAR に対する特徴は以下のよう

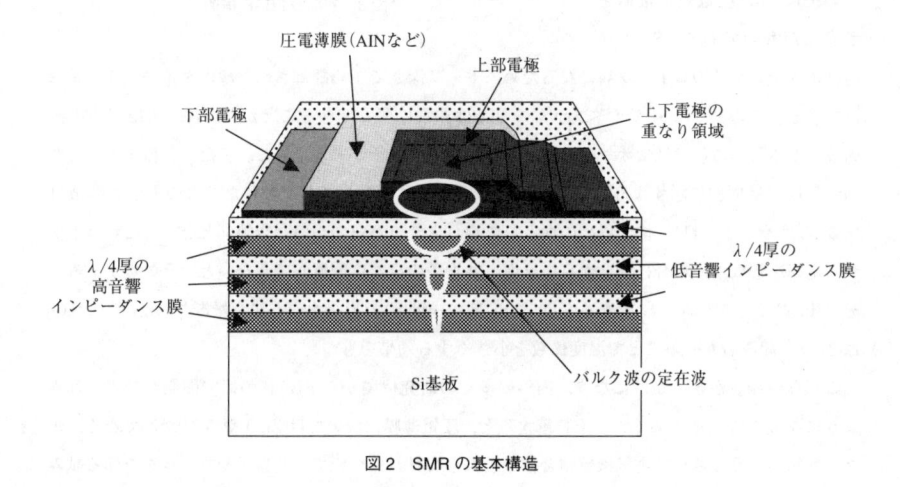

図2　SMR の基本構造

になる[1]。
① 成膜時の内部応力に特性が影響を受けにくい。また製造中の機械的破壊に強い。
② 下部が基板に密着しているので熱の放散が良い。そのため耐電力性がさらに強い。
③ 完全なハーメチックシールが不要になり、ウエハレベルパッケージングに有利である。
④ SiO_2 膜を音響多層膜に使うと温度係数が改善される。

しかし、さらにプロセス工程が増加し、制御すべき膜厚が増加するのが課題である。歩留まり向上のためには、最終的にウエハ内の周波数分布を調整する方法が取られているようである[1]。

2 FBAR (SMR) 開発の歴史

FBARが最初に報告されたのは比較的古く、1980年に、図3に示すような薄いSiのダイヤフラムをもつ複合共振子が三つのグループからそれぞれ独立に提案されたのが最初である[2~4]。これはSiウエハを異方性エッチングにより部分的に薄くしてダイヤフラムを形成し、その上にZnO圧電膜と電極を形成したものである。Siのp^+層はエッチング時のストップ層になるため、ドープ深さで予め制御された薄いダイヤフラムを形成できる。このようにSiダイヤフラムの厚さは非常に薄くできることから、100 MHz以上の高周波で基本波あるいは低次オーバートーンで動作する素子が実現できる。また、共振子下部の空洞の形成には同図に示すようにSi(100)面の異方性エッチングが使われた。この方法の特徴は、角度55度をなす(111)面が斜めの面として現れ、テーパーのついた空隙部となる。これは下面から電極を形成する場合に都合が良い反面、共振子の高密度配置ができないという欠点がある。その後、ダイヤフラムをSiでなく SiO_2 や Si_3N_4 の絶縁膜で形成する方法が報告された。特に SiO_2 は ZnO と組み合わせることで温度係数を小さくする効果をもつ[5]。

これらの発表がきっかけになり、内外の多くの研究機関から FBAR の研究開発が発表されるようになった[6,7]。そのいくつかを特筆すると、圧電薄膜については ZnO や AlN だけでなく、チタン酸鉛のようなさらに電気機械結合係数の大きな材料についても共振子やフィルタを作る試み

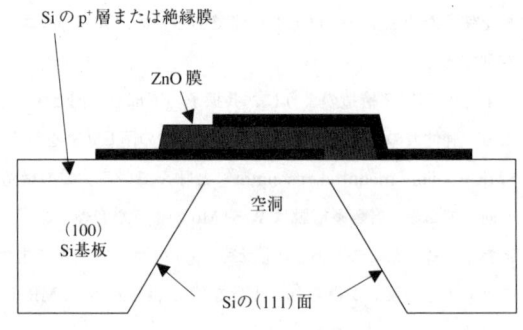

図3 初期のFBAR構造

第5章　FBARフィルタ

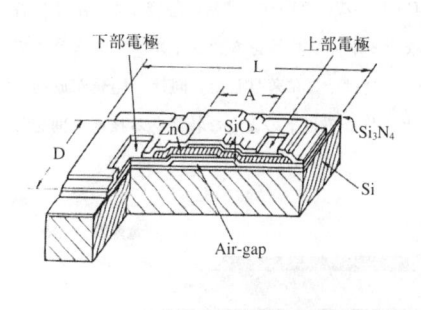

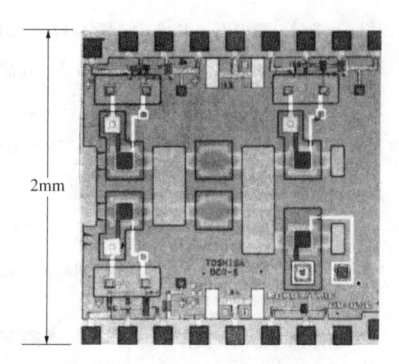

(a) Air-Gap型FBARの構造　　　　(b) 1チップ発振器

図4　FBARと半導体のモノリシック化（H. Satoh, 1987[9]）より）

が，三須らによりなされた[8]。これら圧電薄膜の製造方法としてはスパッタ法を主にいろんな方法が試みられている。またFBARの特徴の1つであるモノリシック化についても，先駆的な研究が東芝の佐藤らによりなされている[9]。図4(a)に試作に用いられたZnO薄膜共振子の構造を示す。空隙部の形成においては，Siデバイスとのモノリシック化を考慮して，製造性の悪いSiの異方性エッチングを避け，薄いZnO膜を犠牲層とするAir-gap構造としている。図4(b)にこの共振子を用いて試作されたモノリシックなワンチップ発振器（2 mm角）のチップ写真を示す。同発振器は周波数423 MHz，C/N比90 dB（20 kHz離調）の良好な特性を得ている。この例のようにFBAR構造において重要な空隙部の作製法として，犠牲層を用いる方法が他のいくつかの研究機関でも試みられている[10]が，電極膜と圧電薄膜の応力制御が1つのポイントになっており，応力をうまく軽減あるいは調整しないと共振子形状が歪んでしまいQの高い特性が得られない。

1990年代に入って，FBARフィルタは移動通信用のRFフィルタを目的とした開発が行われるようになった[11]。しかし，この頃はSAWを用いたRFフィルタの開発の方が先行し，次々と携帯電話で採用されるようになり，FBARのこの分野での応用は遅れた。理由は，SAWフィルタに比較してFBARフィルタは製造性が良くなかったことと，当初試作されたフィルタの帯域幅や挿入損失が，携帯電話用途には期待されたほどではなかったためと思われる。

このような状況を打ち破って，SAWフィルタでは実現できなかった特性を実現し，初めて移動通信への応用を可能ならしめたのが，1999年のAgilent社，RubyらによるFBARフィルタを用いたPCS（Personal Communication System；北米の携帯電話システム）デュプレクサの発表である[12]。PCS方式の仕様の特徴は，2 GHz帯という高周波で帯域が60 MHzと広く，しかも

RF MEMS技術の最前線

送信と受信の間のガードバンドがたったの 20 MHz しかないという,非常に急峻なカットオフ特性を要求されるところにある。このような急峻なカットオフ特性をもつフィルタは,それまでSAW フィルタでは実現できていなかった。Agilent 社はそこに着目した。同社の開発が成功したもう 1 つの要因としては,それまでの FBAR とは異なる以下のような特徴ある技術を開発した点にある。

① 周波数変動要因の 1 つであるダイヤフラムは用いておらず,空隙部の上には直接,下部電極が成膜されており,その上に AlN と上部電極が形成された最もシンプルな構造である (図 5)[13]。そのため,特性的にも電気機械結合係数や Q を大きくとることが可能である。この構造で特性劣化させないようにするため,電極に上下ともに硬い Mo 膜を用いている。Mo は音響的に減衰が小さく,しかも電気抵抗も比較的低い[14]。

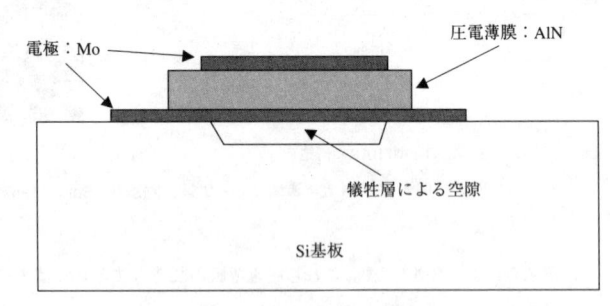

図 5　Agilent 社の FBAR の構造

② 圧電薄膜には AlN を用いている。ZnO に比べて電気機械結合係数は小さいが,温度係数が小さいことと,Zn は Al に比べて蒸発圧が高いので半導体製造装置で Si と一緒に使うには適切ではないことが,AlN を選択した理由としている[15]。AlN の製造方法としては,Al ターゲットを用い,導入した N_2 ガスと基板上で反応させて AlN を成膜する反応性マグネトロンスパッタを用いており,比較的低温での成膜が可能である。

③ 空隙部の作成方法として Si の異方性エッチングを使わず,予め表面にエッチングで浅い穴を設けて,これに低温 CVD による SiO_2 膜,または PSG 膜を犠牲層として成膜した後,全体を研磨,平坦化して,穴部にのみ SiO_2 が残るようにする。その後,Mo 電極と AlN を形成して,最後にフッ酸で SiO_2 を犠牲層エッチングして,図 5 のように共振子直下のみに空隙部を形成する[14]。これは共振子を密に詰めることが可能になり,フィルタの小型化や基板の強度化,異方性エッチングに見られた周波数バラツキの低減などに繋がる。

④ 共振子の形状は,共振子の平行した端部間での横方向の共振によるスプリアスを避けるため,五角形としている[16]。

Agilent 社の FBAR を用いた PCS デュプレクサは発表後まもなく実用化され,それまで使わ

第5章　FBARフィルタ

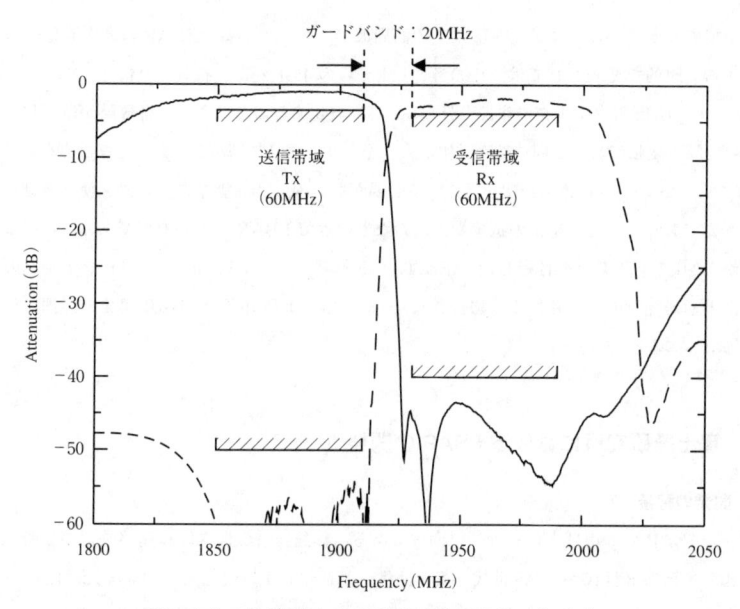

図6　Agilent社が開発したFBARによるPCSデュプレクサ

れてきた大きな形状の誘電体デュプレクサが，5.6 mm×11.9 mm×1.9 mmと小型なFBARで置き換えられた。このようなAgilent社の成功はSAWデバイスでは実現できない性能を狙ったことによる。図6にAgilent社のPCSデュプレクサの特性を示す[14]。この発表の後，世界中のメーカーや大学でFBARの研究や開発が再び盛んになった。Agilent社は最近，FBARチップをセラミックパッケージに搭載せずに，Si基板の強みを活かし，直接Siでハーメチックシールのフタをするマイクロキャップ法を開発し[14]，パッケージサイズを5.6 mm×11.9 mm×1.9 mmから5 mm×5 mm×1.37 mmへと大幅に小型化[16]している。しかしながら2 GHz帯では，その後競合するSAWフィルタの特性改善が進み，次節でも述べるように，2002年富士通研究所が同じレベルの特性をもつPCSデュプレクサをSAWフィルタで実現した[17]。パッケージの大きさも5 mm×5 mm×1.45 mmと小型のFBARとほぼ同じ大きさである。今後の開発の進捗次第で最終的にどちらが有利になるかまだ不明である。

SMRに関しても音響多層膜による反射器の概念は古く，1965年にNewellらにより，初めて報告されている[18]。1980年のFBARの発表以来，SMRについてもいくつかの発表が続いた[19,20]。特に近年InfineonのAignerらによりなされたPCSデュプレクサの報告が実用化に近い[1]。

以上，FBARやSMRは，競合するSAWフィルタにとって実現が難しい分野に応用すること

が大事であるが，その1つが2GHz以上の高周波フィルタである。FBARの高周波化への挑戦に対する先駆的な発表としては，1999年，Lakinらの4GHz帯フィルタの報告[21]や，2001年，Rubyらの5GHz帯フィルタの報告[14]がある。高周波化することにより圧電薄膜が薄膜化していくため，膜厚変動に対して周波数変動幅が大きくなり，膜厚制御がより厳しくなる点を除けば，SAWフィルタのように電極指幅を細くする必要がないので，高価な露光装置を使う微細加工技術は不要であり，また電極指の抵抗や耐電力などの点でFBARの方が有利である。このような観点から2002年，実用化を目指したIEEE 802.11a無線LAN用5GHz帯FBARフィルタの開発が，富士通研究所の西原らにより報告された[22,23]。富士通研究所のFBAR開発の詳細については次節で述べる。

3 富士通研究所におけるFBARの開発[24]

3.1 開発の背景

現在，FBARの応用は主に移動通信向けである。移動通信の世界は高速移動での広帯域通信を目指して，第3世代から3.5世代，第4世代へと進化しようとしている。また，IEEE 802系においても，無線LANもしくは高速移動可能なWiMAX等において大容量化が進んでいる。この流れの中で，無線周波数の既存使用帯域の逼迫化もあって無線の高周波化が促進されている。RFフィルタもSAWフィルタから高周波化に適したFBARフィルタへの移行が進んでいくものと思われる。富士通研究所ではこの考えを基に高周波フィルタの例としてIEEE 802.11a用5GHz帯フィルタの開発を行うこととした。また，2GHz帯においても，低損失，高耐電力が要求され，かつ送受信間のガードバンドが比較的広く，製造時の歩留まり劣化も比較的心配ないW-CDMA用の送信（Tx）フィルタを開発することとした。表1に開発したバンドパスフィルタの簡単な仕様を示す。

表1 開発した5GHz WLANと2GHz WCDMA Txフィルタの簡単な仕様

システム	中心周波数 f_0	バンド幅 Δf	比帯域 $\Delta f/f_0$	抑圧領域
WLAN (802.11 a)	5.15 GHz	200 MHz (5.15〜5.35 GHz)	3.8%	送受同一
WCDMA （Txフィルタ）	1.95 GHz	60 MHz (1.92〜1.98 GHz)	3.1%	2.11〜2.17 GHz (Rx領域)

第5章　FBARフィルタ

3.2　圧電薄膜とその製造方法

　FBAR用の圧電薄膜としては，これまでにいくつかの種類が検討されているが，中でも，圧電薄膜の結晶性や圧電特性などにおいて製造上安定しているのは，ZnOとAlNである。これらの圧電薄膜はSAWやFBARなどで実用化の実績がある。表2にAlN薄膜とZnO薄膜の基本性能の比較[25]を示す。同表から，音速はAlNが大きい。このことはAlNの方がZnOよりも同じ周波数の共振子を作る場合，(2) 式から膜厚を厚くしなければならないことを意味し，それは一長一短がある。例えば膜厚変動（ZnO = 8.2 MHz/nm，AlN = 4.5 MHz/nm）に対してはAlNが有利だが，厚膜化による応力増加等の不利益もある。電気機械結合係数k^2はAlNがZnOに比べてやや小さいが，温度係数（TCF）はAlNの方がZnOの半分と有利である。通過帯域幅は，ラダー構成フィルタの場合，結合係数の約半分になると言われており，AlNでは3.3%，ZnOでは4.3%であり，表1に示す5 GHz帯無線LANの仕様の4%（5.15〜5.35 GHz）からするとZnOの方が適しているが，後述するインダクタンスによる広帯域化を図ることでAlN膜の欠点をカ

表2　AlNとZnOの音響的な性質

材料定数	AlN	ZnO
音速 Vs(m/s)	11300	6080
電気機械結合係数 k^2(%)	6.5	8.5
TCF(ppm/℃)	−25	−60
薄膜のQの制御	容易	困難

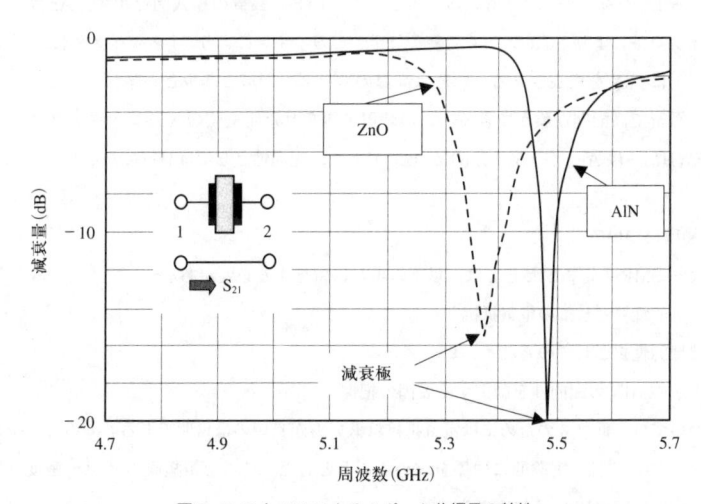

図7　ZnOとAlNによる1ポート共振子の特性

バーすることとした。この他にもZnOを使うことの課題は多く，我々の実験においては，ZnOは成膜時の条件で組成ずれが発生し易く，半導体であるため，VacancyによるQを劣化させるという問題があった。図7のそれぞれの膜で形成した共振子の通過特性から，AlN膜の方が急峻な減衰極を示していることがわかる。以上から，AlNを用いた。

次にAlNの成膜法について述べる。方法としては，RFスパッタ，金属ターゲットを用いるDCマグネトロンスパッタ，ECRスパッタなどの反応性スパッタがある。この他にも大面積はまだ難しいが上質なエピ膜が得られるMO-CVDやECR-MBEなどの成膜法も研究されている。これらの中で，比較的大面積で，しかも緻密で良質な膜が得られるECRスパッタ法を用いることとした。図8に装置の模式図を示す。Arガスと2.45GHzマイクロ波によりECRプラズマを立たせ，このイオンによりAlをスパッタし，N_2雰囲気中で基板上にAlNを成長させる。特徴は高温のプラズマ領域と基板とが離れているため，低温において緻密で高配向な膜ができる。この装置で得られた圧電膜のX線ロッキングカーブの半値幅（FWHM）はAlNが1.6°，ZnOが1.2°であり，配向性としては良好であった。

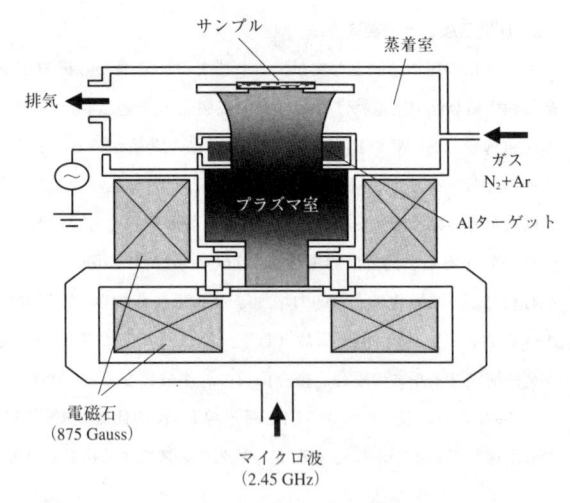

図8 ECRスパッタ装置の構造

3.3 電極膜について

FBARやSMRの電極膜としては，以下の項目に留意する必要がある。
① 電気的性質としての電気抵抗
② 機械的性質としての音響インピーダンス
③ 上層のAlNの配向性を制御する要因の把握

①については，低ロスのためには電気抵抗は低い方が良いのは自明である。②の音響インピーダンスZについては，実験的に関係を求めることとした。ここで電極膜のZは，密度ρ，ヤング率Eを用いて下記のように表される。

第5章　FBARフィルタ

$$Z = \sqrt{\rho \times E} \quad (3)$$

図9に異なる音響インピーダンスをもつ様々な電極材料を用いて共振子を形成したときの通過特性を示す。減衰極の減衰量は共振子の反共振周波数でのQと関係があり、減衰量が大きいほど低損失なフィルタが作れる。図10に示すように、図9の結果を用い、音響インピーダンス順に減衰極の減衰量をプロットすると、きれいな相関をもち、MoよりもRuの方が電極材料としてより適していることがわかる。即ち、同図から音響インピーダンスが大きいほど共振子のQは改善され、低ロスなフィルタが作れる。理由については、音響インピーダンスが大きいほどバルク波の横漏れが妨げられているようであるが詳細はまだ不明である。図11にRuとMoについて、それぞれのFBAR共振子のS_{11}特性と、そこからMBVD（Modified Butterworth-Van Dyke）モデル[26]等価回路を使って得られる共振周波数でのQ（Qr）及びk^2について、実験結果を示す。Qr、k^2ともにRuの方が優れていることがわかる。③の配向性については、電極膜の配向性自体は良い方が、上部の圧電膜の配向性も良くなること、また電極膜の配向性はさらに下地基板の影響を受けることなどについて、既に筆者らにより報告している[22,23]。特にSi基板は3回対称性をもつ（111）面の方が（100）面より良いこと、電極膜の下地にAl膜を敷くと電極膜の配向が良くなることなどをMo膜について報告している。ここではさらに電極膜の表面粗さがAlN膜の配向性に与える影響を述べる。表面粗さは電極膜のスパッタ条件により変化させた。図12(a)に異なる表面粗さをもつRu電極膜の上に形成したAlN膜のX線ロッキングカーブを示す。それぞれのFWHM（Full Width Half Maximum；半値幅）値と表面粗さとの関係をプロットす

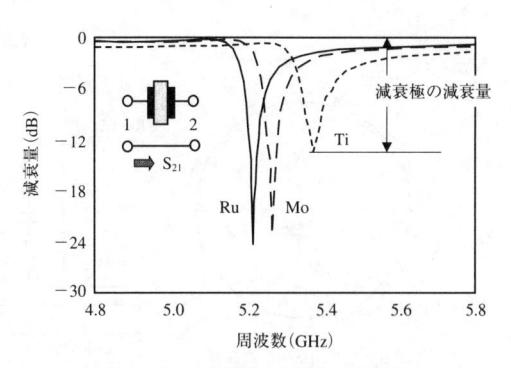

図9　様々な電極膜による共振子の特性

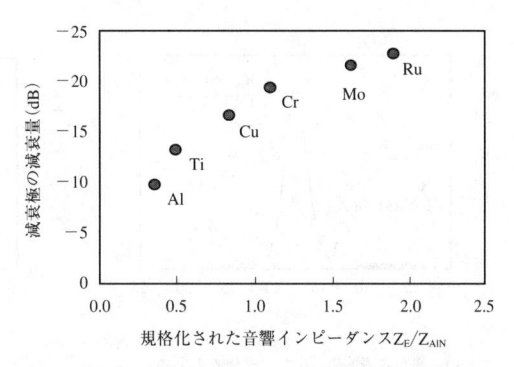

図10　電極膜の音響インピーダンスと減衰極の減衰量の関係

145

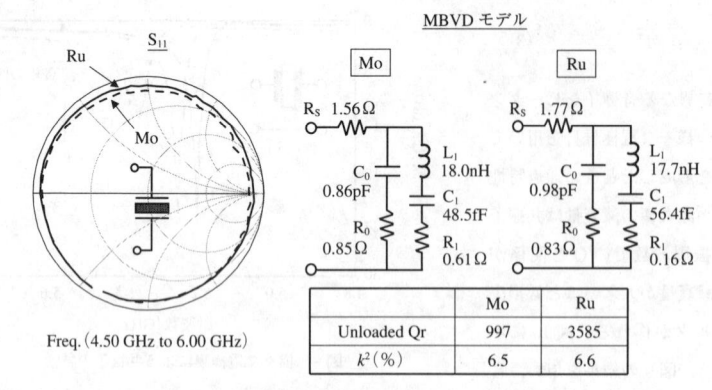

図11 FBARの電極材料としてのRuとMo膜の比較

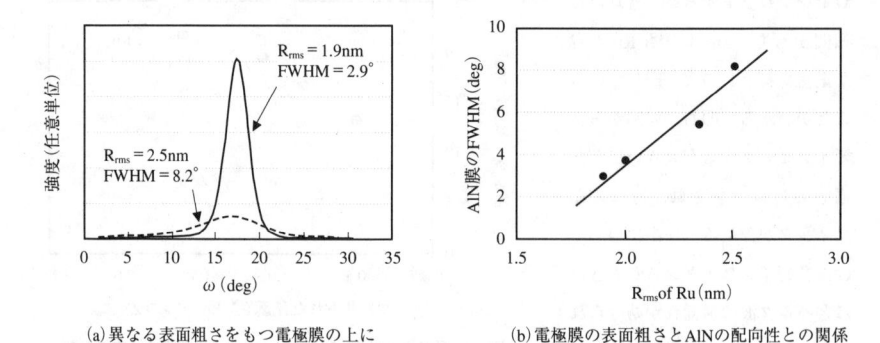

	Mo	Ru
Unloaded Qr	997	3585
k^2 (%)	6.5	6.6

図12 電極膜（Ru）の表面粗さとAlN膜の配向性との関係

(a) 異なる表面粗さをもつ電極膜の上に形成したAlN膜のX線ロッキングカーブ

(b) 電極膜の表面粗さとAlNの配向性との関係

ると同図(b)のようになる。従って，表面粗さは小さい方が，配向性は良好になり，Qやk^2の大きな膜が得られる。

3.4 空洞の形成方法について

薄膜共振子が自由に振動するためには，共振子下部を空洞化する必要があるが，従来行われてきた方法をいくつか上げる。最も古くから行われてきた方法が図13(a)に示すようなSiの異方性エッチングを利用した方法である。しかし，この方法はエッチング後の共振子の周波数バラツキ増大や長時間エッチングによるエッチング液の染み込み問題がある他にも，重大な問題として，同図(a)に示すように，55°の角度により共振器下部の開口穴が増大し，基板が弱くなったり，

第5章　FBARフィルタ

(a) 異方性エッチングによる空洞形成　　(b) Deep RIEによる空洞形成

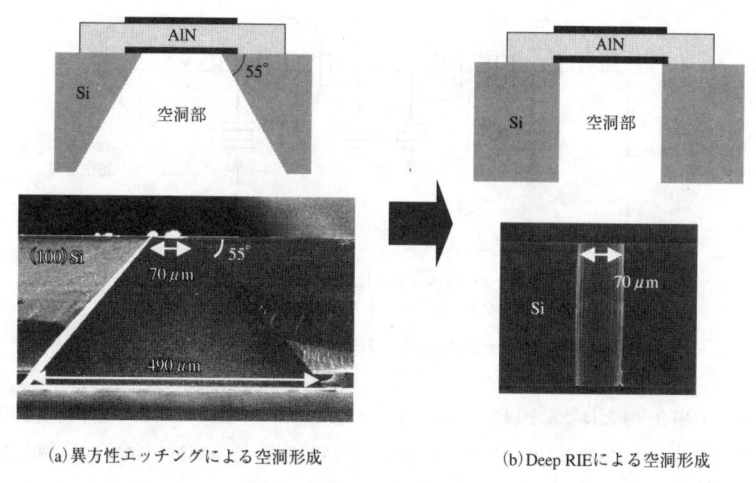

図13　Deep RIEによる空洞形成

共振子を密に配置できなくなるという問題が生じていた。このような問題を避けるため，前節で述べたような Air Gap 法，Agilent 社の方法，SMR 構造，などが考えられてきた。しかし，工程がやや複雑になったり，SMR 構造のように音響多層膜の膜厚バラツキによる周波数変動が懸念される。我々は，これらの方法とは異なる簡易な方法でキャビティ形成することを考えた。それは MEMS などの技術で広く用いられている Deep RIE（Reactive Ion Etching）による深堀エッチングである。Bosch プロセスと呼ばれるこの方法は，C_4F_8 と SF_6 を交互に流し，壁面保護とエッチングとを短時間で繰り返し，結果として垂直な壁面をもつ深い穴を形成する技術である。この方法で形成したキャビティの断面写真を図13(b)に示す。300 μm 厚の Si 基板の場合で，70 $\mu\phi$ で下部までほぼストレートにエッチングされている。同図(a)に示した従来の方法に比べて，面積にして約 1/10 に小型化できる効果がある。特に次節で述べるラダー型構造の場合，1ポート共振子を多数並べてフィルタを作らなければならないため，小型なフィルタを作るためには有効な方法であるといえる。さらに，本開発による方法では，空洞形成後の共振子の周波数変動をかなりなくすことができることを確認している。

3.5　ラダー型フィルタの設計方法について

FBAR を用いたバンドパスフィルタの設計方法としてはいくつか考えられる[23]が，低損失でしかも通過域近傍での急峻な阻止域の得られるラダー型構造が目標とするフィルタ仕様には相応しい。ラダー型構造の FBAR フィルタの設計方法は，以前，筆者らが確立したラダー型 SAW

147

RF MEMS技術の最前線

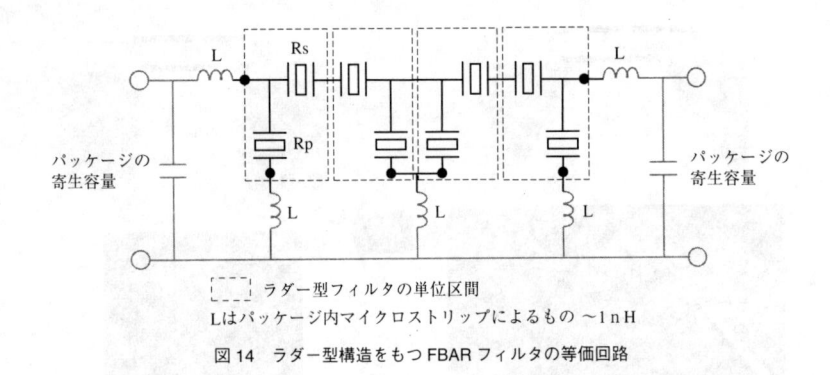

図14 ラダー型構造をもつFBARフィルタの等価回路

（図中注記）
- ラダー型フィルタの単位区間
- Lはパッケージ内マイクロストリップによるもの 〜1nH
- パッケージの寄生容量

フィルタの場合[27,28]とほとんど同じである。我々が用いたラダー型フィルタの基本構成を図14に示す。互いに共振周波数が僅かに異なる直列腕FBAR（Rs）と並列腕FBAR（Rp）の2種類のFBARを梯子形に繋いだものである。概略の設計方法としてはまず直列腕FBARと並列腕FBARの共振周波数を仕様から決定する。5GHz帯無線LANを想定し、フィルタの中心周波数 f_0 を5.25GHz、帯域幅を200MHzとすると、直列腕FBARの共振周波数を f_0 にほぼ合わせ、並列腕FBARの反共振周波数を f_0 にほぼ合わせるよう、FBARの電極膜の膜厚、圧電膜の膜厚、付加膜の膜厚などの決定を行う。これら圧電膜や電極膜の膜厚の設計初期値決めには、圧電体が扱えるFEM（有限要素法）ツールを用い、さらに実験で細部を調整した。次にフィルタ設計する上で決定しなければならない重要なパラメータとして各共振子の静電容量（図11のMBVD等価回路のCo）がある。今、並列腕FBARの静電容量をCop、直列腕FBARのそれをCosとすると、容量積Cop・Cos並びにCop/Cosが特性に大きく影響を与える[27,28]。まずCop/Cosは、帯域外抑圧に大きく影響を与える。Cop/Cosを増加させると帯域外抑圧が改善される。しかし、これはロスの劣化、帯域幅の狭帯域化などのディメリットも伴うため、如何なる値にするかは、仕様を見て決定する。このCop/Cosの動きは並列腕FBARと直列腕FBARの接続段数と同じである。もう1つ重要であるのがCop・Cosで、これは入出力インピーダンスを決定する。入出力インピーダンスを50Ωに合わせるには、概略、以下の式のようになる[27,28]。

$$\text{Cop} \cdot \text{Cos} = 1/(2\pi f_0 \cdot 50)^2 \tag{4}$$

ここで、f_0 としては5.25GHzを入れ、静電容量をpF単位とすると、

$$\text{Cop} \cdot \text{Cos} = 0.37 \tag{5}$$

となる。図15にこれらの関係を示す。同図において（5）式の曲線とCop/Cosの交点が、各Cop

第5章　FBARフィルタ

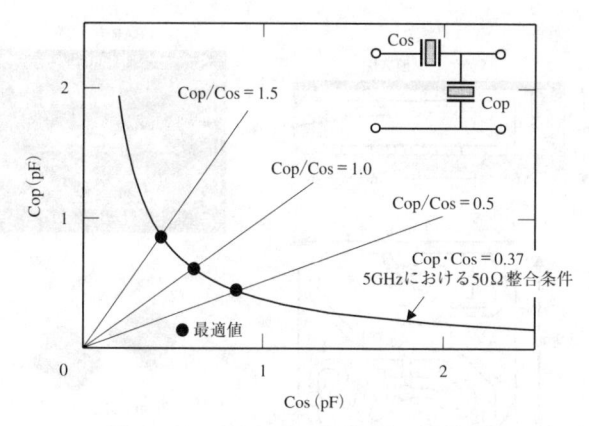

図15　ラダー型構造におけるCop，Cosの最適条件

/Cosにおける最適なCop，Cosの値となる。これらが決定されれば，個々の共振子の静電容量Coは並行平板として以下の簡単な式で表される。

$$Co = \varepsilon S/t \tag{6}$$

ここで，Sは共振子の面積，tは圧電膜の厚さ，εは圧電膜の誘電率である。tは共振周波数の関係から固定であるため，面積Sで静電容量を調整できる。

次に帯域幅についてであるが，前述のようにAlNの結合係数6.4%では無線LAN仕様を満たすのに十分でないため，SAWフィルタの時と同様にインダクタンスLを用いて広帯域化を図った[27,28]。図14に示すように，並列腕に直列にインダクタンスLをいれて，低周波側の通過域の広帯域化を図るとともに，帯域外抑圧の改善も図った。また，入出力端にはパッケージの浮遊容量が存在し，これが5GHzのような高周波ではインピーダンス不整合の原因となるため，整合のためのインダクタンスを入出力端に直列に挿入した。これらのL値は小さな値（～1nH）であるため，次節で述べるようにパッケージ内にマイクロストリップ線で形成した。

3.6　パッケージについて

図16に図14の回路が形成されたFBARチップの概観とパッケージの模式図，並びにパッケージ底板の配線図，パッケージ概観写真を示す。FBARチップは1.4mm×0.9mmで，中心付近の大小7つの円がFBARである。図14に示す回路図中心付近の並列腕FBAR2つは1つに合成されている。チップはフェースダウンボンディングであり，チップ外周部の5つの大きな円はバ

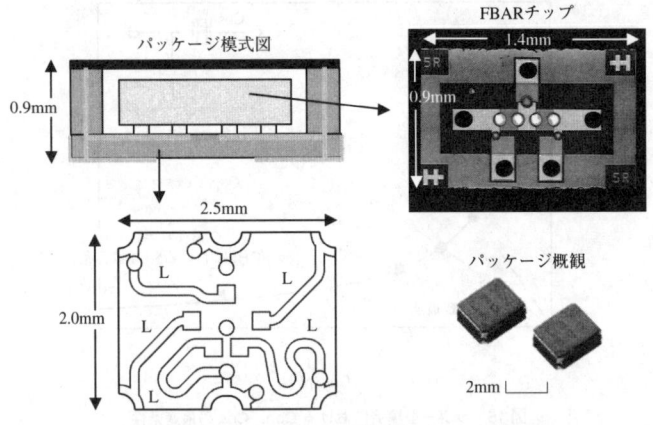

図16 FBARフィルタのチップ写真とパッケージ構造

ンプを示している。パッケージ底板にはマイクロストリップで前述の L が形成されている。セラミックパッケージは 2.5 mm×2 mm×0.9 mm の大きさで，金属板でハーメチックシールされている。

3.7 特性および SAW フィルタとの比較

図17に上記パッケージに搭載しての評価結果を示す。以前，我々が開発した同仕様のSAWフィルタも一緒に示す。設計は同じラダー型でSAW共振子の数も同じである。FBARは200 MHz通過帯域で最大挿入損失が2dBであるのに対し，SAWフィルタでは通過帯域の角型がやや鈍るため（Qが悪い），同じ帯域幅で最大挿入損失が約2dB劣化し，4dBとなってしまう。従って，5GHzで比較した場合にはFBARフィルタの方が低損失でスカート特性も優れている。また耐電力特性もFBARフィルタが800mWもつのに対し，SAWフィルタは10mWしかもたない[24]。これらは全てSAWフィルタが抵抗の高い櫛型電極を用いていることに起因している。

2GHz帯FBARについては，図6で示したAgilent社のPCSデュプレクサの例

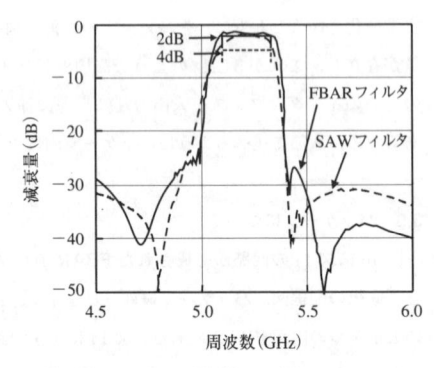

図17 5GHz帯無線LAN用フィルタ

第5章 FBARフィルタ

があるが，図18に示すように，この急峻な特性は，実はSAWフィルタでも実現可能であり，この仕様のようにガードバンドが20 MHzしかない場合は，逆にSAWフィルタの方が製造バラツキという観点では有利になる。FBARの方が製造時の膜厚変動に敏感なためである。しかし，ガードバンドが130 MHzと広いW-CDMAについてはその問題は少なく，特に低損失と高耐電力性能が要求される送信（Tx）フィルタについてはFBARの方が有利になると思われる。図19にW-CDMA仕様のTxフィルタの特性を示す。パッケージは$2.0 \times 1.6 \times 0.6$ mm^{3}の大きさである。損失1.8 dB以下，Rxバンドの抑圧43 dB以上，耐電力1 W以上を実現している。

5 GHz以上のフィルタ実現の可能性について詳細なデータはまだないが，図20に示すように10 GHzのFBARを形成したところQ>500が得られた。この時のAlNの膜厚は200 nmであった。このQ値は低損失フィルタを得るには十分であり，さらに高い周波数の実現も示唆するものである。

これまでに得られた

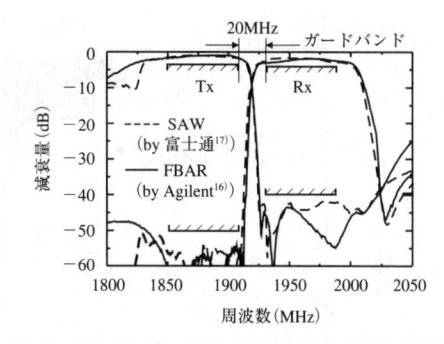

図18 PCSデュプレクサにおけるSAWとFBARの比較

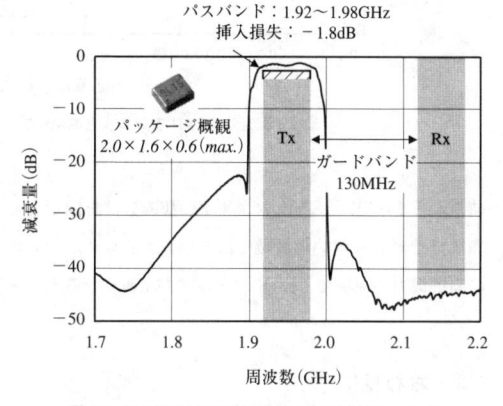

図19 FBARによるW-CDMA向け送信フィルタ

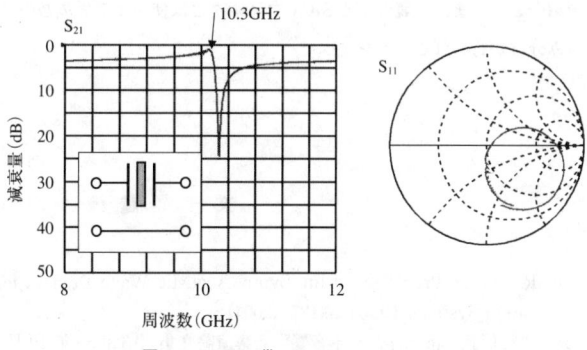

図20 10 GHz帯FBARのSパラメータ

151

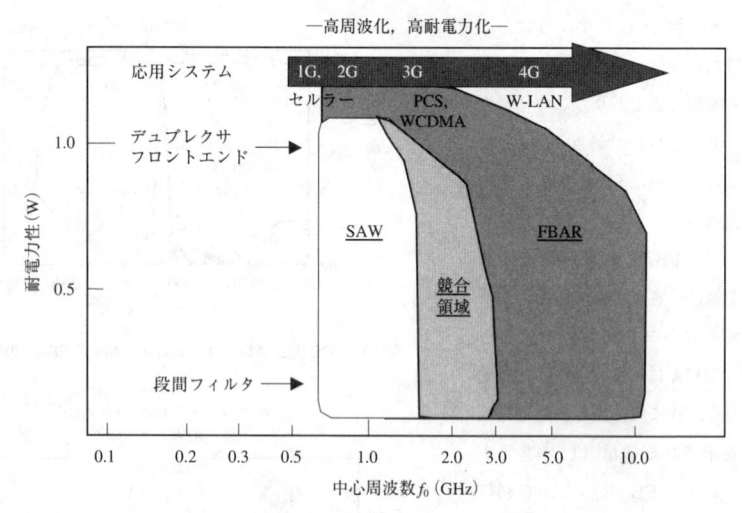

図21 FBARフィルタとSAWフィルタの棲み分け

結果からFBARとSAWフィルタの棲み分けを図示すると図21のようになる。2 GHz帯が競争領域でそれより低い周波数ではSAWフィルタが，それよりも高い周波数，若しくは1 W以上の高耐電力の領域でFBARフィルタが主流になるものと推察される。

4 おわりに

本章では，FBARの原理，特徴，歴史を記述するとともに，富士通研究所のFBAR開発技術を紹介した。また，競合するSAWフィルタとは使用する周波数帯，並びに耐電力の切り口から棲み分けが行われることを述べた。

文　　献

1) R. Aigner, Proc. Second Int. Symp. Acoustic Wave Devices for Future Mobile Communication Systems, Chiba, p. 127（2004）
2) 中村僖良，清水洋，日本音響学会講演論文集（昭和55年10月），p. 127（1980）

第5章 FBARフィルタ

3) T. W. Grudkowski, *Appl. Phys. Lett.*, **37**, p. 993 (1980)
4) K. M. Lakin and J. S. Wang, *Appl. Phys. Lett.*, **38**, p. 125 (1981)
5) K. Nakamura et al., *Electronics Letters*, **17**, pp. 507-509 (1981)
6) 塩崎忠ほか，第12回EMシンポジウム予稿集，pp. 45-55 (1983)
7) K. M.Lakin et al., *Proc. IEEE Ultrasonics Symposium*, pp 371-375 (1986)
8) K. Misu et al., *Proc. IEEE Ultrasonics Symposium*, pp 1091-1094 (1998)
9) H. Satoh et al., *Proc. IEEE Ultrasonics Symposium*, pp 363-368 (1987)
10) K. Yamanouchi et al., *Proc. IEEE Ultrasonics Symposium*, pp 415-418 (1987)
11) K. M. Lakin et al., *Proc. IEEE Ultrasonics Symposium*, pp 471-476 (1992)
12) R. Ruby et al., *Electronics Letters*, Vol. 35, No. 10, p 794-795 (May 1999)
13) J. D. Larson III et al., *Proc. IEEE Ultrasonics Symposium*, pp 869-874 (2000)
14) R. Ruby et al., *Proc. IEEE Ultrasonics Symposium*, pp 813-821 (2001)
15) R. Ruby et al., 日本学術振興会弾性波素子技術第150委員会第76回研究会資料，p 55 (2002)
16) P. Bradley et al., *Proc. IEEE Ultrasonics Symposium*, pp 931-934 (2002)
17) T. Matsuda et al., *Proc. IEEE Ultrasonics Symposium*, pp 71-76 (2002)
18) W. E. Newell, *Proc. IEEE*, vol. 53, p. 575 (1965)
19) K. M. Lakin et al., *Proc. IEEE Ultrasonics Symposium*, p. 905 (1995)
20) H. Kanbara et al., *Jpn. J. Appl. Phys.* Vol. 39, p. 3049 (2000)
21) K. M. Lakin et al., *Proc. IEEE Ultrasonics Symposium*, p. 895 (1999)
22) T. Nishihara et al., *Proc. IEEE Ultrasonics Symposium*, pp 969-972 (2002)
23) 佐藤良夫ほか，日本学術振興会弾性波素子技術第150委員第81回研究会資料，pp 17-22 (2003)
24) Y. Satoh et al., *Jpn. J. Appl. Phys.* Vol. 44, No. 5 A, pp. 2883-2894 (2005)
25) K. M. Lakin et al., *Proc. 2001 IEEE Ultrasonics Symposium*, p. 827 (2001)
26) J. D. Larson III et al., *Proc. IEEE Ultrasonics Symposium*, pp 863-868 (2000)
27) Y. Satoh et al., *Int. Journal of High Speed Electronics and Systems*, vol. 10, No. 3, p. 825 (2000)
28) 佐藤良夫ほか，電子情報通信学会論文誌 A, vol. J 76-A, No. 2, pp. 245-252 (1993)

第6章　受動回路素子

吉田幸久*

1　はじめに

　高周波の受動回路の中で伝送線路は最も基本的な要素であり，スイッチ素子や共振器等と並んでRF MEMS技術の適用事例としての報告が多い。高周波信号の伝送で重要なのは，誘電体損，導体損，放射損を如何に低減するかである。この課題に対するRF MEMSのアプローチとして，「厚膜犠牲層技術により線路を中空配線する，或いは誘電体メンブレン上に配線する」，「配線導体を微細めっき技術により厚膜化する」，「配線上にシールド構造を設ける」等の方法が試みられている。これらの手法を用いた伝送線路の報告例として，代表的なものを表1に示す[1~4]。ここに示す以外にもMEMSを応用した多様な伝送線路があり，それらは文献を参照されたい[5~8]。

　本章では，表1の(d)に示すグランデッド・コプレーナ伝送線路（Grounded Coplanar Waveguide；GCPW）を紹介する。この伝送線路は表1の(b)，(c)に比べ信号線幅が狭く，低

表1　MEMSを用いたRF伝送線路の例

断面構造	(a)	(b)	(c)	(d)
通過損失 (1~30 GHz)	<0.34 dB/mm	<0.1 dB/mm	<0.035 dB/mm	<0.17 dB/mm
特性インピーダンス	50Ω	40Ω	80Ω	50Ω
信号線幅 w	24 μm	290 μm	約120 μm	26 μm
信号線厚	0.6 μm	3 μm	10 μm	5 μm
配線材料	Al	Auめっき	Cuめっき	Cuめっき
線路形態	CPW	Overlay CPW	Shielded CPW	GCPW
基板	Si	ガラス	Si	Si
参照文献	Ref. 1	Ref. 2	Ref. 3	Ref. 4

---

*　Yukihisa Yoshida　三菱電機㈱　先端技術総合研究所　センシング技術部
　　MEMSプロセスグループ　専任

第6章 受動回路素子

損失化を図りつつRF回路の集積化を目指したものである。基板上に形成されるキャビティから見て，金属層／空気層／誘電体メンブレンで構成され，その上に回路パターンが形成される。これをDAM（Dielectric-Air-Metal）キャビティ構造と呼び，本構造は，他の受動回路素子やRF MEMSスイッチと同時に作製できることを特徴としている。本章後半では，その一例としてDAMキャビティ構造を利用した集中定数型ハイブリッド回路を紹介する。

2 中空伝送線路

図1にDAMキャビティ構造からなるGCPWの構成図を示す。本構造では，シリコン基板のキャビティ底部に金属層（Metal-1）を形成し，その直上に誘電体メンブレンによって中空支持された金属層（Metal-2）を形成する。Metal-2は平面内で地導体／信号線／地導体のコプレーナ線路（Coplanar Waveguide：CPW）を構成し，信号線の両脇を走る地導体は接続ビアを介してMetal-1の地導体に接続される。

以下に，DAMキャビティ構造の特長を述べる。

（ⅰ） RF信号を伝搬する電磁界は信号線と地導体の間に発生するが，図1に示すGCPWは誘電体メンブレンにより中空配線されているため基板内を伝播する電磁界が少なく，その結果誘電体損を大幅に低減できる。また，表1の(a)とは異なり，基板側が地導体（Metal-1）によって遮蔽されているため放射損を低減する効果もある。

（ⅱ） 基板の裏面エッチングによるダイヤフラム構造[7]とは異なり，必要な回路がウエハの片

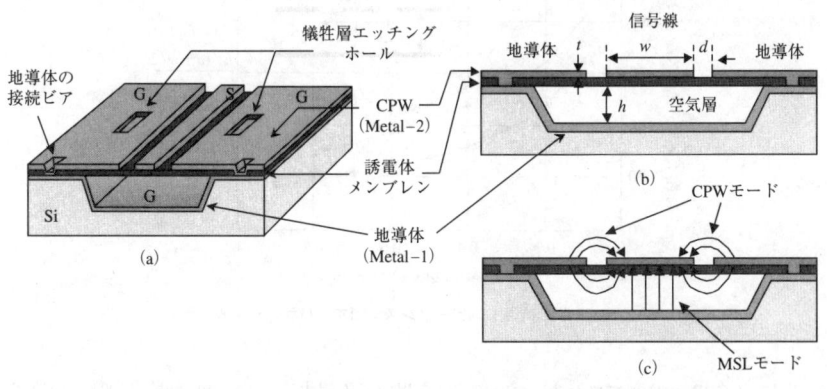

図1 DAMキャビティ構造を用いたグランデッド・コプレーナ線路（GCPW）の模式図
(a)斜視図，(b)断面図　(c)電磁界モード

RF MEMS技術の最前線

面プロセスで作製できる。また,背面に地導体を有する構造のため他のデバイスとの結合を抑圧するための遮蔽用構造体は,表側のみに必要で裏側には不要である。

(iii) DAMキャビティ構造での誘電体メンブレンは,GCPWの場合CPWの支持膜に過ぎないが,次節で述べるハイブリッド回路ではMIM (Metal/Insulator/Metal) キャパシタのI層となり,RF MEMSスイッチ (Ⅳ第2章を参照) では静電駆動部のブリッジ構造体を担う。このように,DAMキャビティ構造は,多様な受動素子に対応することができ,一枚の基板上に複数の機能を有するRFモジュールに展開していくことが可能である。

GCPWは上記の特長に加え,集積化を視野に入れた信号線幅の狭小化にも有効である。伝送線路の特性インピーダンスは50Ωに設計することが多いが,一般的なCPWでは,図1(b)に示す信号線幅 w,信号線と両脇の地導体との間隔 d を用いた $w/(2d+w)$ の値が小さくなると高インピーダンスになる傾向がある。これを50Ωにしようとすると w を広げるか,d を狭くするかの何れかしかない。前者は集積化に不利であり,後者では写真製版精度の限界に直面することとなる。一方,GCPWでは,図1(c)に示すようにCPWモードの他にMSL (Microstrip line) モードが存在する。最適化パラメータとしてキャビティ深さ h が加わり,CPWモードとMSLモードの存在比率を調整することで30μm以下の狭い信号線幅を維持したまま50Ω線路を実現することが可能である。図2に,誘電体メンブレンを考慮していない簡易的なGCPWモデルにおけるパラメータスタディの結果を示す。本結果から,50Ω線路で,$w/(2d+w)=0.72$ と $h/(d+w/2)=0.33$ の関係式で得られ,その一例として $w=26\mu m$,$d=5\mu m$,$h=6\mu m$ となる。

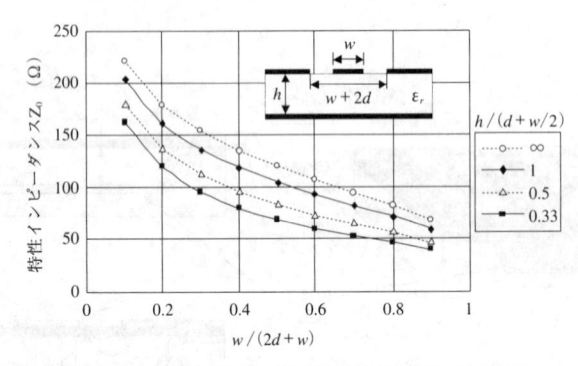

図2 GCPWの特性インピーダンスに関するパラメータスタディ

次に,GCPWの作製プロセスについて図3を用いて説明する。工程(a)では,(100)面方位のシリコン基板に水酸化カリウム水溶液を用いたアルカリエッチングにより所定の深さのキャビテ

第6章 受動回路素子

（a）キャビティ形成

（b）Cr/Auスパッタ成膜

（c）フォトレジスト塗布

（d）フォトレジスト製版・キュア

（e）CMP平坦化

（f）SiNxスパッタ成膜

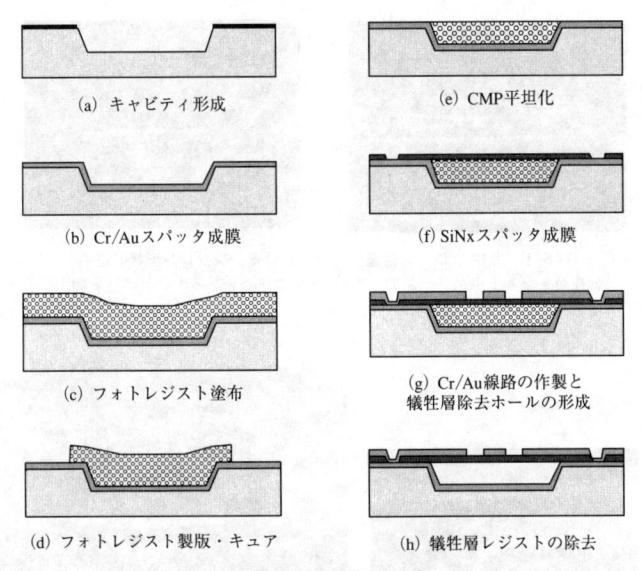

（g）Cr/Au線路の作製と
犠牲層除去ホールの形成

（h）犠牲層レジストの除去

図3　GCPWの作製プロセスフロー

ィを形成する。工程(b)では，Crを密着層として1μm厚のAuをスパッタ成膜し，地導体（Metal-1）を形成する。工程(c)では犠牲層となるフォトレジストをスプレーコーターで塗布する。工程(d)では，フォトレジストがキャビティを内包するように写真製版でパターン加工し，その後レジスト内の溶剤を除去するために十分なベーキングを行う。工程(e)では，キャビティ内に埋め込まれたフォトレジストがMetal-1層と同一平面になるようCMP（Chemical Mechanical Polishing）により平坦化する。続いて工程(f)において，窒化シリコン膜（SiN_x）をスパッタにより成膜し，地導体であるMetal-1とMetal-2を同電位にするための接続ビアを反応性イオンエッチングにより開口する。工程(g)では，Crを密着層として1μm厚のAuをスパッタ成膜し，CPW（Metal-2）のパターンをイオンビームエッチングにより形成する。また，犠牲層除去用のエッチング孔を反応性イオンエッチングによって開口する。最後の工程(h)において，アセトン或いはレジスト剥離液に浸漬し，キャビティ内部の犠牲層レジストを除去することで中空配線構造が完了する。

　ここで，本構造を実現する上でキーとなる犠牲層平坦化技術を詳しく述べる[9]。工程(e)の平坦化プロセスでは，ディッシングを極力回避する必要がある。ディッシング（Dishing）とは，硬さの異なる二種類以上の材料を研磨によって同一平面上に露出させる場合に，柔らかい材料の面が凹状に窪む現象である。ここでは，キャビティ内部に埋め込むレジストが柔らかい材料に相

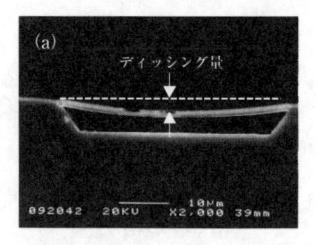

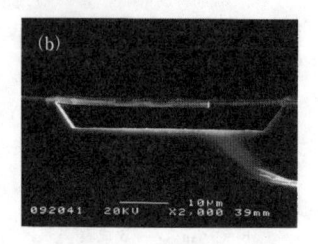

写真1　CMP プロセス最適化前後におけるメンブレン形状の違い
(a)犠牲層レジストのパターン加工無し，(b)犠牲層レジストのパターン加工有り

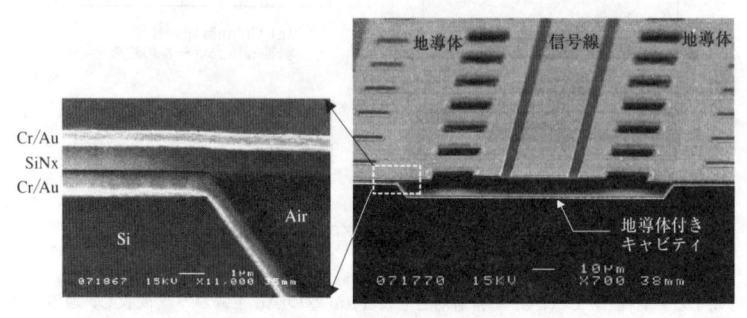

写真2　作製した GCPW の断面 SEM 写真

当し，キャビティを乗り越えたシリコン面上の Au 膜が硬い材料となる。ディッシングが生じると，図1に示すキャビティ深さ h が変わり GCPW の特性インピーダンスが設計値からずれて反射損失の原因となる。ディッシングを回避するため，まず CMP の部材となるスラリー（研磨吐粒）と研磨パッドの選定を行い，CMP 時の荷重および定盤回転数の最適化を行った。さらに，平坦化の前に工程(d)のパターン加工を導入することで平坦度が大幅に改善されることが分かった。写真1に，プロセス最適化前後におけるそれぞれのメンブレン形状について断面 SEM 写真を示す。最適化したプロセスにより，ディッシング量（窪み量）を 0.1 μm 以下に抑制することが可能となった。写真2に作製した GCPW の断面 SEM 写真を示す。本写真から，CPW が載ったメンブレンは非常にフラットな形状が保たれ，キャビティ端部においてもメンブレンが途切れることなく連続的な膜が形成されていることがわかる。また，キャビティ内部にも犠牲層レジストの残渣などは残っておらず，図1に示す理想に近い構造が得られていることがわかる。

　以上に述べた GCPW の伝送特性を次に述べる。特性インピーダンスが 50Ω となるように設計し作製した3種類の伝送線路の通過特性を図4に示す。通過特性はネットワークアナライザーに

第 6 章　受動回路素子

表 2　作製した GCPW の寸法パラメータ（50Ω線路設計）

	w (μm)	d (μm)	h (μm)	t (μm)	CPW 材料
GCPW-A	26	5	6	1	Au スパッタ
GCPW-B	100	5	30	1	Au スパッタ
GCPW-C	26	5	30	5	Cu めっき

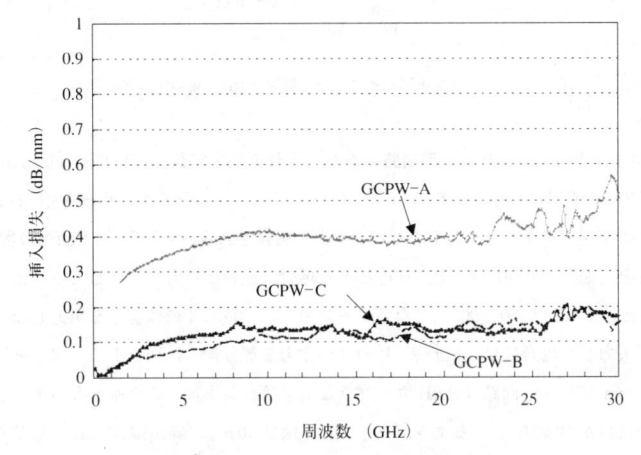

図 4　表 2 の寸法パラメータで作製した GCPW の挿入損失

よる S パラメータ測定により評価した．また，3 種類の GCPW の寸法パラメータを表 2 に示す．挿入損失が最も大きいのは GCPW-A であり，これに対して信号線幅 w を広げた GCPW-B（これに伴いキャビティは深くなる）では導体損低減の効果により，挿入損失が 0.2 dB/mm 以下まで低減された[10]．更に，GCPW-C では SiNx メンブレン上の CPW 膜を Au スパッタから Cu めっきに変更し，厚膜化を行った．この場合，CPW の信号線と地導体の間の容量結合が増え（MSL モードの割合増加），50Ω線路になるときのキャビティ深さ h は GCPW-A に比べて大きくする必要があり，表 2 の通り GCPW-C では $h = 30 \mu$m とした．厚膜化した GCPW-C では，挿入損失がほぼ GCPW-B と同程度となった[11]．Cu は Au より約 40% 抵抗率が低いが，ここではそれ以上の損失低減が見られ，めっきにより厚膜化した効果であると考えられる．

3　集中定数型ハイブリッド回路

ハイブリッド回路は，回路信号に位相差を生じて電力を分配／合成する回路である．構成は

RF MEMS技術の最前線

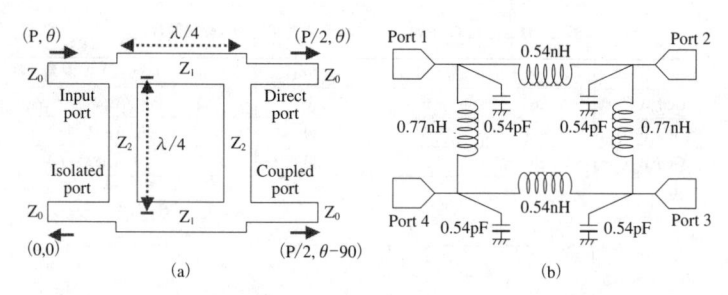

図5 (a) ブランチ形ハイブリッド回路 (b) 集中定数等価回路

図5(a)に示す4ポートのブランチ形回路であり，それを集中定数で表現すると図5(b)の等価回路となる。2つのCPW入力ポート（Port 1, Port 4）と2つのCPW出力ポート（Port 2, Port 3）がシリーズのインダクタとシャントキャパシタとで接続される。ハイブリッド回路の機能は，Port 1の入力波を（電力，位相）＝（P, θ）とする場合，Port 2の出力波として（P/2, θ），Port 3の出力波として（P/2, $\theta-90°$）となるように分配し，Port 4には信号を出力しない。また，Port 4から入力した場合には，Port 2, Port 3へ電力を等分配し，Port 1には信号を出力しない。以上より，ハイブリッド回路は3 dBカップラとも呼ばれる[12]。ここで述べるハイブリッド回路は，中心周波数が12 GHzとなるよう，キャビティ深さ30 μm，線路幅30 μmとしてインダクタンスやキャパシタンスの値を設計した[13]。

作製したハイブリッド回路のデバイス構成図を図6に示す。キャパシタの上部電極とインダクタ，及びGSG端子がAu膜を用いて，1 μm厚SiN_xメンブレンの上に形成される。キャビティ表面には地導体が形成され，その一部はキャビティを乗り越えてキャパシタの下部電極となり，

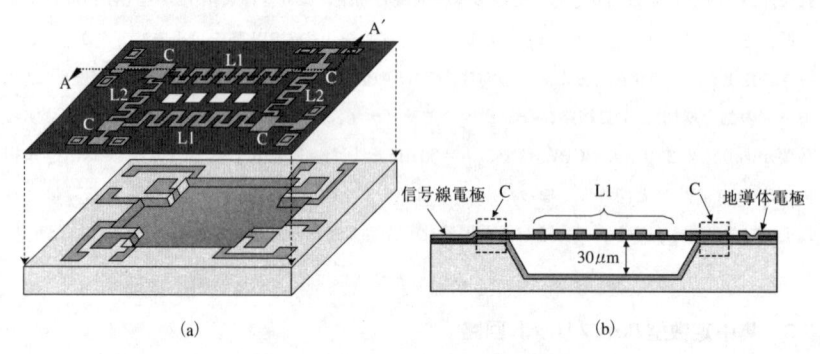

図6 ハイブリッド回路のデバイス構成図
(a)分解斜視図，(b) A-A'断面図

第6章　受動回路素子

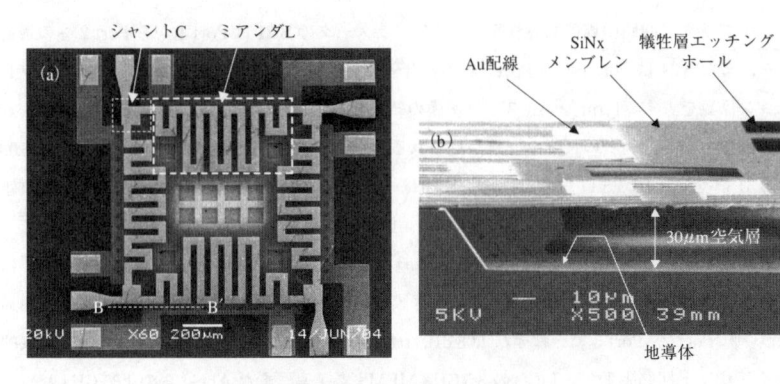

写真3　作製したハイブリッド回路のSEM像
(a)　上面写真　(b)　B-B′断面写真

またGSGの地導体端子に接続ビアを介して接続される。メンブレンの中央にある孔は，犠牲層エッチング孔である。本回路の断面におけるデバイス構成は前節で述べたGCPWと全く同じであり，図3と同じ工程で作製した。素子サイズは，端子部を除いて$710\mu m \times 710 \mu m$である。作製したハイブリッド回路のSEM写真を写真3に示す[14]。

ここでも，導体損の影響を調べるため，SiN_xメンブレン上の回路パターンを$1\mu m$厚のAuスパッタ膜で形成した場合と$5\mu m$厚のCuめっき膜で形成した場合の2種類を作製した。回路パターンの設計は前者でなされ，後者は前者と同じマスクパターンを用いて作製した。図7に作製

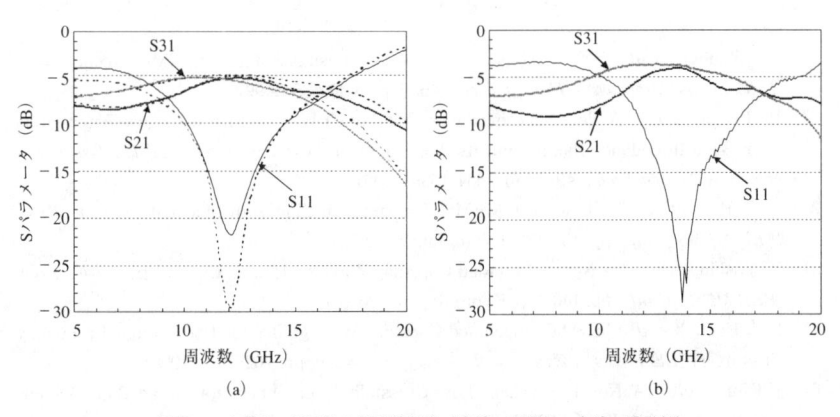

図7　ハイブリッド回路の周波数特性（実線：実測値，点線：設計値）
(a)$1\mu m$厚Auスパッタ膜の場合，(b)$5\mu m$厚Cuめっき膜の場合

RF MEMS技術の最前線

したハイブリッド回路の周波数特性を示す。Sパラメータの S 21 は Port 1 から Port 2 への透過係数を，また S 31 は Port 1 から Port 3 への結合係数を表す。S 11 は反射係数，S 41 はアイソレーション係数を表す。1 μm 厚 Au スパッタ膜の結果である図 7(a) において，実線が実測値，点線が設計値であり，両者の良好な一致が見られる。中心周波数 12 GHz において，S 21 は -5.03 dB，S 31 は -5.18 dB，S 11 は -21.6 dB，S 41 は -16.1 dB であった（図中，S 41 の曲線は煩雑になるので省略している）。従って挿入損失は，上記 S 21 と S 31 の値から 3 dB を差し引いて，それぞれ 2.03 dB，2.18 dB となる。Port 2 と Port 3 での位相差は 88.9° となり，設計値の 90° に近い値が得られた[14]。一方，5 μm 厚 Cu めっき膜の場合である図 7(b) では，挿入損失は予想通り低減され Port 2, Port 3 でそれぞれ 1.08 dB，0.83 dB となった[15]。他で報告されている代表的なハイブリッド回路として，Lu らの 8.5 GHz MEMS 素子[16]，また Abele らの 1.35 GHz MMIC 素子[17]などがある。周波数が異なるので単純な比較は出来ないが，それらと比べても良好な分配特性が得られた。

謝辞

本研究は，三菱電機㈱情報技術総合研究所の西野有氏，及び先端技術総合研究所の末廣善幸氏，李相錫氏と共同で行われました。

文　献

1) V. Milanovic et al., "Micromachined microwave transmission lines in CMOS technology", *IEEE Trans. Microwave Theory Tech.*, **45**, 5, pp. 630-635 (1997).
2) H.-T. Kim et al., "A New Micromachined Overlay CPW Structure with Low Attenuation over Wide Impedance Ranges and Its Application to Low-Pass Filters", *IEEE Trans. Microwave Theory Tech.*, **49**, 9, pp. 1634-1639 (2001).
3) E.-C. Park et al., "A Low Loss MEMS Transmission Line with Shielded Ground", *Proc. IEEE MEMS Conf.*, pp. 136-139, Kyoto, Japan (2003).
4) Y. Yoshida et al., "A Novel Grounded Coplanar Waveguide with Cavity Structure," *Proc. IEEE MEMS Conf.*, pp. 140-143, Kyoto, Japan (2003).
5) K. J. Herrick et al., "Si-Micromachined Coplanar Waveguides for Use in High-Frequency Circuits", *IEEE Trans. Microwave Theory Tech.*, **46**, 6, pp. 762-767 (1998).
6) J. Kim et al., "A Novel Low-Loss Low-Crosstalk Interconnect for Broad-Band Mixed-Signal Silicon MMIC's", *IEEE Trans. Microwave Theory Tech.*, **47**, 9, pp. 1830-1835

第6章 受動回路素子

(1999).
7) A. R. Brown et al., "A Ka-Band Micromachined Low-Phase-Noise Oscillator", *IEEE Trans. Microwave Theory Tech.*, **47**, 8, pp. 1504-1508 (1999).
8) G. E. Ponchak et al., "Low-loss CPW on low-resistivity Si substrates with a micromachined polyimide interface layer for RFIC interconnects", *IEEE Trans. Microwave Theory Tech.*, **49**, 5, pp. 866-870 (2001).
9) Y. Yoshida et al., "A grounded coplanar waveguide with a metallized silicon cavity fabricated by front-surface-only processes", *Sensors and Actuators A*, **111**, pp. 129-134 (2004).
10) Y. Yoshida et al., "Crosstalk Properties of Grounded Coplanar Waveguides Based on DAM (Dielectric-Air-Metal) Cavity Technology", *Asia-Pacific Conference of Transducers and Micro-Nano Technology (APCOT-MNT)*, PO 2-89, Sapporo, Japan (2004).
11) 吉田幸久ほか, "銅めっきを用いたマイクロマシニング GCPW 線路", 電子情報通信学会マイクロ波研究会, 2004 年 10 月.
12) R. Moniga et al., "RF and Microwave Coupled-line Circuits", Artech Inc., pp. 225-260 (1999).
13) T. Nishino et al., "A 12 GHz Lumped-element Hybrid Fabricated on a Micromachined Dielectric-Air-Metal (DAM) Cavity", *Proc. MTT-S International Microwave Symposium*, pp. 487-490, Philadelphia, USA (2003).
14) S.-S. Lee et al., "A MEMS-based Hybrid Circuit Having Metallized Cavity for Ku-Band Wireless Communication", *Proc. IEEE Transducers '03*, pp. 1792-1795, Boston, USA (2003).
15) T. Nishino et al., "Wireless Communication Circuits with RF-MEMS Devices", *Microwave Workshop and Exhibition*, Yokohama, Japan (2004).
16) L-H. Lu et al., "Design and Implementation of Micromachined Lumped Quadrature (90°) Hybrids", *Proc. MTT-S International Microwave Symposium*, Pheonix, USA, pp. 1285-1288 (2001).
17) P. Abele et al., "Si MMIC Quadrature Hybrid Coupler for 1.35 GHz", *Proc. Topical Meeting on Silicon Monolithic Integrated Circuits in RF system*, Germany, pp. 83-86 (2000).

第7章 Dielectric-Air-Metal キャビティ構造による ソレノイドインダクタと遅延線路

李　相錫*

1　はじめに

　MEMS（Micro Electro Mechanical Systems）技術またはマイクロマシニング技術は様々な分野へ応用され，新しい技術や研究分野が多く生み出され，盛んに研究開発が進んでいる。その中で特に，高周波技術との融合で生まれた RF MEMS 分野では，そのデバイスが持つ多数のメリットから注目を集め，ここ10年間でデバイスの広帯域化，低損失化，高機能化などを目指した数多い研究開発成果が発表されている[1]。その新しい RF MEMS デバイスの中で，マイクロシステムエンジニアや高周波エンジニアがもっとも研究開発に力を入れたのはスイッチデバイスであり，様々な斬新なデバイスが数多く発表された[2]。それらのデバイスの殆どはブリッジまたはカンチレバ型のメカニカルな駆動部によりオンオフを行い，従来のスイッチに比べ，特性，コストなどの面で有利である。最近の MEMS スイッチはもはや信頼性，パッケージング，移相器などの高周波回路への応用における研究開発の段階まで到達しており，商品化も近い将来に予想される。

　一方，MEMS 技術の適用により，著しい成果を挙げている高周波デバイスはスイッチで代表されるアクティブデバイスだけではない。MEMS 技術はパッシブデバイスの領域にも役に立つ。パッシブデバイスは MEMS デバイスの一番大きな特徴である駆動部（広い意味で動く部分）は持ってないが，MEMS プロセス技術またはマイクロマシニングにより作製された場合，広い意味で RF MEMS デバイスと言える。高周波回路でもっとも基本的なパッシブデバイスである伝送線路やインダクタなどに MEMS 技術が導入されて以来，従来のデバイス性能とは比較にならないほどの低損失や高い Q 値などの優れた成果を達成しつつある。それらの成果は MEMS プロセス技術が生んだ低損失化を図るための独特のデバイス構造（3次元構造や中空構造など）によるものである。例えば，CPW（Coplanar Waveguide）線路の場合，韓国 KAIST の Park らは3次元グランドシールド層を設けることにより，25 GHz のときに 0.35 dB/cm の低損失を得たと報

---

*　Sang-Seok Lee　三菱電機㈱　先端技術総合研究所　センシング技術部
　　　　　　　　　MEMS プロセスグループ　Research Scientist

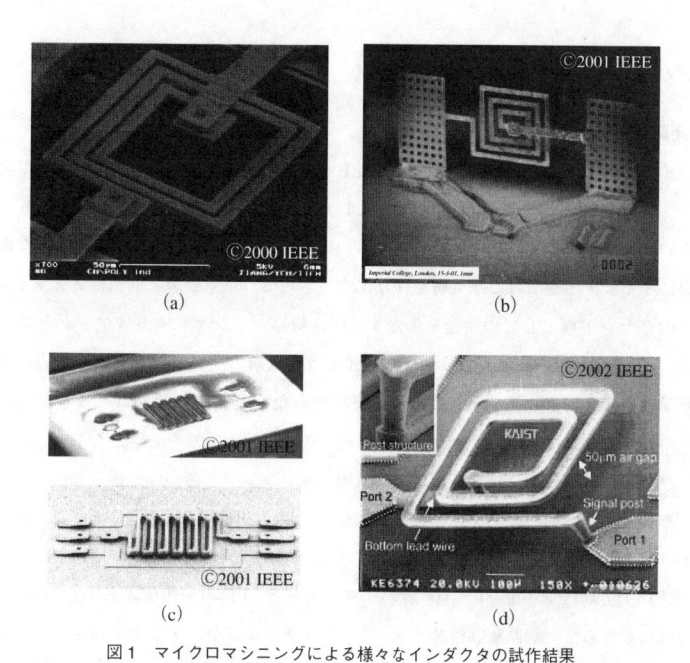

第7章　Dielectric-Air-Metal キャビティ構造によるソレノイドインダクタと遅延線路

告している[3]。また，中空構造を用いた我々が提案した GCPW（Grounded Coplanar Waveguide）線路の場合，12 GHz のときに 0.1 dB/mm の低損失が得られている[4,5]。インダクタの場合も主な損失原因である導体損失と基板の誘電体損失を低減させるためには3次元構造や中空構造が有利である。そのため MEMS プロセス技術が積極的に取り入れられることになり，斬新なアイデアによる新しいデバイス構造と作製法が数多く発表された。例えば，米 Cornell 大の Jiang らが報告したスパイラルインダクタは中空構造と無電解メッキにより実現され，8 GHz のときに 30 と高い Q_{max}（最大 Q 値）を持つ[6]。英 Imperial 大の Dahlmann らが考案したインダクタは基板の影響を少なくするため Sn/Pb ソルダーの表面張力を利用して基板と垂直に作製され，4.5 ターンメアンダインダクタにおいて 3 GHz のときに 20 の Q_{max} が得られている[7]。米 Georgia 工大の Yoon らはポストプロセスでソレノイドインダクタを作製し，CMOS パワーアンプと集積化を図っている[8]。そのインダクタは Cu メッキにより作製され，中空構造ではあるが最終的には SU-8 というポリマーに埋め込まれる。6 ターンのソレノイドインダクタの場合に得られた Q_{max} は 4.5

図1　マイクロマシニングによる様々なインダクタの試作結果
(a) Cornell 大 Jiang らのスパイラルインダクタ[6]，(b) Imperial 大 Dahlmann らのスパイラルインダクタ[7]，(c) Georgia 工大 Yoon らのソレノイドインダクタ[8]，(上)SU-8 に埋め込まれたインダクタと(下)中の構造を見せるために SU-8 を除去した後。(d) KAIST Yoon らのスパイラルインダクタ[9]。

GHzのときに20.5であった。韓国KAISTのYoonらが提案したインダクタはCMOS回路との集積を念頭におき,ポストプロセスで作製される[9]。インダクタは中空構造であり,作製にはメッキと彼ら独自のMESD (Multi-step Expose Single Development) という作製法を用いる。試作の結果得られたQ_{max}は1.5ターンスパイラルインダクタの場合,6GHzのときに70である。それらのインダクタの試作結果の例を図1にまとめる。

以上に紹介したインダクタの他にも,マイクロマシニングによる斬新なインダクタは多い。その中で,本章では我々が独自に研究開発したソレノイドインダクタについて詳しく紹介する。また,そのインダクタから派生されたもう一つのRF MEMSパッシブデバイスである遅延線路に関しても紹介する。遅延線路は我々がデザインしたソレノイドインダクタにおいて,それぞれのターンごとにシャントキャパシタを設けることだけで容易に実現できる。2つのデバイスにおいて,構造,作製方法,試作結果,高周波特性について述べると共に,基板による寄生容量が高周波特性に及ぼす影響についても論ずる。

2 デバイス構造および作製プロセス

2.1 開発背景

ソレノイドインダクタと遅延線路は我々がRF MEMSデバイスの新しい構造として提案したDielectric-Air-Metalキャビティ構造(本章では以下DAM構造と呼ぶ)をベースにして開発された。DAM構造は誘電損失を減らすため誘電率がもっとも低い空気層を利用する中空構造であり,基板にキャビティを設けて空気層を作り出す。さらに,キャビティ底面はメタライズされ,デバイスのグランド層としての役割を果たす。伝送線路,インダクタ(メアンダとスパイラル型),キャパシタなどの高周波デバイスの基本要素は空気層の上に設けられる誘電膜のメンブレン上に形成される。なお,このDAM構造を実現するため考えた作製プロセスも独創的である。特に我々の作製方法にはChiらが提案したウェハーの貼り合わせ[10]を必要としない。即ち,シングルウェハーを用い,片面プロセスだけで空気層とメンブレンを持つ中空構造を得る。その方法により,キャビティ底面のメタライズも容易になる。以上のDAM構造と作製プロセス[注]は様々な新しいRF MEMSデバイスを生み出した。それはGCPW伝送線路[4,5,11],90度ハイブリッド[12,13],LPF (Low Pass Filter)[14],90度ハイブリッドとLPFの一体化素子[15]などのパッシブデバイスだけに止まらず,線路駆動型スイッチ[16,17]のアクティブデバイスまで到る。それら全ての

注) DAM構造とその作製方法についての詳細な内容は本章の文献もしくは本書のIV.第6章を参考にしていただきたい。

第7章 Dielectric-Air-Metal キャビティ構造によるソレノイドインダクタと遅延線路

デバイスは作製プロセスを共有するため同一基板上に同時に作製することが可能である。その結果，デバイスの開発と試作に要する時間とコストが削減される。さらに多様な RF MEMS デバイスの容易な集積化にもつながる。

以上に述べたようなメリットを有する DAM 構造と作製プロセスをそのまま採用し，コンパクトで我々が開発した他の RF MEMS デバイスとも整合性が取れる低損失なソレノイドインダクタと遅延線路の開発を図る。

2.2 デバイス構造

ソレノイドインダクタと遅延線路のデバイス構造の概略を図2に示す。デバイスはメタライズされたキャビティ，空気層，誘電支持膜である SiN メンブレン，メンブレンの上に形成されたデバイス要素で構成され，DAM 構造そのものである。図2で SiN メンブレンが持ち上げられているのは，メンブレン下の構造を見せるために他ならない。キャビティの内側に形成される第1メタル層は，信号線の一部分になる。そのパターンの片方が図2に示すように基板の上面へさらに伸ばされている（図2で点線のボックスで表す部分）。その部分はソレノイドインダクタのターンごとに設けるシャントキャパシタの下部電極になり，デバイスは遅延線路になる。そうではなく，もし基板の上面に伸びた部分が同等で対称構造，また後で形成されるグランド線路とも重ならない場合，デバイスはソレノイドインダクタになる。

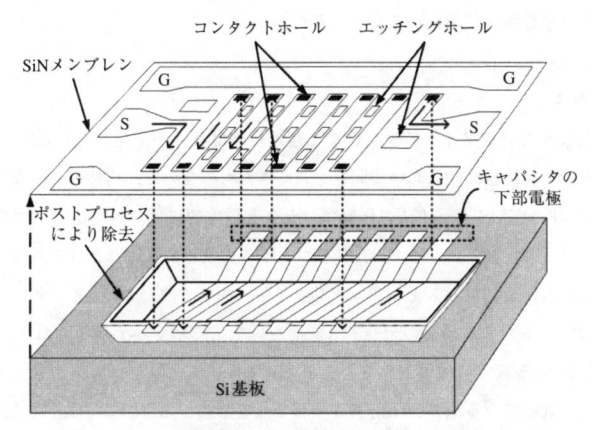

図2　デバイスの概略図
ソレノイドインダクタと遅延線路は第1メタル層のパターンが異なるだけである。図のように第1メタル層パターンの片方がキャビティの内側から基板のほうへ伸び，シャントキャパシタの下部電極が用意されれば遅延線路，そうではなく第1メタル層パターンが対称的に形成されればソレノイドインダクタになる。

167

RF MEMS技術の最前線

デバイスは Si 基板上に作製される。他の RF MEMS パッシブとのプロセス整合性を考慮してキャビティの深さは 30μm として設計された。ところで，キャビティの深さは我々の他のパッシブ RF MEMS デバイスと変わらないが，キャビティ底面を含む内側に形成される第1メタル層の役割には相違がある。他のパッシブデバイス[4,5,11〜17]ではメタライズされたキャビティがグランドになるが，ソレノイドインダクタと遅延線路の場合は信号線になる。即ち，信号線が Si 基板にそのまま接することになるので，基板を介した寄生容量による高周波特性の低減が懸念される。その基板効果を明らかにするため，第1メタル層で形成された信号線の下に接している Si 基板を除去し，高周波特性の変化を調べる。勿論，この調査はデバイス性能向上も目的とする。ポストプロセスによりエッチングされてなくなった Si 基板を図2に白い部分で表しており，結局第1メタル層がハンモック形態になる。メンブレン上に形成される第2メタル層は信号線，グランド線，測定用 GSG（Ground-Signal-Ground）パッドになる。遅延線路の場合，片方のグランド線が第1メタル層で用意された下部電極（図2で点線のボックスで囲んだ部分）と一部分重なり，その部分がシャントキャパシタの上部電極の役割をする。また，第1, 2 メタル層間のメンブレンがシャントキャパシタの誘電体としても使われる。シャントキャパシタの電極サイズは遅延線路のインピーダンスが 50Ω になるように（ターンごとのキャパシタンスが 0.025 pF になるように）電磁場シミュレーション結果から決定された。メンブレンには，その上下に形成された信号線をつなぐためのコンタクトホールと，キャビティに埋め込まれた犠牲層を除去するためのエッチングホールが設けられる。図2の信号線に示した実線と点線の矢印は電流方向とメンブレン上下にある信号線間接続関係をそれぞれ表す。

2.3 作製プロセス

前節で述べたようにソレノイドインダクタと遅延線路は我々が開発した他の RF MEMS デバイスとのプロセス整合性を念頭において開発されてきたものなので，当然のことながらその作製プロセスは他の RF MEMS デバイスの作製プロセスと根本的には同等であり，プロセスの基幹技術もあまり変わっていない。ここでは，作製プロセスの基本的な流れだけを説明する。

図3に遅延線路の作製プロセスを示す。ソレノイドインダクタは第1, 2 メタル層のパターンが若干違うだけであるため，最後のデバイス断面だけを後で示す。デバイスは $1\mathrm{k}\Omega\mathrm{cm}$ 以上の抵抗を持つ高抵抗 Si 基板上に作製される。まず，Si 基板に酸化膜をマスクとしてアルカリエッチングを行い，空気層になる深さ $30\mu\mathrm{m}$ のキャビティを形成する（図3(a)）。次に，キャビティを持つ Si 基板上をメタライズし，パターニングを行う（図3(b)）。この第1メタル層はデバイスの信号線の一部分になり，Cr を密着層として $1\mu\mathrm{m}$ 厚の Au スパッタ膜で構成される。パターニングは $30\mu\mathrm{m}$ の高い段差を持つ形状で行い，精細なパターンを得るため，レジストの塗布に

第7章　Dielectric-Air-Metal キャビティ構造によるソレノイドインダクタと遅延線路

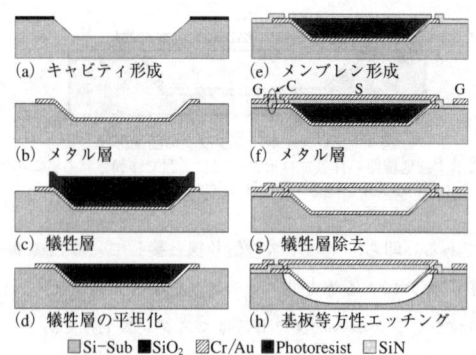

図3　遅延線路の作製プロセス

ソレノイドインダクタの場合，工程(b)で形成される第1メタル層が左右対称でパターニングされ，工程(f)に示してあるシャントキャパシタCがない．工程(g)に対応するソレノイドインダクタの断面形状を図4に示す．

はスプレーコーティング法，露光にはフォーカスオフセット技法が用いられた．また，エッチングはIBE (Ion Beam Etching) 手法による．次に，フォトレジストをコーティングし，図3(c)のようにパターニングと硬化熱処理を行って犠牲層を形成する．このパターニングは次のCMP (Chemical Mechanical Polishing) による犠牲層平坦化工程（図3(d)）で起こるディッシングを抑制するために必須工程である．次に第1メタル層と同一面で平坦化された犠牲層の上に誘電支持膜を成膜する（図3(e)）．レジスト犠牲層の更なる熱硬化によるクラックなどの変形と除去し難くなるなどの好ましくない現象を避けるため，成膜には低温反応スパッタ法を選び，メンブレンとして厚さ1μmの窒化膜（SiN膜）を形成する．このメンブレンの上下に形成される第1，2メタル層をつなぐためコンタクトホールをRIE (Reactive Ion Etching) により開口しておく．次に誘電支持膜の上面にメタライズを行い，信号線の残り部分，グランド線，測定用GSGパッドをパターニングする（図3(f)）．この第2メタル層はCrを密着層として厚さ1μmのAuスパッタ膜で構成され，IBEによりパターニングされた．この工程で，第1メタル層のパターニングのときに予め用意しておいたキャパシタの下部電極（図3(b)の左側に伸ばしてあるメタル部分）と片方のグランド線の一部分が誘電支持膜を挟んで重なり，シャントキャパシタ（C）になる．次に，犠牲層を除去するためのエッチングホールをRIEによりメンブレン上で形成し，通常のレジスト剥離液を使い犠牲層を除去する（図3(g)）．以上で，DAM構造からなるRF MEMSデバイスの作製は完了である．ここまでの工程を同じく全て経たソレノイドインダクタの断面形状を図4に示す．図4と図3(g)を比べれば2つのデバイス構造の違いがわかる．図3の最後の工程(h)はソレノイドインダクタと遅延線路において高周波特性に及ぼす基板影響を調べるため，

RF MEMS技術の最前線

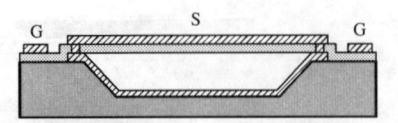

図4 ソレノイドインダクタの断面形状
図3に示す遅延線路の作製プロセスと同じ工程で作製される。この断面は図3(g)までの工程を経たソレノイドインダクタを示す。

特に追加された工程である。即ち，デバイスの信号線と接している Si 基板を除去するため，2フッ化キセノン（XeF_2）ガスによる等方性エッチングをポストプロセスとして行う。この追加されたバルクマイクロマシニングポストプロセスはマスクレス工程であり，工程(g)で形成されたエッチングホールが XeF_2 ガスの導入口として再利用される。

上記に述べたような DAM 構造のデバイスを実現するための作製プロセスにはプロセス最適化に係るいくつかのハードルを超えなければならなかった。それは，平坦および充分頑丈なメンブレンを得るための第2メタル層と誘電支持膜からなる2層膜の残留応力の制御，ディッシングおよびばらつきが少ない CMP 条件の最適化，クラックおよび発泡が出難いレジスト犠牲層の塗布と熱処理条件の最適化などである。それらのプロセス条件に関する詳細な内容については参考文献 18) および 19) にまとめてあるので，参考にしていただきたい。

3 試作結果

試作したソレノイドインダクタと遅延線路は 7, 12, 17 ターンの3品種である。その中で 12 ターンの試作デバイスの上面写真（図3(g)までの作製結果）を図5に紹介する。図5に示す信

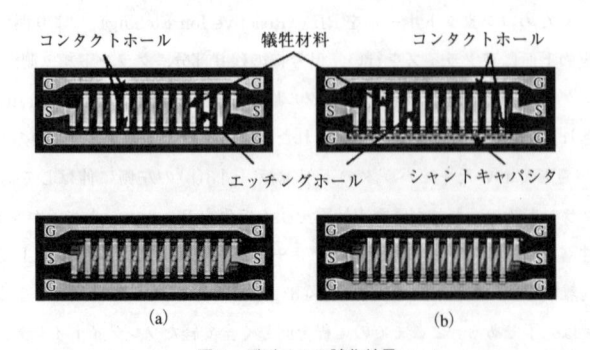

図5 デバイスの試作結果
(a) 12ターンのソレノイドインダクタ，(b) 12ターンの遅延線路。(a), (b)の上下はそれぞれ犠牲層エッチング前後を表す。

第 7 章　Dielectric-Air-Metal キャビティ構造によるソレノイドインダクタと遅延線路

号線，グランド線，GSG パッド，コンタクトホール，エッチングホール，シャントキャパシタは図1のそれらと対応できる。図5(a)，(b)の上段に示すデバイスはレジスト犠牲層の除去前を，下段に示すデバイスはレジスト犠牲層の除去後の形状を表し，通常のレジストリムーバーとエッチングホールより犠牲材料がきれいに除去されていることがわかる。

全ての作製されたデバイスの信号線幅とピッチは各々 $40\,\mu m$ と $80\,\mu m$ である。測定パッドを除くデバイスの長さは 7，12，17 ターンのデバイスにおいてそれぞれ $650\,\mu m$，$1050\,\mu m$，$1450\,\mu m$ であり，デバイスの幅は全部 $200\,\mu m$ で設計された。遅延線路の場合，1つのシャントキャパシタの電極部サイズは $40\,\mu m \times 10\,\mu m$ である。

ソレノイドインダクタの断面 SEM 像を図6に示す。図6(a)は試作完了したソレノイドインダクタの断面（図3(g)に対応）であり，深さ $30\,\mu m$ のキャビティとその内側に精細に形成された信号線が明確に見える。図6(b)は基板影響を調べるため行った XeF_2 ガスによる Si 基板の等方性エッチング後のソレノイドインダクタ断面（図3(h)に対応）である。信号線の下部が空気層になっていることがわかる。

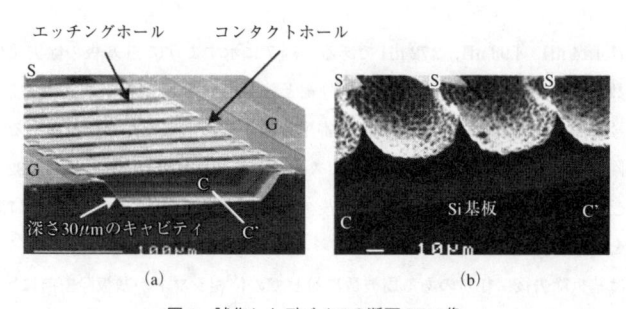

図6　試作したデバイスの断面 SEM 像
(a)　Si 基板除去前のソレノイドインダクタの断面，(b)　Si 基板除去後のソレノイドインダクタの断面。

4　高周波特性

試作された 7，12，17 ターンの各々のデバイスにおいて S パラメータ測定を行い，その測定結果を図7に示す。ソレノイドインダクタにおいては Q 値，遅延線路においては位相シフトをデバイスの代表的な高周波特性として図7にまとめた。また，全てのデバイスに対して Si 基板エッチング前後に測定を行った。Si 基板除去前の測定結果は B，Si 基板除去後の測定結果は A とする。

ソレノイドインダクタのインダクタンスは 7，12，17 ターンのデバイスにおいて，1 GHz のと

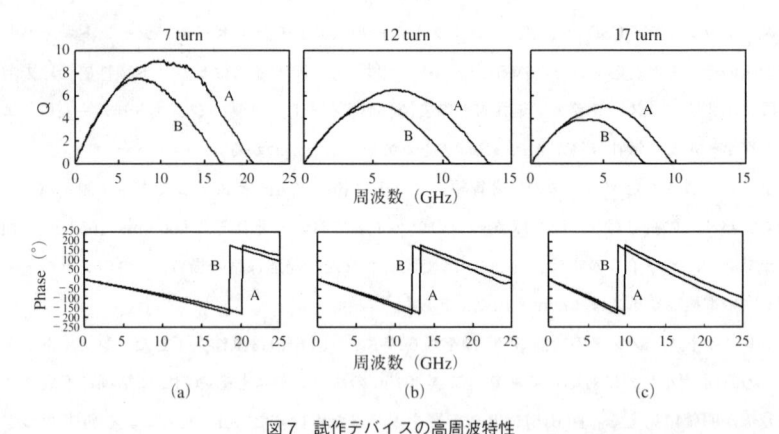

図7 試作デバイスの高周波特性
(a), (b), (c) はそれぞれ 7, 12, 17 ターンのソレノイドインダクタの Q 値と遅延線路の位相を表す。それぞれの特性に対し、A は Si 基板除去後、B は Si 基板除去前の測定結果を指す。

きにそれぞれ 1.14 nH, 1.93 nH, 2.72 nH である。図7 に示すように Si 基板の除去後は Q 値、自己共振周波数が共に増加している。それは信号線と接している Si 基板がエッチングされたことにより、信号線間および信号線と Si 基板間の寄生容量が低減されたためだと考える。最大 Q 値は、Si 基板除去後、7, 12, 17 ターンのデバイスにおいて、それぞれ 20%, 22%, 32% の向上を示した。自己共振周波数も Si 基板エッチング後少なくとも全てのインダクタ品種において 20% 以上の増加を示した。

遅延線路は基板除去後、任意のある周波数に対しての位相シフトが基板除去前に比べ小さくなる。この結果もやはり Si 基板除去による寄生容量の低減が原因である。即ち、寄生容量が減ると遅延時間が少なくなる。Si 基板除去前、デバイス長さが $1050\,\mu\mathrm{m}$ である 12 ターンの遅延線路は 20 GHz のときに 313° の位相シフトを見せ、デバイス長に対して実効誘電率は 154 である。これは GaAs 基板上に形成した通常の CPW より 22.8 倍大きい値であるので、我々の遅延線路を使うことによりデバイスのサイズが 4.8 倍コンパクト化できることになる。Si 基板除去後は位相シフトが小さくはなるが、GaAs 上の通常の CPW に比べてまだ 4.3 倍のデバイスサイズ減少が期待できる。遅延線路の挿入損失も基板除去後減少された。例えば、20 GHz のときに Si 基板除去前に比べて 17% 減り、0.19 dB/mm になった。

第 7 章 Dielectric-Air-Metal キャビティ構造によるソレノイドインダクタと遅延線路

5 おわりに

　以上，我々が独自に開発したソレノイドインダクタと遅延線路の構造，作製法，高周波特性について述べた．それらの新しいパッシブ RF MEMS デバイスは我々が提案した DAM 構造と作製プロセスをベースにして開発された．そのため，様々な DAM 構造による他の RF MEMS デバイスまたはそれらの回路と同時作製が容易にできる．また，通常の DAM 構造によるデバイスの作製プロセスにバルクマイクロマシニングポストプロセスを追加し，Si 基板が高周波特性に及ぼす影響を調べた．その結果，XeF_2 ガスによる等方性エッチングで深さ $30\,\mu m$ キャビティの内側に形成された信号線に接していた Si 基板が除去され，ソレノイドインダクタの Q 値と自己共振周波数が共に 7, 12, 17 ターンの全ての試作デバイスにおいて少なくとも 20% 以上向上されることが分かった．遅延線路の場合も Si 基板除去後，7, 12, 17 ターンの全ての試作デバイスにおいて，ある周波数のときの位相シフトが Si 基板除去前に比べ小さくなることを確認した．それらの結果は Si 基板除去による信号線間および信号線と基板間の寄生容量の低減に起因する．また，Si 基板除去前のデバイス長が $1050\,\mu m$ である 12 ターンの遅延線路は 20 GHz のときにデバイス長に対して実効誘電率は 154 である．これは GaAs 基板上に形成した通常の CPW より 22.8 倍大きい値であるので，我々の遅延線路を使うことによりデバイスのサイズが 4.8 倍コンパクト化できることになる．

　Si 基板の除去によりデバイスの高周波特性は向上したが，高抵抗 Si 基板を用いたためその絶対値の変化はドラスティックではない．例えば，Si 基板除去後，7 ターンのインダクタの Q_{max} は 9.03，自己共振周波数は 20.8 GHz であり，まだ改善の余地が残る．さらに高性能なデバイスを得るためには導体損失を低減することが考えられる．そのためにはメタル層をメッキなどにより厚膜にする必要があるが，我々のソレノイドインダクタはキャビティの内側に形成された信号線の厚膜化が容易ではないため構造上不利な面もある．しかし，中空構造でありながら，SiN メンブレンに支持されたロバストな構造を持っており，他の RF MEMS デバイスとの集積化の容易さやコンパクトな遅延線路も容易に実現できるなど，様々なメリットもある．また，誘電支持膜が高周波特性に及ぼす影響もメンブレンを持たないソレノイドインダクタを作製して調べた．その結果，メンブレンの有無による特性の変化は殆ど見られなかった．我々がメンブレンとして利用した SiN スパッタ膜による損失は殆どないと考える．

　今後は，ソレノイドインダクタと遅延線路を実際に他の RF MEMS デバイスと集積化あるいは既存の機能回路への応用等を進めていき，DAM 構造によるパッシブ RF MEMS デバイスの幅広い普及を狙う．

RF MEMS技術の最前線

謝辞

本章に紹介したソレノイドインダクタと遅延線路の研究開発を進めるにあたり、三菱電機㈱情報技術総合研究所の西野有氏、及び先端技術総合研究所の末廣善幸氏、吉田幸久氏とは共同研究で、井上博元氏からは試作に係るプロセスのサポートで大変お世話になったことを心から感謝します。

文　　　献

1) 水野皓司, MEMSが開く新しい高周波技術, 電子情報通信学会誌, **87**, 11, pp. 919-924 (2004)
2) G. M. Rebeiz, RFMEMS: Theory, Design, and Technology, pp. 121-156, Wiley-Interscience (2002) (様々なMEMSスイッチデバイスの研究成果が紹介された一例。)
3) E.-C. Park et al., A low loss MEMS transmission line with shielded ground, Proc. of IEEE MEMS, Kyoto, Japan, Jan. 2003, pp. 136-139.
4) Y. Yoshida et al., Crosstalk properties of grounded coplanar waveguides based on DAM (Dielectric-Air-Metal) cavity technology, Tech. Dig. of APCOT-MNT, Sapporo, Japan, July 2004, pp. 999-1002.
5) S.-S. Lee et al., A micromachined microwave and millimeter wave grounded coplanar waveguide (GCPW), Conf. Dig. of the 28 th IRMMW, Otsu, Japan, Sep. 2003, pp. 179-180.
6) H. Jiang et al., On-chip spiral inductors suspended over deep copper-lined cavities, IEEE Trans. MTT, **48**, 12, pp. 2415-2423 (2000)
7) G. W. Dahlmann et al., High Q achieved in microwave inductors fabricated by parallel self-assembly, Tech. Dig. of Transducers, Munich, Germany, June 2001, pp. 1098-1101.
8) Y.-K. Yoon et al., Embedded solenoid inductors for RF CMOS power amplifiers, Tech. Dig. of Transducers, Munich, Germany, June 2001, pp. 1114-1117.
9) J.-B. Yoon et al., CMOS-compatible surface-micromachined suspended-spiral inductors for multi-GHz Silicon RF ICs, IEEE Electron Device Letters, **23**, 10, pp. 591-593 (2002)
10) C.-Y. Chi et al., Planar microwave and millimeter-wave lumped elements and coupled-line filters using micro-machining techniques, IEEE Trans. MTT, **43**, pp. 730-738 (1995)
11) Y. Yoshida et al., A novel grounded coplanar waveguide with cavity structure, Proc. of IEEE MEMS, Kyoto, Japan, Jan. 2003, pp. 140-143.
12) S.-S. Lee et al., A MEMS-based hybrid circuit having metallized cavity for Ku-band wireless communication, Tech. Dig. of Transducers, Boston, USA, June 2003, pp. 1792-1795.
13) T. Nishino et al., A 12 GHz lumped-element hybrid fabricated on a micromachined dielectric-air-metal (DAM) Cavity, Dig. of IEEE MTT-S IMS, Philadelphia, USA, June 2003, pp. 487-490.

第7章　Dielectric-Air-Metal キャビティ構造によるソレノイドインダクタと遅延線路

14) T. Nishino et al., A Ku-band lumped-element elliptic LPF on a micromachined dielectric -air-metal (DAM) cavity, *Tech. Dig. of APMC*, Seoul, Korea, Nov. 2003, pp. 85-88.
15) S.-S. Lee et al., A lumped 90-degree hybrid and elliptic LPF RFMEMS device for wireless transceiver module, *Tech. Dig. of APCOT-MNT*, Sapporo, Japan, July 2004, pp. 398-402.
16) K. Miyaguchi et al., A grounded co-planar waveguide MEMS switch, *Proc. of EUMC*, Munich, Germany, Oct. 2003, pp. 667-670.
17) S. Soda et al., High power handling capability of movable-waveguide direct contact MEMS switch, *Tech. Dig. of Transducers*, Seoul, Korea, June 2005, pp. 1990-1993.
18) Y. Yoshida et al., A grounded coplanar waveguide with a metallized silicon cavity fabricated by front-surface-only processes, *Sensors and Actuators A*, **111**, pp. 129-134 (2004)
19) S.-S. Lee et al., Simultaneous implementation of various RF passives using novel RF MEMS process module and metallized air cavity, *J. of Micromech. and Microeng.*, **15**, pp. 441-446 (2005)

V　応用技術

Ⅴ、文化与技术

第1章　60 GHz帯送・受信フロントエンドモジュール

寒川　潮*

1　はじめに

　近年，センサーネットワークに代表される近距離無線通信サービスへの期待と，大容量コンテンツのシームレス伝送の実現に対する要望が頓に高まってきている[1]。このような背景の下，ミリ波帯（30～300 GHz）の特徴である豊富な周波数資源とその物理的特性[2]を考えるとき，同周波数帯における電磁波の減衰特性から必然的帰結として得られる小通信エリア性と，広帯域通信による高速大容量伝送の実現可能性から，ミリ波帯周波数資源の上記無線網への実応用に対する機運は高まりをみせている。

　ところで，今日の携帯無線通信サービスの爆発的普及の一要因として，通信機器・デバイスの小型・低価格化が果たした役割は大きいと思われる。これにならうまでもないが，ミリ波帯無線通信サービスを軌道に乗せるためには，同周波数帯におけるデバイスの小型・低価格化は必要不可欠な要件である。しかしながら，導体・誘電体を介して伝搬する電磁波の伝搬損失は周波数の増加にともなって増大するという一般的事実により，ミリ波帯における小型・低価格化の実現には，通信品質との両立において常に以下の困難に遭遇する。

　通信品質の確保には高周波回路部の低損失性が極めて重要であり，民生展開を目的とした現実的な範囲でミリ波帯での高損失性を回避するためには，回路構成を問わずアンテナを含む高周波部のいずれかの箇所に低損失線路を適用せざるを得ない。導波管に代表されるように低損失線路は3次元的断面構造を有するものが多く，この点は高周波回路で常用されるマイクロストリップ線路（MSL）やコプレナー線路（CPW）と大きく異なる。フィルタやアンテナのように特に低損失性を要求される素子は低損失線路で構成されることが望ましいため，これらの受動素子はミリ波IC（MMIC）などの能動素子に比べて巨大化する上に，異種線路が存在する高周波回路中には多数の線路変換器が必要となることから，通信機器全体としての小型化が困難となる。また，低損失線路の特性はその幾何学的形状誤差に依存し，一般的にその許容誤差は周波数に依存して小さくなる。そして，ミリ波帯に至っては，機械加工などの従来の3次元加工技術を用いる限り，加工精度を許容誤差内に収めるためにはコストを犠牲にせざるを得ない。以上が，ミリ波帯デバ

　＊　Ushio Sangawa　松下電器産業㈱　先端技術研究所　研究員

イスにおける小型・低価格の実現と通信品質との両立に際して存在する困難の概略である。

しかしながら、この困難は3次元微細加工技術としてMEMS技術を適用することにより大きく緩和される。なぜならば、MEMS技術のプロセス技術としての有用な特徴として「高精度3次元加工性」、「量産性」、「半導体プロセスとの親和性」が挙げられるが、これらは丁度上述の困難を解決するものだからである。

以上の観点からMEMS技術を新規パッケージング技術として適用し、準ミリ波～ミリ波帯における高周波デバイス[3,4]の開発を行なって来た。本稿では特に60GHz帯送受信フロントエンドモジュール[5]に重点置き、その技術的詳細を紹介して行きたい。まず、モジュールの全体構造の説明から始め、フロントエンド回路部、アンテナ、そしてそこに用いられている諸技術について述べる。特に前者に関して重点を置き、そこに盛り込まれている諸技術とその効用について述べる。本モジュールの開発に際して採った設計指針や回路構造に到る理論的背景を述べることによって、MEMS技術を応用したパッケージング技術の考え方やその学際的な様相を感じ取って頂ければ幸いである。

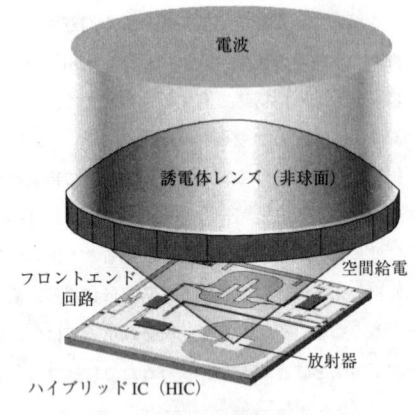

2 60GHz帯送・受信フロントエンドモジュールの設計コンセプト

それでは、本フロントエンドモジュールの全体構成から説明をはじめる。図1に本モジュールの概略構造を示す。モジュールは、「60GHz帯ハイブリッドIC（HIC）」と「誘電体レンズ」の2つの部位から構成される。HICには送・受信フロントエンド回路に加え、アンテナへの給電用インターフェースとしての小型アンテナ（放射器）が統合されている。また、誘電体レンズは、通常の光学レンズと同様に60GHz帯電磁波に対し軸上無収差な集光作用を有し、その焦点に放射器が位置するようにHICを配置することにより、モジュール全体としてHIC中の放射器を1次放射器とした誘電体レンズアンテナを形成する。なお、通信システムの要求に対するアンテナの放射指向性（ビーム幅、利得、サイドローブ）の生成は主に誘電体レンズにより生成される。

HICのチップサイズは15mm×15mmと小型に構成されている。従ってモジュール全

図1 60GHz帯送・受信フロントエンドモジュールの概略構造

第1章 60 GHz帯送・受信フロントエンドモジュール

体の大きさは誘電体レンズの開口面積と焦点距離により決定されると言ってよい。また，モジュール全体としての低損失化は次の点においてなされている。後で各々につき詳述して行くが，まずHICについて主なものを列挙すると，

- 共振型受動回路素子（放射器，フィルタ）：低損失線路「インバーテッドマイクロストリップ線路（IMSL）[6]」を適用
- 線路変換器（IMSL ⇔ MSL）：低変換損失かつ小型に構成
- 各種引き回し線路：HIC全体を小型に構成し，全配線長（特に受信モジュールの放射器と初段アンプ間線路）を減じて伝送損失を低減
- MMICの実装：フリップチップ実装による接続損失の低減

の方策が採られている。また，誘電体レンズアンテナにおいては

- 給電線路：空間給電による低給電損失化。短焦点レンズ構成によるスピルオーバー電力（放射器からレンズ開口外への漏れ電力）の低減
- 誘電体レンズ：非球面レンズの適用によるレンズ界面における反射減衰量の低減。開口面分布の制御による高開口効率化

において考慮がなされている。なお，放射特性を司るのは主に誘電体レンズであるから，アンテナの放射特性の変更のみで対処可能な通信システム用のデバイス開発は誘電体レンズのみとなる。従って，そのような場合は，本モジュール構成を採用することによりHICの開発コストを削減できるという副次的な利点を享受することも可能である。

3 60 GHz帯送・受信ハイブリッドIC

3.1 フロントエンド回路ブロック構成

まず，フロントエンド回路のブロック構成について触れておく。HICは送信・受信回路毎にチップ化されており，図2に各々の回路構成を示した。各HICとも構成は簡素であり，各々，1個の放射器，1個のバンドパスフィルタ（BPF），及び総数3個（Amplifier 2個，Harmonic Mixer（2逓倍）1個）のMMIC（全てUnited Monolithic Semiconductors

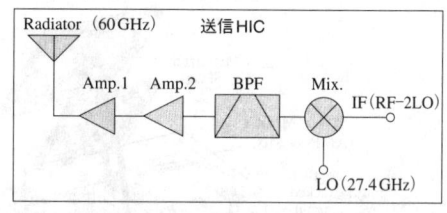

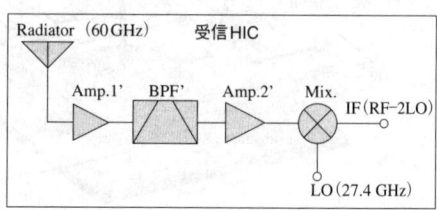

図2 60 GHz帯送・受信HICの回路ブロック構成

S. A. S. 社製）から構成されている。RF 中心周波数は 60 GHz を想定し，5.2 GHz 帯で IF 信号が得られるよう LO 周波数は設定されている。また，送信電力は放射器への入力端において約 0 dBm となるよう設計されている。

ところで，本 HIC の回路構成として MMIC を用いたマルチチップモジュール構造を採択した主な理由はコスト性にある。勿論全ての構成要素を 1 チップに統合[8]することも可能であるが，占有面積に対して周波数による物理的制限が存在する放射器と BPF を 1 チップ内に統合するには半導体素子としてはまだ巨大なチップサイズが必要とされ，現時点ではコスト性が懸念される。以上の理由により，本 HIC では低コスト基板をマザーボードとしたマルチチップ構成を採用している。

3.2 線路・配線構造

両 HIC ともパッケージング構成としては同一であるため，以下では送信 HIC を例にとり，そこに用いられている諸技術について順に述べてゆく。まず，HIC 内で用いられている線路・配線構造について述べる。送信 HIC の概略構造を図 3 に示した。回路は，厚さ $380\,\mu m$ の高抵抗 Si 基板上に堆積された，Benzocyclobutene（BCB）多層膜を誘電体層とし Cu 薄膜を導体層とした多層配線によって構成されている。各配線層の Cu 膜厚は約 $1\,\mu m$ を目標に電鋳されているが，Cu 層を挟むように BCB 膜との密着増強膜，及び保護層・接続層としての Au 薄膜が積層されている。BCB 上への導体回路パターンの形成はプロセス的に困難な面が多々存在したが，耐湿性や経年変化等モジュールの長期安定性の観点から適用に至っている。また，Cu の適用はその良

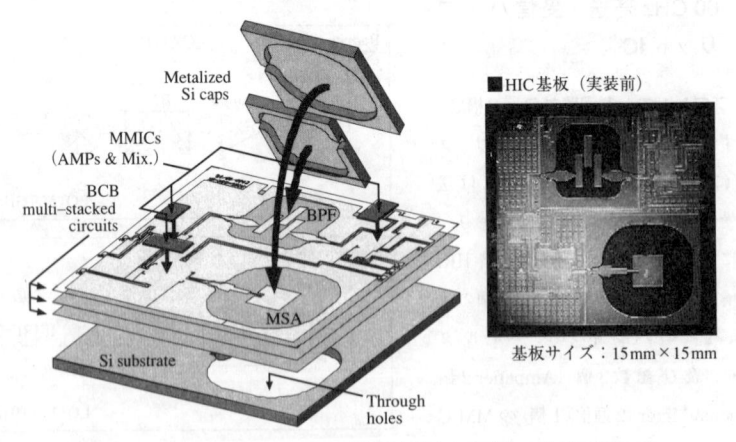

図 3 （左）：60 GHz 帯送信 HIC の構造，（右）：と実装前 Si 基板の直上写真

第 1 章　60 GHz 帯送・受信フロントエンドモジュール

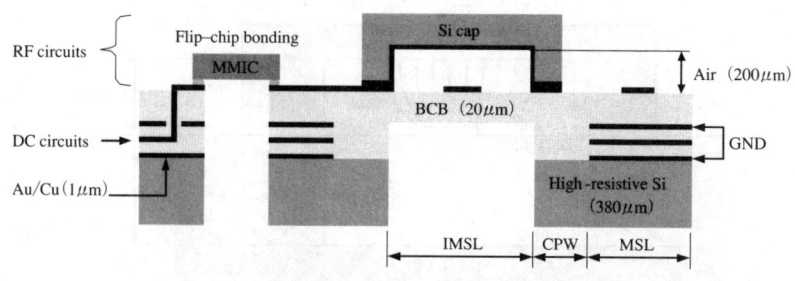

図 4　本 HIC で使用されている線路の種類とレイヤー構造

好な導電率によるものであり，その膜厚は 60 GHz における Cu の表皮深さより決定した．

次に，本 HIC 中で用いられている線路の種類と BCB 多層配線の層構造を図 4 に示す．多層配線は，HIC 表層に形成されている RF 回路層と，その下層に設けられている MMIC への電力供給用の DC 回路からなり，RF 信号の DC 回路への漏洩による回路の動作の不安定性を排除するため，両層間と DC 回路下層にそれぞれ接地（GND）層を設けて電気的に分離している．また，HIC 中には IMSL，CPW，ならびに MSL の 3 種類の線路が用いられている．低損失性の実現のためにアンテナと BPF には IMSL が，そして実装性の観点から MMIC 間の配線には 20 μm の BCB 層を誘電体層とした MSL（線路幅 50 μm，特性インピーダンス 50 Ω）が使用されている．CPW は IMSL と MSL 間の線路変換器に適用されている．

多層配線構造は通常の薄膜堆積技術とフォトリソグラフィ技術を複合させることにより構築可能である．しかしながら，IMSL と MMIC の下面に存在するスルーホール加工には注意が必要である．本開発においては，同構造の加工に ICP（高周波誘導結合プラズマ）による高アスペクト・トレンチエッチングプロセスを用いた．MMIC 下面にあるスルーホール加工は単なる貫通加工であるので特に問題は生じないが，IMSL においては 20 μm の BCB 薄膜を太鼓の皮状に残さなければならないため，エッチング速度の十分な管理とエッチストップ層（SiO_2 など）の積層が必要となる．

3.3　インバーテッドマイクロストリップ線路

次に低損失線路として採用した IMSL について述べる．IMSL の線路断面構造を図 5 に示す．本 HIC では 2 種類の IMSL が用いられており，遮蔽 IMSL（図 5 に示された構造）は BPF に，開放 IMSL（図 5 で metal shield がない構造）は放射器に適用されている．両 IMSL とも，BCB 上に導体回路をパターンニングした後，基板裏面からのエッチングによりパターン周囲の Si 基板を完全に除去することによって BCB 膜のみを残し，パターンと対向するように，基板と同じ

RF MEMS技術の最前線

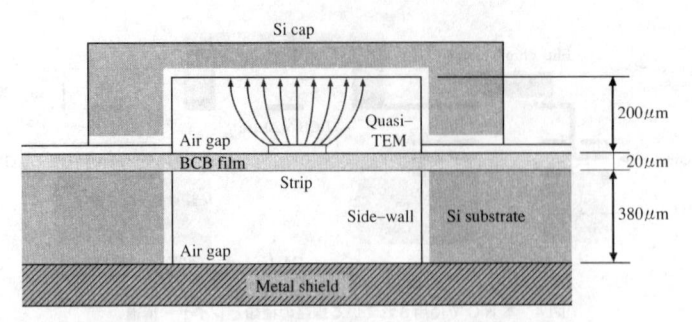

図5 遮蔽IMSLの線路断面構造（Metal shield が無い構造が開放 IMSL）

エッチングプロセスにより深さ $180\mu m$ の凹部を形成し表面に Au/Cu 層を堆積した Si キャップを接合することにより形成される。本モジュールでは Sn-Bi 系の低温半田ペースト（融点 138℃）を用いて接合を行っているが，この接合法は半田の表面張力による Si キャップのセルフアライメント現象を適用できるという利点がある一方で，半田層厚さの制御性に依存してストリップ上の空気層厚さの管理が難しいという欠点を有する。この点は，HIC 製造時におけるアンテナと BPF の動作中心周波数の個体ばらつきに関与するため何らかの施策が必要であるが，例えば MMIC と同様に Si キャップをフリップチップ実装することにより解決されると期待される。

次に IMSL の低損失性[9]について述べる。図5中に模式的に電界分布を示したように IMSL の主要伝搬モードは MSL と同様に準 TEM モード[10]であり，電磁界エネルギーが集中する領域は主に Si キャップとストリップに挟まれた空気層であるため，同伝播モードにおける実効誘電率・実効誘電損失をほぼ自由空間値（誘電率 ≈ 1, 誘電損失 ≈ 0）にまで減じることができる。従って，ストリップエッジでの電流集中が大幅に緩和されることと，誘電損失に起因する伝送損失成分を除去することができることから，通常の MSL に比べ大幅に誘電・導体損失を下げることが可能である。IMSL のこの特徴を具体的にみるため，モーメント法より求めた厚さ $200\mu m$ の BCB 上に形成された特性インピーダンス 50Ω の MSL と，厚さ $20\mu m$ の BCB と厚さ $200\mu m$ の空気層より構成された特性インピーダンス 50Ω の IMSL の 10 mm あたりの伝搬損失の周波数依存性を図6に示した。これより，60 GHz において IMSL の伝搬損失は MSL の約 1/3 に低減されていることがわかる。なお，計算では BCB は誘電率 2.62，誘電損失 0.008 とし，線路とグランド面は厚さ $2\mu m$ の Au（導電率：4.1×10^7 Sie/m）としている。ここで詳細は示さないが，同断面寸法を有する MSL と IMSL により実際に構成した 1/2 波長線路共振器の 60 GHz における無負荷 Q 値の実測値の比は，上記計算結果をほぼ満足することを付言しておく。

以上のように IMSL は低損失性を有するが，実回路に適用する際にはその使用状況に応じて若

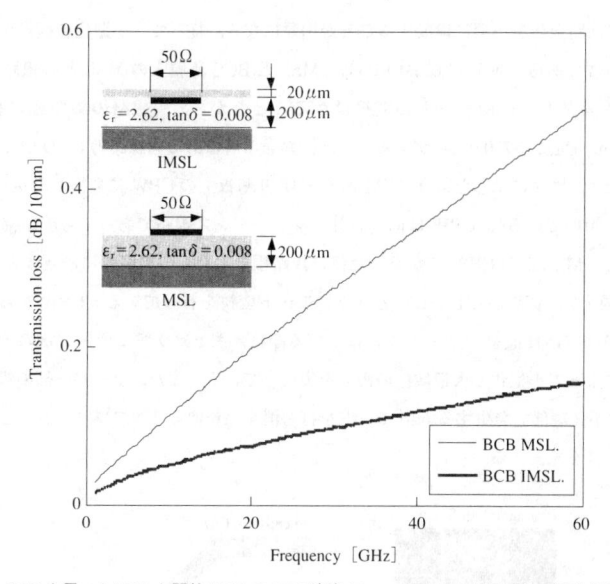

第1章 60 GHz帯送・受信フロントエンドモジュール

図6 BCBを用いたMSLと開放IMSLの50Ω線路10mmあたりの通過損失の周波数依存性

干の注意が必要となる[10]。IMSLの主要導波モードは準TEMモードであるため，同モードでの伝播波長に換算して厚い誘電体基板を用いる場合，MSL同様に準TEMモードと高次誘電体スラブモードとの結合が著しくなり，線路不連続部で後者モードが励起されるために発生する電力漏洩に起因した伝送損失成分が増加する。また，MSLとは異なるが，伝播波長で見る限り，IMSLでは準TEMモードと誘電体スラブモードの最低次モード（TM_0）が近似的に縮退しているため，やはり線路不連続部で同モードが励起され，それによる伝送損失の増大が生じる。そこで，前者の解決には薄い誘電体膜を適用し，後者に対してはTM_0の抑圧用として図5に示したようなストリップを遮蔽するような導波管状の導体側壁（誘電体層に直交していることが重要）の付加が必要となる。

3.4 MSLとIMSL間の線路変換器

冒頭で述べたように，ミリ波帯では回路中に異種線路を使用することが多いため複数の線路変換器が必要である。線路変換器は異種線路間の導波モードの変換とインピーダンス整合の機能を担う分布定数回路であるため，フィルタ同様にその大きさは伝播波長に依存する。そして，一般に線路変換器は小型に構成しようとすると狭帯域特性を示し，その逆に広帯域特性を得ようとす

ると大型化し回路全体を小型に構成することが困難になる。従って，小型化の観点から線路変換器の構成は重要である。本 HIC においては，IMSL と BCB 薄膜上の MSL との線路変換が必要となるが，両線路上の伝搬モードの変換はさることながら，両線路の線路幅に極端な相違 (MSL：50 μm, IMSL：750 μm) があることと，異なる層にある両線路の GND 面の変換をスムーズに行うため，図7に示したように IMSL を一旦 Si 基板上の CPW に変換した後に MSL へ変換する構造を用いている[9]。CPW は同一特性インピーダンス線路であっても線路幅の選択性に富むことから，MSL から CPW に変換した後に線路幅を IMSL の線路幅に漸近するように拡大し，BCB 薄膜上で CPW から IMSL へと徐々にモード変換を行っている。CPW から IMSL の変換では，CPW の GND 面を Si キャップ側に上げる際に，キャップ側にホーン状のテーパー部を設けることによって小型化と広帯域性の両立を実現している。また，テーパー部の幅の狭い開口部は CPW の不連続部で発生する odd モードを打ち消すいわゆる「エアブリッジ」として作用し，回路の不安定性を除去する。

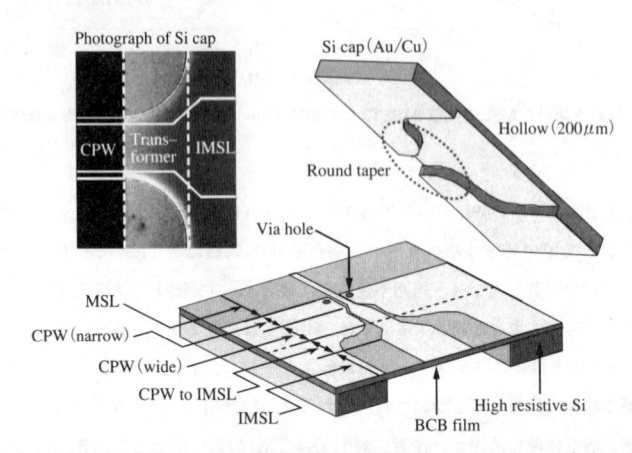

図7　IMSL と MSL（BCB 膜上）間の線路変換器構造と変換部における Si キャップの SEM 直上写真

さて，話題から若干それるが，ここで Si キャップの凹部の形成とその表面への Au/Cu 層の堆積プロセスについて述べておく。一般に Si 基板へのトレンチエッチングで形成されるエッジ部は極めてシャープであるため，深い凹凸形状全面に対して金属薄膜を堆積した後に加温プロセスを経ると，エッジ部分で金属膜の破断が生じることがある。本 HIC においてもこの問題に遭遇したため，その解決に向けてエッジ角度を鈍くするために「gray-scale lithography[18]」技術を適用している。すなわち，エッチングマスク用のレジストパターンの周辺部のエッジに故意にダレ形状を形成し，部分的にエッチング時間を変化させることによりマスクの断面形状を Si に転

写するものである．このプロセスによって図8に示したように上部エッジに丸みを持たせることが可能となり，エッジ部での金属薄膜の破断を防ぐことができた．

3.5 IMSL によるバンドパスフィルタ

分布定数線路による BPF は，その大きさが線路の伝播波長に依存するため，60 GHz 帯でも MMIC に比べ巨大化することが必至である．一般に低損失線路では伝播波長が

図8 Siキャップの凹部側壁エッジのSEM断面写真

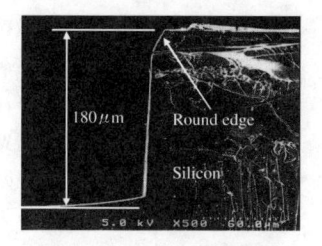

長いために特にこの傾向が強く，小型化に際してフィルタ回路構成の選択に特に慎重にならなければならない．BPF のコンパクト化に関して多くのアプローチが報告[11]されているが，特に有効であると考えられるのは共振器単体の小型化と共振器の段数の削減である．小型共振器に関しては多くの文献[11]が存在するので，本稿では特に後者の方法について述べることにする．

段数の削減は，通過周波数帯でのリップル値に制限がないのであれば，出来る限り無付加 Q 値の高い共振器を用いることにより達成できる．しかし，我々の設計指針からみるとこの方法には限界があるので，小型化を最優先させる場合は，まず，システム上必要とされる帯域阻止特性をアンプなどの他の素子の通過特性を含めたフロントエンドモジュール全体で実現するようにし，BPF への要求仕様を緩和させるように回路設計を行う．そして，特に阻止特性が必要となるスプリアス周波数帯に関しては，狭帯域ながら高い減衰特性が実現可能な「減衰極」をその周波数帯近傍に生成させ，阻止特性の向上を図り段数を削減する．

以上の設計指針に基づき，これまで dual-mode ring 共振器を用いた BPF[3]や，飛び越し結合を用いた BPF を HIC 中に統合してきた[12]．前者は，リング共振器単体で構成されるものの，入出力ポート位置で減衰極の出現周波数を制御可能な2段 BPF として動作可能であるので[13]，BPF に接続される負荷のインピーダンス整合が十分に取れる状況[14]においての適用は小型化の観点から極めて有効である．しかしながら，本 HIC においてはアンプのインピーダンス調整を行わないため後者の構造を適用している．図3の写真から分かるように，本 HIC では特性インピーダンス50Ωの IMSL による1/2波長共振器による3段楕円関数型のフィルタ構成を採用している．同フィルタは初段と最終段の飛び越し結合による減衰極を有し，最適化によりその出現周波数をスプリアス周波数に漸近させて阻止特性の向上を図っている．図9に BPF の単体測定サンプルとその反射・挿入損失の周波数特性を示した．図より，通過帯での良好な整合特性，60 GHz での低い通過損失（1.0 dB），及び 2×LO，イメージ周波数近傍における減衰極の出現による高い阻止特性が確認できる．

ところで，IMSL に限らず平行結合線路型の共振器間結合構造を持ったフィルタ全般について

成立することであるが，分布定数線路の構造により平行結合線路上の偶・奇モードの伝搬波長差が影響を受け，それにともなって結合線路の結合特性が特異な振る舞いを呈することがある[10]。この分布定数線路の性質のため，通常のフィルタ回路構成を用いているにもかかわらず，フィルタ特性の中心周波数に対する対称性の悪化などの不具合が生じることがある。しかしながら，逆にこの特性を利用してより少ない共振器段数で急峻な阻止特性を実現することも可能である。

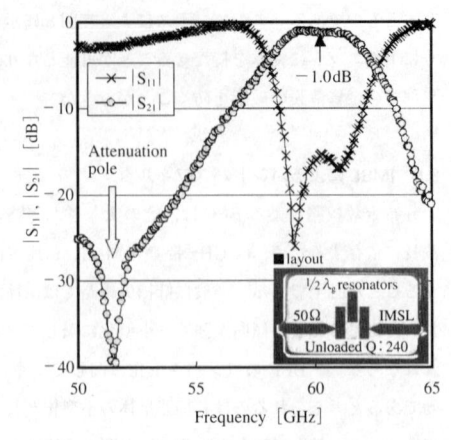

図9 IMSLによる楕円関数型3段BPFの $|S_{11}|$、$|S_{21}|$ の周波数特性（線路変換器の損失は補正）

3.6 IMSLによる放射器

放射器としてHICへの統合に適するアンテナは，放射効率が高く小型かつアンテナへの共平面給電が可能であり，単指向性のものが望ましい。そこで本HICではそのような特性を有する最も簡素な形態のものとして，方形マイクロストリップアンテナ（MSA）を採用した。低誘電率基板の適用がMSAの広帯域化・高放射効率化に対して一般的に有効であること[15]を考えれば，IMSLのMSAへの適用は上述の伝送特性の議論より非常に有利であることが明白である。特にMSAの一般的特徴である狭帯域特性の改善にはIMSLの適用は非常に効果的である。これを見るため，MSAのみの反射損失を測定した結果を図10に示した。帯域をVSWR≦2（あるいは $|S_{11}|$ ≦−9.5 dB）で定義した場合，図から読み取ることができる比帯域は約5.4%（3.2 GHz）であり，比誘電率2近傍の誘電体基板で構成されたMSAの比帯域が一般的に3%程

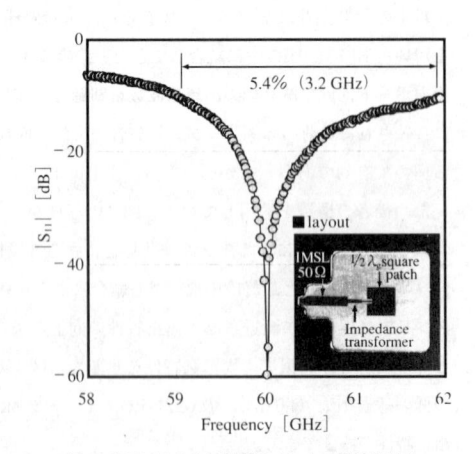

図10 IMSLによる放射器の $|S_{11}|$ の周波数特性（線路変換器の損失は未補正）

第1章 60 GHz 帯送・受信フロントエンドモジュール

度であることから考えると，約 1.8 倍の広帯域特性を実現している．

次に，遠方界測定法により計測した MSA の共振周波数 60 GHz における放射指向性を図 11 に示す．同図に有限要素法による設計値を実線で示したが，測定値曲線に見られる筐体エッジからの回折波により生じている細かなリップルを除き，両者は良好な一致を示している．

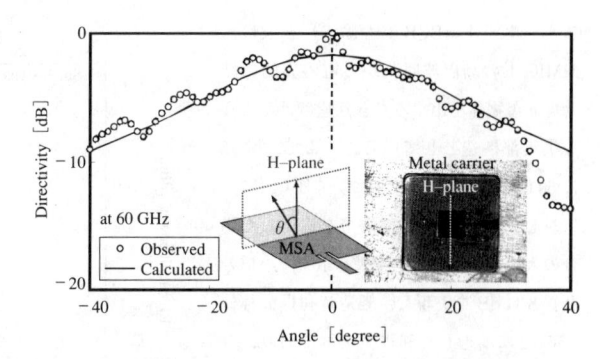

図 11 共振周波数（60 GHz）における放射器の H 面放射指向性

3.7 フリップチップ実装と実装部構造

フリップチップ実装（FCB）は，ミリ波帯においてもマルチチップモジュールの量産・低コスト化に対する有効な実装技術として広く開発が進められており，本 HIC においてもスタッドバンプ[7]を用いた FCB が適用されている．ところで，通常 MMIC は face up（MMIC 回路面がマザーボードの回路面と対向しないように）実装されることを念頭に設計・最適化されており，face down 状態で使用されるフリップチップ実装下では特性の保証は無い．その理由は，face down 実装時は MMIC 回路面に基板や封止樹脂などの誘電体や導体が接近するために回路各部位の特性が影響を受け，MMIC 全体としての回路バランスが悪化するからである．

この問題を解決するため，図 12 に示したように MMIC が対向する Si 基板に IMSL 部と同様のプロセスを用いて

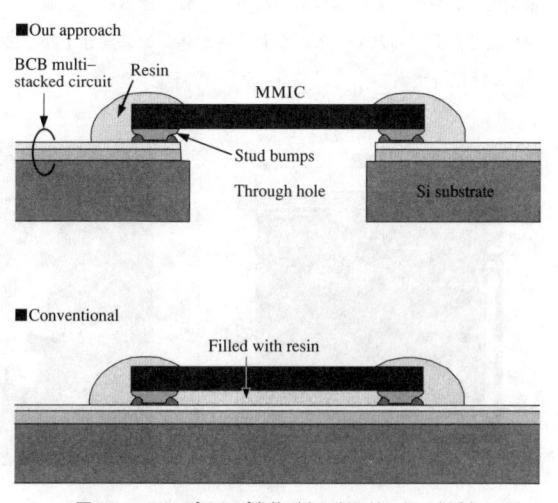

図 12 フリップチップ実装（上：新工法，下：従来）

スルーホール（BCB膜も除去）を設け，MMIC上の高周波回路から電磁界的に結合可能な物体を出来るかぎり遠ざけるような実装部構造としている．ここで，図13に60 GHz帯低雑音アンプ（CHA 2157）に対し，図12の実装部構造を適用した場合の入出力特性の測定結果を示す．小信号利得8.34 dBを実現し，製造時利得公称値8.56 dBに漸近した利得値を得ており，今回用いた実装部構造が極めて有効であることが分かる．

3.8 送信モジュールの筐体への実装

図14にMMICへの電源供給とLO，IF信号引き出し用の外部基板への実装が完了

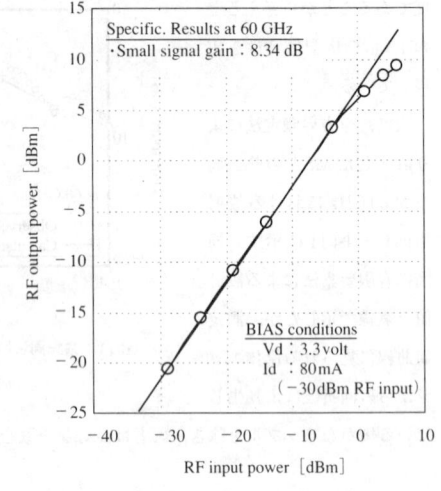

図13 フリップチップ実装された低雑音アンプ（CHA 2157）の60 GHzにおける入出力特性

した送信HICと，通信実験用に筐体に組み込まれた送信モジュールの概観を示す．外部基板としては，放射器の開口面のみ貫通孔が設けられたアルミ板と高周波回路基板との張り合わせ基板が用いられている．HICと外部回路との結線はボンディングワイヤによりなされているが，接続損失の低減のため両基板面の高さを一致させる必要があり，外部基板のHIC接合部のアルミ板に段差が設けられている．なお，誘電体レンズ部分を除くモジュールの大きさは46 mm×49 mm×14 mmである．

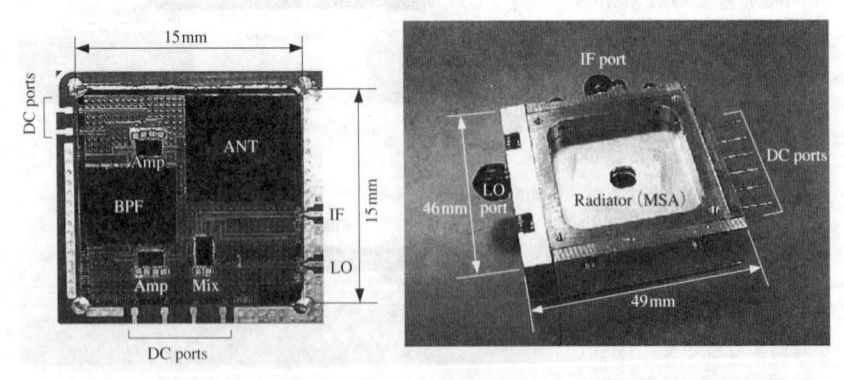

図14 （左）：外部基板への実装完了後の受信HIC，（右）：送信モジュールが実装された筐体の外観写真

第1章　60 GHz 帯送・受信フロントエンドモジュール

4　誘電体レンズ

　誘電体レンズの設計は修正曲面法[16]により行った。単レンズ設計における修正曲面法は，まず2つの屈折面を不定関数として，それらを用いて各屈折面における Snell の法則，軸上無収差条件，エネルギー保存則の4つの条件式を解析的に記述しておき，屈折面形状をそれらの連立微分方程式の解として数値的に求めるもので，所望のレンズ仕様を満足するよう初期値を選ぶことにより具体的に2つの不定関数を求めることができる。その際，エネルギー保存則には放射器指向性と開口面分布が必要となるが，前者には図11に示した放射指向性（細かなリップルは無視）を，後者には表1に記したサイドローブレベル－30 dB の近似 Taylor 分布を適用した。また，回線設計値から要求される利得 14 dBi を実現するため，開口面直径は自由空間波長で換算して5λ（25 mm）とした。適用誘電体材としては，多孔性セラミックへ低誘電率樹脂を含浸させた誘電率 5.6 のコンポジット材料を用いている。屈折面加工は NC 旋盤による誘電体ブロックからの削り出しである。なお，レイリー限界から計算されるレンズ面の許容加工精度[17]（誘電率 5.6 時に全幅 457 μm 以下）から，NC 旋盤の切削精度（±50 μm 以下）は十分許容範囲内にある。

　図11に記した MSA を1次放射器として構成したアンテナの H 面放射指向性を図15に示す。サイドローブは－25.3 dB 以下を実現しており，このことから本アンテナ構造が放射指向性の制御性に対して有効で

表1　誘電体レンズアンテナの開口面分布仕様

Aperture diameter	25 mm (5λ)
Aperture-field distribution	-30 dB Taylor ($n=3$) $E_d(x) \propto \dfrac{2}{\pi^2} + \sum_{m=1}^{n-1} g_m J_0(\lambda_m x)$ $g_1 = 0.201158$　　$\lambda_1 = 3.83171$ $g_2 = -0.001334$　　$\lambda_2 = 7.01559$

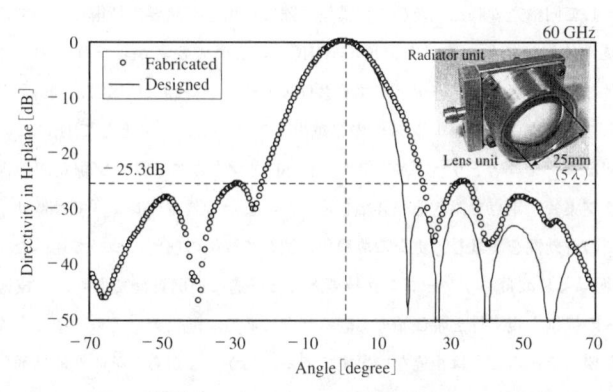

図15　60 GHz における誘電体レンズアンテナの H 面放射指向性（―：設計値，○：測定値）

RF MEMS技術の最前線

あることがわかる。

HICに比較して誘電体レンズはまだ大きな体積（特にレンズの光軸方向）を占有しているため，モジュールの小型化を更に進めるためにはレンズの薄型化が望まれる。レンズの薄型化にはフレネルレンズや高誘電率材の適用が考えられる。そこで，後者については比誘電率21の焼成セラミック材を用いた薄型化に関する検討を行ない，実際に光軸方向に対して2.1 mmの薄型化が実現されることを確認している[17]。しかしながら，レンズ外周部を通過する光線は特に対物側屈折面への入射角が深いために屈折面における反射減衰が著しい上に，設計時に仮定した開口面分布を生成できないため，サイドローブと利得に大幅な悪化が認められた。サイドローブの補正は，反射減衰の効果を予め修正曲面法で用いるエネルギー保存則に盛り込むことにより回避可能[16]であるが，利得の回復には通常の光学レンズ同様に反射防止膜の付加が必要である。また，フレネルレンズはレンズの薄型化には極めて有効であるが，やはり反射減衰による利得低下に対して効果は期待できない。この問題の解決に向けた方策として，反射防止膜の積層以外にも，例えばGRIN（gradient index＝屈折率分布）レンズのように傾斜誘電率材料を用いて両屈折面とも光が垂直入射するように屈折面形状と誘電率分布を最適化する（従って平凹レンズ）ことによって原理的には反射減衰の軽減が可能である。しかしながら，両者とも材料系の選択や作成技術の構築を含め今後の課題である。

5 おわりに

以上，MEMS技術を用いて構成した60 GHz帯送・受信フロントエンドモジュールに関して，デバイスの小型・低価格化と低損失性との両立の観点から，同モジュール構造の採用に到る設計指針を中心として同構造の利点，及びその構築の際に適用した諸要素技術について述べた。同モジュールは誘電体レンズとハイブリッドIC（HIC）の2構成要素からなり，HICに関しては，低損失線路として用いたインバーテッドマイクロストリップ線路（IMSL），同線路構造による3段バンドパスフィルタ，誘電体レンズへの給電用インターフェースとしてHICに統合されている放射器であるマイクロストリップアンテナ，IMSLとマクロストリップ線路間の線路変換器，フリップチップ実装に重点を置きその詳細を述べた。また，誘電体レンズでは低サイドローブアンテナとしての有効性を実証し，更なる薄型化に関して今後の展望について述べた。

MEMS技術はミリ波帯パッケージング技術として好適に展開可能であり，同技術によりミリ波帯デバイスの提供も現実性を帯び始めている状況にある。通信デバイスの中で高周波回路部は非常に重要な要素であることは相違ない事実である。しかしながら，その機能は通信デバイスの一部に過ぎず，他の計り知れないほど多くの技術が有機的に結びついてはじめて冒頭で述べた小

第1章　60 GHz 帯送・受信フロントエンドモジュール

型・低価格化が実現され，その延長線としてミリ波通信サービスの普及に貢献できるものであることを忘れてはならない。その点において MEMS 技術は高周波技術において，まだ多くの潜在性を秘めていると思われる。本稿がそれらの発掘の一端でも担うことができ，そして今後の無線通信サービスの発展に少しでも寄与できればと願う次第である。

文　献

1) 情報通信白書平成 17 年版．
2) A. J. Richardson, and P. A. Watson, "Use of the 55-65 GHz oxygen absorption band for short-range broadband radio networks with minimal regulatory control," *IEEE Proc.-I*, vol. 137, no. 4, pp. 233-241, Aug. 1990.
3) K. Takahashi, U. Sangawa, S. Fujita, M. Matsuo, T. Urabe, H. Ogura, and H. Yabuki, "Packaging using microelectromechanical technologies and planer components," *IEEE Trans. Microwave Theory Tech.*, vol. 49, no. 11, pp. 2099-2104, Nov. 2001.
4) U. Sangawa, K. Takahashi, T. Urabe, H. Ogura, and H. Yabuki, "A Ka-band high efficiency dielectric lens antenna with a silicon micromachined microstrip patch radiator," *IEEE MTT-S Int. Microwave Symp. Dig.*, vol. 1, pp. 389-392, May 2001.
5) 寒川潮，"誘電体レンズアンテナと MEMS 技術による 60 GHz 帯小型高効率フロントエンドモジュール，" in 2003 Microwave Workshops and Exhibitions Dig., Workshop 8-2, Nov. 2003.
6) T. Itoh, "Overview of quasi-planar transmission lines," *IEEE Trans. Microwave Theory Tech.*, vol. MTT-37, pp. 275-280, Feb. 1989.
7) K. Maruhashi, M. Ito, K. Ikuina, T. Hashiguchi, J. Matsuda, W. Domon, S. Iwanaga, N. Takahashi, T. Ishihara, Y. Yoshida, I. Izumi, and K. Ohata, "60 GHz-band flip-chip MMIC modules for IEEE 1394 wireless adapters," *in 31 th European Microwave Conf. Dig.*, London, pp. 407-410, Sept. 2001.
8) M. Singer, K. M. Strohm, J.-F. Luy, and E. M. Biebl, "Active SIMMWIC-antenna for automotive applications," *in 1997 IEEE MTT-S Int. Microwave Symp. Dig.* (Denver, Col.), pp. 1265-1268, June 1997.
9) U. Sangawa, S. Fujita, K. Takahashi, A. Ono, H. Ogura, and H. Yabuki, "Micromachined millimeter-wave devices with three-dimensional structure," *1998 Asia-Pacific Microwave Conference Proc.*, vol. 2, pp. 505-508, Dec. 1998.
10) U. Sangawa, "Analysis of bandpass filters with shielded inverted microstrip lines," *IEICE Trans. Electron.*, vol. E 87-C, no. 10, pp. 1715-1723, Oct. 2004.
11) Jia-Shen G. Hong, and M. J. Lancaster, "Microstrip filters for RF/microwave applications," *in Wiley series in microwave and optical engineering, Kai Chang, ed.*, pp. 379-

431, John Wiley & Sons, New York, 2001.
12) 寒川潮, 松尾道明, 高橋和晃, "MEMS技術を用いたミリ波帯パッケージ技術―フィルタ技術を中心に―", 電子情報通信学会誌, vol. 87, no. 11, pp. 925-929, Nov. 2004.
13) A. C. Kundu, and I. Awai, "Control of attenuation pole frequency of a dual-mode microstrip ring resonator bandpass filter," *IEEE Trans. Microwave Theory Tech.*, vol. 49, no. 6, part 1, pp. 1113-1117, Jun. 2001.
14) A. C. Kundu, and I. Awai, "Effect of external circuit susceptance upon dual-mode coupling of a bandpass filter," *IEEE Micro. and Guided Wave Lett.*, vol. 10, no. 11, pp. 457-459, Nov. 2000.
15) 羽石操, 平澤一紘, 鈴木康夫, "小型・平面アンテナ,"(社)電子情報通信学会, 1996, pp. 107-111.
16) 山田吉英, 高野忠, "修正した曲面を有する誘電体レンズアンテナ," 信学論, vol. J 62-B, no. 12, pp. 1089-1096, Dec. 1979.
17) 寒川潮, 浦部丈晴, 工藤祐治, 表篤志, 高橋和晃, "高誘電率セラミックによる60 GHz帯レンズアンテナの検討―アンテナの小型化に向けて―," 信学技報, EDD-02-79, 2002年11月.
18) C. M. Waits, B. Morgan, M. Kastantin, and R. Ghodssi, "Microfabrication of 3 D silicon MEMS structures using gray-scale lithography and deep reactive ion etching," *Sens. Actuators A*, vol. 119, no. 1, pp. 245-253, Mar. 2005.

第2章 高効率デュアルバンド増幅器

楢橋祥一*

1 はじめに

　携帯電話やPHS（Personal Handy-phone System）を含むいわゆるモバイルフォンは現在，その利便性から多くの利用者に受け入れられ重要な通信手段としての役割を担っている。また，利用者のさまざまな需要に応えるため，モバイルフォンを介して受けられるモバイルサービスも多様化し続けている。将来のモバイルサービスにおいては人と人との間だけでなく，あらゆる機器やモノが電波を介してつながり，実空間と仮想空間が連携するユビキタス化の促進が予想される。このような状況下では，機器やモノを取り巻く環境に応じてさまざまな周波数帯の適用が考えられ，モバイルフォンに代表される携帯端末は実空間と仮想空間とをつなぐ重要な役割を果たすだろう。このとき，移動端末がさまざまな周波数帯に対応すること，言い換えれば，あらゆる周波数帯に対応できるRF回路（バンドフリーRF回路）を構成することは，将来のモバイルサービス提供における技術的要のひとつとなる。本章では移動端末について，RF回路の観点から解決すべき技術課題として高効率電力増幅器の複数の周波数帯への対応，すなわち，高効率電力増幅器のマルチバンド化について述べる。また，高効率電力増幅器のマルチバンド化例として，MEMS（Micro-Electro-Mechanical-Systems）スイッチを用いた，各帯域で最大電力付加効率60％以上を達成する900MHz/1900MHz帯1W級デュアルバンド電力増幅器[1]を示す。

2 モバイルユビキタス

　わが国におけるモバイルフォンは，平成17年11月末現在で9,400万以上の加入者を擁するまでに普及している。モバイルフォンの成長は90年代中期以降で著しく，モバイルフォンは音声による通信手段からさまざまなデータを通信する手段へと多様化してきた。なかでもi-modeに代表されるようなモバイルフォンを使ったインターネットへのアクセスが可能となったことにより，モバイルフォンを介して受けられるモバイルサービスに新たな発展がもたらされた。また，モバイルサービスへの多様な要求に応えるため，わが国では2001年より第3世代移動体通信

＊　Shoichi Narahashi　㈱NTTドコモ　ワイヤレス研究所　無線回路研究室　室長

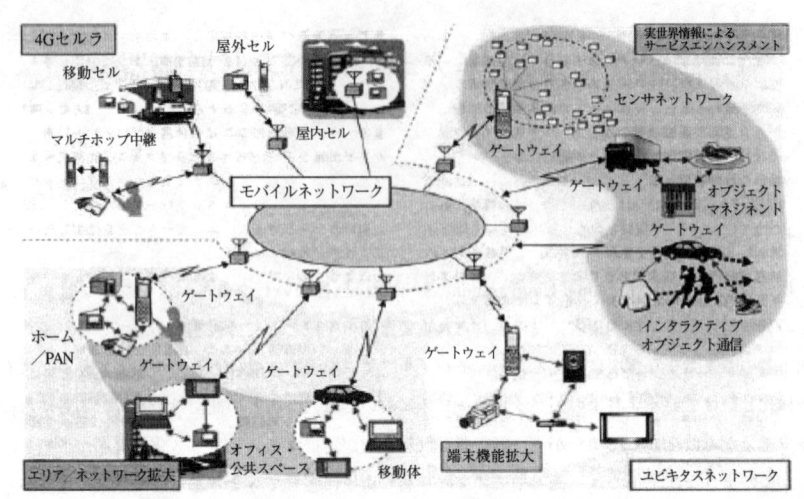

RF MEMS技術の最前線

図1 モバイルネットワークとユビキタスネットワークの協調例[2]

　サービスが開始され，ネットワークの高速性を活かした通信サービスのマルチメディア化，コンテンツの大容量化と高品質化が進められている。将来のモバイルネットワークにおいては，人と人との間だけでなく，あらゆる機器やモノが要求に応じて適宜接続され，実空間と仮想空間が連携するユビキタス化が促されるだろう。その結果，モバイルネットワークとユビキタスネットワークが協調する，図1のような「モバイルユビキタス」の世界へ発展することが期待されている[2]。ユビキタス化された世界では，ユビキタスネットワークは同時多発的に形成され，また，時々刻々と変化するであろう。このようなユビキタスネットワークが各種混在するだけでなく共存する必要があることを考えれば，ユビキタスネットワークにおける接続手段は電波を用いたシステム（以下，無線システムと記す）が主流であるといっても過言ではないだろう。

　モバイルユビキタスの世界では，移動端末はモバイルネットワークとユビキタスネットワークをつなぐゲートウェイとしての役割が期待される。移動端末とユビキタスネットワークとの接続および移動端末とモバイルネットワークとの接続も，同様の理由で電波を用いて行われることは想像に難くない。すなわち，デバイスやユーザの環境に応じたさまざまな無線伝送パラメータ（周波数帯，帯域幅，変調方式等）のセットを有する無線システムがその接続手段として提供され，ユーザの意思あるいは移動端末やネットワーク側からの制御により状況に応じて使い分けられると予想される。

第2章 高効率デュアルバンド増幅器

3 モバイルユビキタスと移動端末の技術課題

モバイルユビキタスの世界においてゲートウェイの役割を期待される移動端末には，どのような技術課題があるだろうか。移動端末のアンテナから変復調部までのハードウェア構成例を図2に示す。ここで高周波信号を扱う電力増幅器や送受分波器などの個々の回路，またはそれら全体をまとめてRF回路と呼ぶ。RF回路は移動端末において不可欠な要素である。これまで，PDC (Personal Digital Cellular) やFOMA (Freedom Of Mobile multimedia Access) などの，ある特定の無線システム毎に設計仕様に基づいた無線伝送パラメータのセットを満足するような専用のRF回路が開発・実用化されてきた。これは，無線システムの仕様に定められた個々のRF回路に対する要求条件を満たしつつ，かつ小型化・省電力化などを図る必要があったためである。

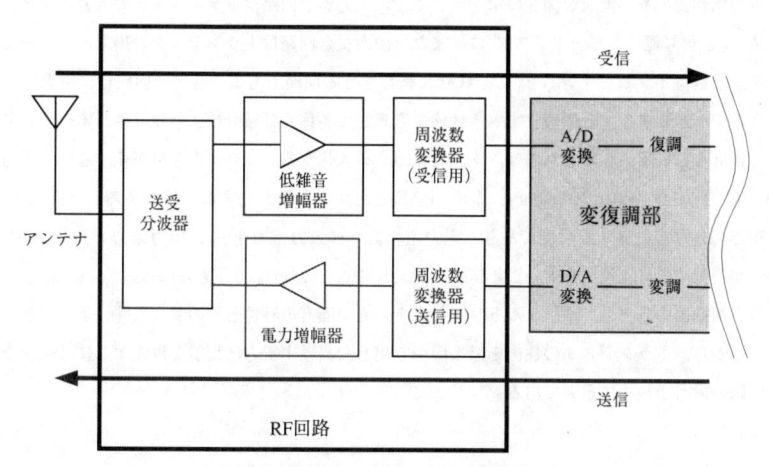

図2 移動端末のハードウェア構成例

一方，モバイルユビキタスの世界ではさまざまな無線システムが混在・共存する環境が想定され，将来の移動端末にはそれらすべてに対応することが期待されるだろう。すなわち，満たすべき無線伝送パラメータのセットはひとつではなく複数の，ひいてはすべての無線システムに対する無線伝送パラメータのセットを満たすことが将来の移動端末を構成するRF回路に求められてくるだろう。

無線システムを代表する無線伝送パラメータは使用する周波数帯であることから，RF回路の複数の周波数帯への対応（マルチバンド化）が検討されている[1]。RF回路のキーデバイスである電力増幅器については現状ではマルチバンド化は困難であり，これを解決する技術を確立する

197

ことの意義は大きい。

4 電力増幅器のマルチバンド化

4.1 電力増幅器

図2に示すように電力増幅器は周波数変換器からの微弱な高周波信号を無線システムが必要とする電力まで増幅するとともに送受分波器を介してアンテナへ供給する役割を担う。多くの場合，電力増幅器で消費される電力は他のRF回路のそれと比較して大きく，大電流を要するとともに発熱量も多い。したがって，携帯端末の低消費電力化を図るには出力電力など無線システムが要求する無線伝送パラメータのもと，電力増幅器を高効率に動作させる必要がある。

電力増幅器の基本構成を図3に示す。ここで，入力整合回路はトランジスタの入力インピーダンス Z_{in} を信号源インピーダンス Z_0 に，また，出力整合回路はトランジスタの出力インピーダンス Z_{out} を負荷インピーダンス Z_0 にそれぞれ整合させる回路である。各整合回路は，電力増幅器が満たすべき要求条件と最適化すべき性能を考慮して各種設計指針により設計される。ここで，設計指針として用いられるものは，①出力電力を最大化する，②ひずみを最小化する，③電力付加効率（Power Added Efficiency. 以下，PAEと記す）を最大化する，等がある。PAEは電力増幅器の効率を評価する尺度であり，電力増幅器への入力電力を P_{in}，出力電力を P_{out}，電力増幅器が消費する直流電力を P_{dc} とすると，PAE = $(P_{out} - P_{in})/P_{dc}$ で与えられる。

電力増幅器の効率は，使用するトランジスタのもつ固有の特性とその整合条件によって変化することから，トランジスタの性能を最大限引き出した高効率電力増幅器を構成するには適切な整合回路の設計が極めて重要である。

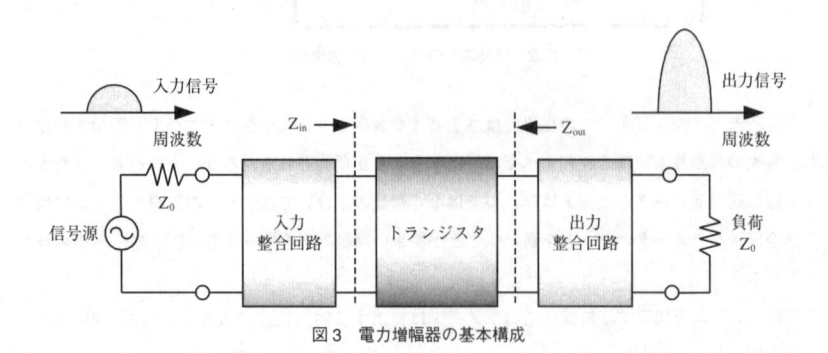

図3 電力増幅器の基本構成

第 2 章 高効率デュアルバンド増幅器

4.2 マルチバンド化

　トランジスタの入力インピーダンス Z_{in} や出力インピーダンス Z_{out} はトランジスタを動作させる周波数に対して変化するため，ある周波数帯で電力増幅器の PAE が最大となるように整合回路を設計したとしても他の周波数帯では PAE は最大化されないばかりか，多くの場合，所望の出力電力も得られない．したがって，複数の周波数帯において電力増幅器を高効率に動作させること，すなわち，高効率電力増幅器のマルチバンド化は困難であった．

　増幅器に対する単なるマルチバンド化はこれまでも検討されており，その代表的な構成を図 4 に示す．図 4(a) の「ユニット選択型」[3] は，必要な周波数帯に対応した増幅器ユニットをそれぞれ備え，使用する周波数帯に応じて入出力端子にそれぞれ接続された 1 入力 n 出力（Single-Pole-n-Throw．以下 SPnT と記す）スイッチを切り替えることで使用する増幅器ユニットを選択する．それぞれの増幅器ユニットについて，動作させる周波数帯毎に専用に設計した高効率電力増幅器ユニットとすることで高効率マルチバンド電力増幅器を構成できる．各ユニットの設計は単バンド電力増幅器と同様であり容易といえるが，回路規模は要求される周波数帯の数に比例して増加する．さらに，マイクロ波帯以上の周波数帯では，SPnT スイッチにおいて低い挿入損失と十分なアイソレーションが得られないことが多く，各電力増幅器ユニットが高効率であっても，特に出力側のスイッチの損失によってマルチバンド電力増幅器全体としての高効率動作が難しくなるという課題がある．

　一方，図 4(b) の「可変整合型」[4] は，電界効果トランジスタ（Field Effect Transistor．以下，FET と記す）などの単一の増幅素子（または増幅素子により構成された電力増幅器）と回路定数の変更が可能な可変整合回路による構成である．ユニット選択型と同様に周波数帯毎に設計できるため要求されるバンド数が増加しても，高出力・高効率設計が容易であり，ユニット選択型に対して小型化も可能である．しかし，回路定数の変更手段として低損失な可変デバイスが必要である．現状のマイクロ波帯における可変デバイスとしてはバラクタダイオードなどがあるが，損失が大きい，ひずみが生じるなどの課題がある．

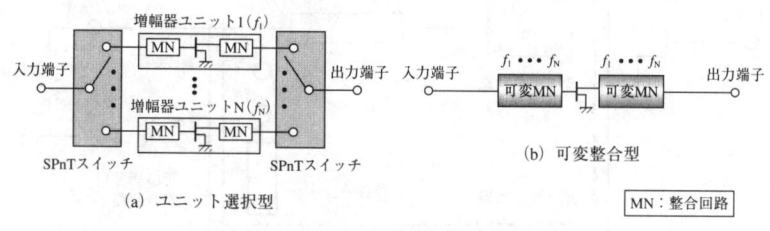

図 4　マルチバンド電力増幅器の構成法
(a) ユニット選択型
(b) 可変整合型
MN：整合回路

RF MEMS技術の最前線

5 帯域切替型整合回路を備えた高効率電力増幅器

将来的にバンドフリー化につながる高効率電力増幅器のマルチバンド化構成法として，可変整合型に着目した帯域切替型整合回路およびこれを備えた高効率電力増幅器が提案されている[1]。以下，提案構成の原理および特性について述べる。

5.1 帯域切替型整合回路の動作原理

帯域切替型整合回路は任意の周波数帯で設計可能であり，複数の周波数帯に対応できる。ここでは，2つの周波数帯に対応するデュアルバンド切替を例として，帯域切替型整合回路を出力整合回路に適用する場合の基本動作を示す。なお，入力整合回路に適用する場合も同様の原理で動作する。帯域切替型整合回路の構成を図5に示す。この帯域切替型整合回路は，第1整合回路，負荷インピーダンスZ_0と等しい特性インピーダンスZ_0の伝送線路，スイッチおよび整合ブロックで構成される。第2整合回路は，図5に示す上記すべての要素で構成される。$Z(f)$および$Z_{out}(f)$はそれぞれ第1整合回路および増幅器出力端子での，周波数fにおける出力インピーダンスを表す。第1整合回路は周波数f_1の信号に対する整合回路で，$Z(f_1)$がインピーダンスZ_0に整合するよう設計する。スイッチをOFF状態として整合ブロックを分離すれば第1整合回路に接続されている伝送線路の特性インピーダンスはZ_0であるので，$Z_{out}(f_1)$は負荷インピーダンスZ_0と整合する。FETの入出力インピーダンスは，一般的に周波数に応じて変化するため，周波数f_1と周波数f_2がよほど近接していない限り，$Z(f_2)$はZ_0に整合しない。また，周波数f_2の信号に対してはスイッチをON状態として整合ブロックを伝送線路に接続する。ここで，伝送線路の電気長と整合ブロックのリアクタンス値を適切に選択することにより，f_2の信号に対して

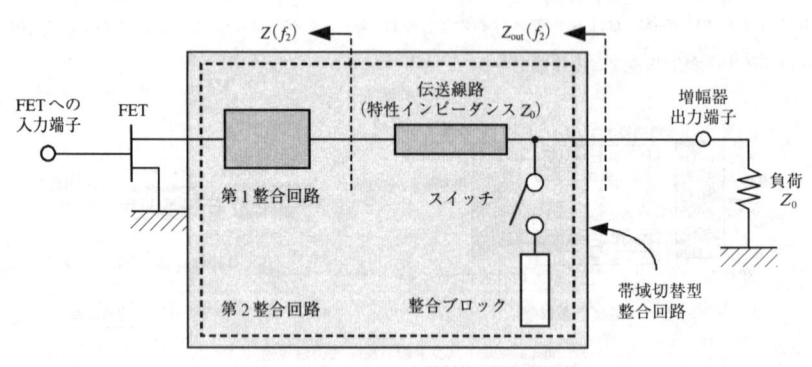

図5 デュアルバンド切替型整合回路の構成

第 2 章 高効率デュアルバンド増幅器

も $Z_{out}(f_2)$ を負荷インピーダンス Z_0 に整合できる。

図 5 で示した帯域切替型整合回路は，同様な構成でさらなるマルチバンド化への拡張が可能である。図 6 は N-バンド（N：3 以上の自然数）へ拡張した帯域切替型電力増幅器の回路図である。周波数 $f_1 \sim f_N$ の各信号を増幅でき，例えば周波数 f_i の信号を増幅する場合，スイッチ $(i-1)$ を ON 状態とし，その他のスイッチはすべて OFF 状態とする（$i=1$ の場合はすべてのスイッチを OFF 状態とする）。必要なスイッチ数は，入力側および出力側にそれぞれ $(N-1)$ 個ずつ，合計 $2(N-1)$ 個でよい。

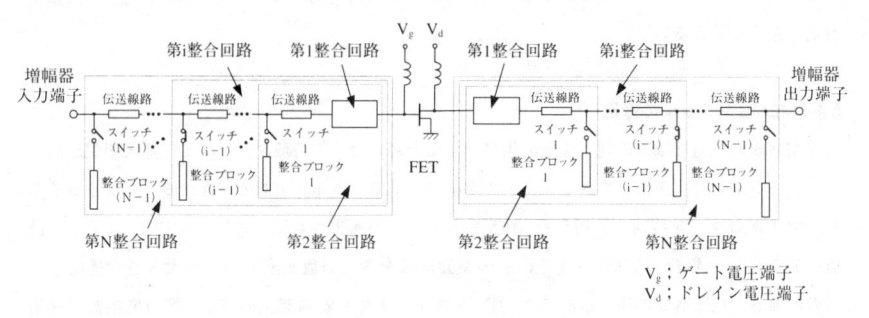

図 6 マルチバンド帯域切替型電力増幅器

5.2 スイッチの特性が与える影響

帯域切替型整合回路はスイッチの状態（ON または OFF）を切り替えることにより増幅する周波数帯域を変更する。しかし，実際のスイッチの特性は理想的ではなく，スイッチの挿入損失やアイソレーション特性により帯域切替型整合回路において損失が生じる。特に，図 6 のようにマルチバンド化した帯域切替型整合回路では，第 1 整合回路の外側に接続される OFF 状態のスイッチの数はバンド数が増えるとともに増加する。そこで，マルチバンド化の際の，スイッチのアイソレーション特性と帯域切替型整合回路において生じる損失増加量を計算推定した[1]。その結果，例えばバンド数を 10 とした場合でもアイソレーション特性が 30 dB 程度であれば，OFF 状態のスイッチが整合回路に与える損失の増加量は 0.1 dB と十分小さい。

ON 状態のスイッチは整合回路の一部として動作することから，スイッチ ON の状態での挿入損失は整合回路に損失を生じさせる。よって，スイッチの挿入損失も小さいことが望ましい。ただし，提案構成では信号経路に並列にスイッチを接続することから，スイッチを信号経路に直列に挿入した場合と比較してスイッチの挿入損失による電力損失を低減できる。また，5.1 で示したように周波数 f_i の信号を増幅する場合，スイッチ $(i-1)$ のみを ON 状態とするので，バンド

RF MEMS技術の最前線

数が増加してもスイッチの挿入損失は帯域切替型整合回路の損失に直接影響を与えない。

5.3 提案構成の特徴

帯域切替型整合回路を備えた電力増幅器は，5.2で述べたようにスイッチの状態（ONまたはOFF）を制御するという簡単な方法で高効率動作可能な周波数帯を変更できる。また，信号経路に並列にスイッチを接続する構成であることから，信号経路に直列に接続するユニット選択型と比較してスイッチの挿入損失の影響を小さくできる。さらに，広帯域にわたって高効率に動作するとともに簡潔な回路構成であるため，性能的にも回路規模的にもマルチバンド化への拡張が容易であるといえる。

5.4 MEMSスイッチの適用

提案構成の電力増幅器の利点を最大限発揮するためには，広帯域にわたって低挿入損失，高アイソレーション特性を両立できるスイッチが必要である。近年，上記の特性に優れたスイッチとしてマイクロマシン技術を応用したMEMSスイッチが報告されている[5,6]。MEMSスイッチは機械的なリレータイプのスイッチを，その駆動機構を含めて数mm角以下の大きさで構成したものである。提案構成の検討以前にはMEMSスイッチを1W級以上の高効率電力増幅器に適用した報告例はユニット選択型も含めてなかった。そこで，消費電力が少ない静電駆動型MEMSスイッチ[7]に着目するとともに耐電力特性を含めて高周波特性に問題のないことを確認して同スイッチを適用している。

6 900 MHz/1900 MHz帯デュアルバンド電力増幅器

帯域切替型電力増幅器の基本動作を確認するために，900 MHz/1900 MHz帯デュアルバンド電力増幅器を設計・試作した[1]。図7は試作したデュアルバンド電力増幅器である。第1整合回路は，伝送線路と先端開放線路（スタブ）で構成した。増幅素子には1W級の出力電力が得られるFETを用いた。MEMSスイッチは直流から2 GHzにわたって挿入損失0.4 dB以下，アイソレーション30 dB以上の特性を有する。試作したデュアルバンド電力増幅器のスイッチON状態およびOFF状態時の利得の周波数特性を図8に示す。スイッチを制御することで電力増幅器の周波数特性が変更され，ON状態時に900 MHz帯で，OFF状態時に1900 MHz帯でそれぞれ所望の利得が得られた。各周波数帯における入出力特性を図9および図10に示す。875 MHzで最大PAE 67%，出力電力30.4 dBmが，また，1875 MHzで最大PAE 63%，出力電力31.5 dBmがそれぞれ得られた。各周波数帯で出力電力1W以上かつ最大PAE 60%以上という単バンド

第2章　高効率デュアルバンド増幅器

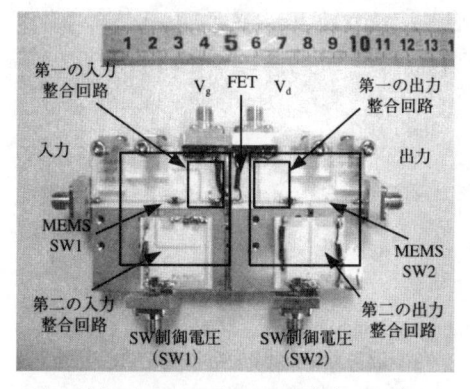

図7　試作した900 MHz/1900 MHz帯デュアルバンド電力増幅器

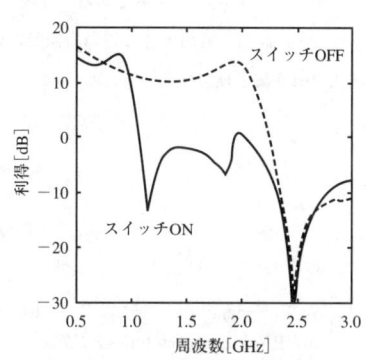

図8　スイッチの各状態における利得の周波数特性

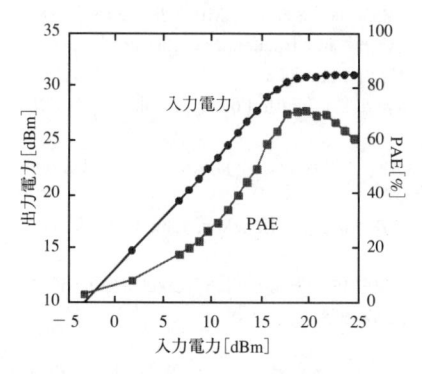

図9　入出力特性（スイッチON：動作周波数875 MHz）

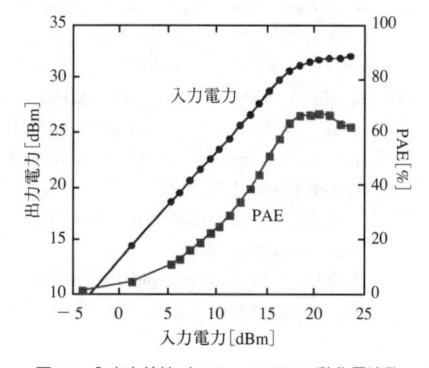

図10　入出力特性（スイッチOFF：動作周波数1875 MHz）

電力増幅器に匹敵する高出力・高効率動作を達成した．

7　おわりに

モバイルユビキタスの世界で重要な役割を担う移動端末についてRF回路の観点から解決すべき技術課題を示し，RF回路の中でもキーデバイスのひとつである電力増幅器のマルチバンド化について述べた．その具体例として900 MHz/1900 MHz帯デュアルバンド電力増幅器を試作するとともに，それぞれの周波数帯での高出力・高効率動作を示した．これは，高効率電力増幅器

のマルチバンド化の第一歩である。今後，MEMS スイッチに対する課題検討とあわせ，バンドフリー RF 回路に適用可能な電力増幅器の具体化に向け，高効率電力増幅器の多バンド化・高周波化を引き続き検討する。

文　献

1) A. Fukuda, et al., "Novel Band-Reconfigurable High Efficiency Power Amplifier Employing RF-MEMS Switches," *IEICE Trans. Electron.*, Vol. E 88-C, No. 11, pp. 2141-2149, November 2005.
2) 今井ほか, "4G インフラ研究の新たな方向—ユビキタス世界への広がり—," "NTT DoCoMo テクニカル・ジャーナル, Vol. 12, no. 3, pp. 6-16, 2004 年 10 月.
3) R. Magoon, et al., "A Single-chip quad-band (850/900/1800/1900 MHz) direct-conversion GSM/GPRS RF transceiver with integrated VCOs and fractional-synthesizer," *IEEE J. Solid-State Circuits*, vol. 37, No. 12, pp. 1710-1720, Dec., 2002.
4) M. Kim, et al., "A Monolithic MEMS Switched Dual-Path Power Amplifier," *MWCL, IEEE*, Vol. 11, No. 7, pp. 285-286, Jul. 2001.
5) H. J. De Los Santos, *RF MEMS Circuit Design for Wireless Communications*, London, Artech House, UK, 2002.
6) G. M. Rebeiz, *RF MEMS Theory, Design, and Technology*, Hoboken, John Wiley & Sons, Inc., New Jersey, 2003.
7) T. Seki, "Development and Packaging of RF MEMS Series Switch," *2002 APMC Workshops. Dig.*, Kyoto, Japan, November 2002, pp. 266-272.

第3章 RF MEMS を用いた
無線通信端末用適応アンテナ

原 晋介*1, チャントゥアンコク*2, 中谷勇太*3, 井田一郎*4, 大石泰之*5

1 はじめに

無線通信システムにおいて複数のアンテナを用いて信号の送受信を行う適応アンテナの研究開発が活発に行われている。PHS（Personal Handy-Phone System），セルラ携帯電話システムやワイヤレスブロードバンドシステムの基地局側での適応アンテナの導入例はあるが[1]，端末側での導入例は少ない。その主な理由は，適応アンテナを制御するためにはエネルギが必要であり，基地局ではそのエネルギを供給するための電源が容易に取れるのに対し，端末はエネルギが制限されたバッテリで駆動されていることが多くそれが難しいからである。従って，端末側で複数のアンテナを用い，それらを適応的に制御するには，それらの駆動デバイスが低電力消費であることが必要不可欠である。また，近年の無線通信システムのデータ伝送速度は高速化されてきているため，信号伝送帯域幅が非常に広帯域になっている。従って，その駆動デバイスには，低電力消費だけではなく広帯域に渡った応答の線形性も要求される。

RF MEMS はこれら二つの特性を併せ持つため，端末への適応アンテナ導入の成功を握るキーデバイスであると考えられる。本稿では，図1に示すようなノート型パーソナルコンピュータへの適応アンテナ導入を想定する。適応アンテナの動作は，信号の伝搬環境によってアレーアンテナとダイバーシティアンテナの二つに分けることができる。以下では，RF MEMS スイッチを用いた例として，フェーズドアレーアンテナとアンテナ選択ダイバーシティアンテナについて

---

*1 Shinsuke Hara　大阪市立大学　大学院工学研究科　教授
*2 Quoc Tuan Tran　大阪大学　大学院工学研究科　大学院生
*3 Yuuta Nakaya　㈱富士通研究所　ワイヤレスシステム研究所 RF ソリューション研究部
　　　　　　　　研究員
*4 Ichirou Ida　㈱富士通研究所　ワイヤレスシステム研究所 RF ソリューション研究部
　　　　　　　　研究員
*5 Yasuyuki Oishi　㈱富士通研究所　ワイヤレスシステム研究所 RF ソリューション研究部
　　　　　　　　部長

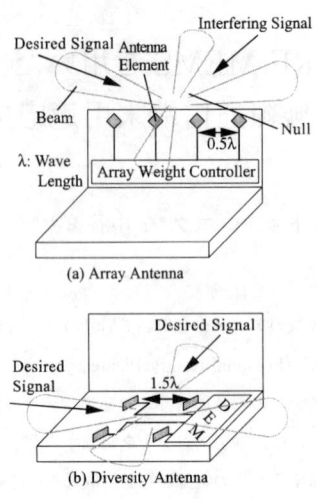

図1 ノート型パーソナルコンピュータ
への適応アンテナの導入

(a) Array Antenna

(b) Diversity Antenna

解説する。

2 フェーズドアレーアンテナ

　信号を複数のアンテナで受信する場合，アンテナ素子間隔を用いる搬送波の波長に対して二分の一程度と比較的短くし，それぞれのアンテナで受信した信号に適当な重み（振幅と位相）を乗算した後に加算することによって，受信機は受信時のアンテナ指向性パターンを自由に制御できるようになり，これはアレーアンテナと呼ばれる[2]。特に，到来する信号の角度広がりが小さい場合は，アンテナ指向性においてゲインの高い部分（ビーム）を到来する希望波に向け（アレーゲインを得る），かつゲインの低い部分（ヌル）を到来する干渉波に向けることによって，受信機は信号対干渉波プラス雑音電力比（SINR）を改善することができる。これは受信アンプの動作点を下げることにつながるので，受信機の消費電力を低減させ，かつ通信可能距離を増大させる効果を持つ。また，受信時に形成したアンテナの指向性パターンを送信時に使用することにより，送信機は送信ビームによって希望方向だけに効率良く信号を放射でき，かつヌルによって干渉波が到来した方向に信号を放射しないように，つまり，他のシステム等に干渉を与えないようにできる。

　アレーアンテナには，受信した信号をそれぞれのアンテナでダウンコンバート（DoC）し，A D

第3章 RF MEMSを用いた無線通信端末用適応アンテナ

(Analog-to-Digital) 変換してからディジタル領域で重みを乗算した後に加算を行うディジタル型とアナログ領域ですべての重みの乗算と加算を行うアナログ型がある。ディジタル型アレーアンテナでは，乗算と加算がディジタル領域で簡単に行えるというメリットがあるが，半面，各アンテナに低雑音増幅器（LNA），ダウンコンバータとA/Dコンバータが必要となり，消費電力が増大するという大きなデメリットがある。従って，フルディジタル型の適応アンテナは無線端末への応用には適していない。一方，アナログ型アレーアンテナは，受信信号への重みの乗算と複数信号の合波がアナログ領域で効率良く行えれば，LNA，ダウンコンバータとA/Dコンバータは合波後にそれぞれ一つ持つだけで良い。ここで，「効率良く」重みの乗算と複数信号の合波を行うためには，それぞれのアナログデバイスを低損失かつ広帯域で作る必要がある。もしも挿入損失が大きいと，アナログデバイスによる重みの乗算の前に，つまり，各アンテナでLNAを持つ必要が生じ，低消費電力化と回路の単純化につながらない。

アレーアンテナにおいて乗算重みの振幅を固定し位相だけを変化させるもの，つまり，乗算器を移相器に置換えたものはフェーズドアレーアンテナと呼ばれる。移相器はアナログデバイスで比較的容易に構成ができるので，アナログ型のフェーズドアレーアンテナは端末側適応アンテナに適している。つまり，RF MEMS技術を用いて広帯域かつ低損失な移相器を実現し，それをフェーズドアレーアンテナのアンテナ素子直下に実装しモジュール化できれば，ダウンコンバータとA/Dコンバータの個数をそれぞれ一つだけにすることとあわせて全体としての消費電力を大幅に削減できる。

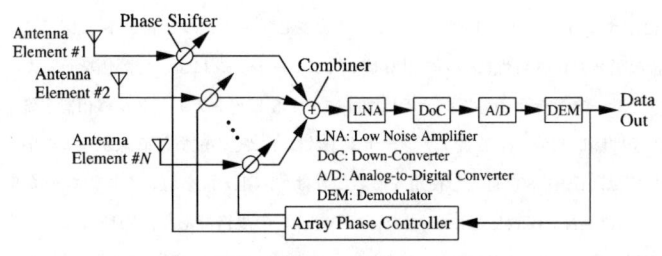

図2にアナログ型フェーズドアレーアンテナのブロック図を示す。移相器の構成法には様々なものがあるが，フィルタに通過させることよって無線信号に適当な位相シフトを与える方法がある[3]。図3は試作した5ビットディジタル移相器の構造を，図4はそのレイアウトを示している。ここでの「ディジタル」とは，離散値の位相シフトを受信信号に与えることであり，5ビットの場合，固定値キャパシタと固定値インダクタを組み合わせることによって±180°，±90°，±45°，±22.5°および±11.25°の位相シフトを与えるローパスとハイパスフィルタをそれぞれ5種類用

図2 アナログ型フェーズドアレーアンテナ

RF MEMS技術の最前線

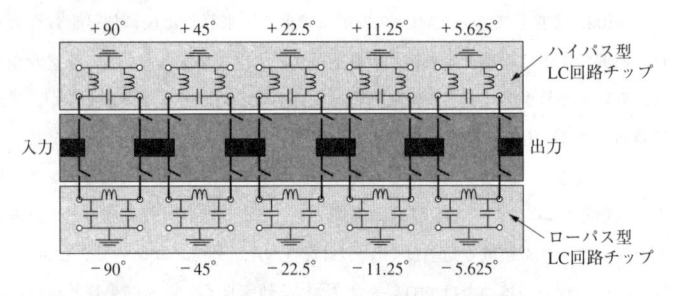

図3 5ビットディジタル移相器の構造

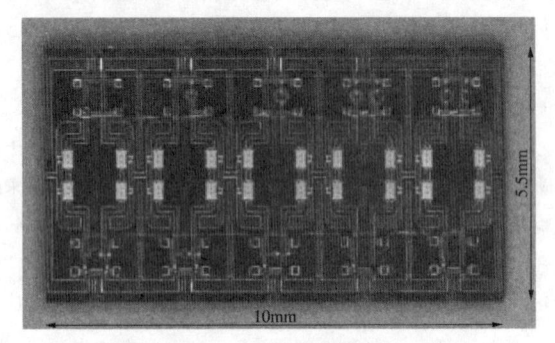

ハイパス型LC回路チップ / ローパス型LC回路チップ
入力 / 出力
+90°, +45°, +22.5°, +11.25°, +5.625°
−90°, −45°, −22.5°, −11.25°, −5.625°

図4 5ビットディジタル移相器のレイアウト

10mm × 5.5mm

意し，それらをスイッチで切替えて−180°〜+180°の間の位相を2^5通りに分割した位相シフトを無線信号に与える。ここで，試作した移相器のスイッチは低挿入損失かつ高アイソレーションなRF MEMSスイッチで構成されており[4]，移相器全体で2.5 dBという低損失を達成している。RF MEMSスイッチの駆動電圧は少し高いが，昇圧回路を移相器周辺に実装することによってこの問題は解決できる。また，RF MEMSスイッチは電圧をかけても原理的には電流が流れないため，エネルギの消費はない。

図1(a)に示すように，ノート型のパーソナルコンピュータにフェーズドアレーアンテナを搭載した場合の信号の伝送特性について計算機シミュレーションによって評価を行った。ここで，フェーズドアレーアンテナの各アンテナは図4に示す5ビットディジタル移相器を備えており，アンテナ素子間隔は二分の一波長，アンテナ素子数は4でその配置は直線かつ等間隔とする。信号形式としては，IEEE 802.11 aを使用する。これは，5 GHz帯を用いる無線ローカルエリアネットワーク（WLAN：Wireless Local Area Network）の規格であり，物理層は直交周波数分割多重（OFDM：Orthogonal Frequency Division Multiplexing）に基づいている。なお，搬送波

第3章　RF MEMS を用いた無線通信端末用適応アンテナ

周波数が 5 GHz の場合，二分の一波長は 3 cm となる。

移相器の制御法は RF MEMS スイッチの応答速度が遅いことから特に注意を払う必要がある。ここでは，移相器を二分法で制御した場合の平均ビット当りの信号エネルギ対雑音の電力密度比（Average E_b/N_0）に対するビット誤り率（BER：Bit Error Rate）特性を図5に示す[5]。無線通信路の時空間モデルとしては，フェーズドアレーアンテナにサイクリックプレフィックス時間内に遅延した3つの信号が到来しているものを用いている。各信号は5つの素波で構成されるクラスタを形成しており，角度広がりは17度と360度である。ビット誤り率が 10^{-3} 以下の領域でのアレーアンテナによるゲインは，アレーアンテナを装備していない場合に比較して，角度広がりが小さい場合は約4 dB，角度広がりが大きい場合は約6 dB である。ただし，角度広がりが小さい場合でも次節で解説するダイバーシティゲインがあるため，このゲインにはアレーゲインとダイバーシティゲインが含まれている。この図から，角度広がりの大小にかかわらず，端末にフェーズドアレーアンテナを装備すればビット誤り率特性が大きく改善できることがわかる。

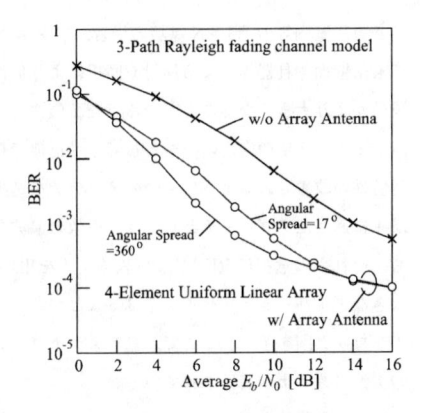

図5　フェーズドアレーアンテナを用いた場合のビット誤り率特性

3　アンテナ選択ダイバーシティアンテナ

アレーアンテナが到来する信号の角度広がりが小さい場合に特に有効な手段であるのに対し，角度広がりが大きい場合に有効な手段としてダイバーシティアンテナがある。ダイバーシティアンテナは，アンテナ素子間隔を広くとり，各アンテナ素子での受信信号変動がなるべく独立になるようにする。そうすることによって，すべてのアンテナで受信される信号の振幅が同時に小さくなる確率を減らし（ダイバーシティゲインを得る）信号伝送特性を改善する。例えば，N 本のアンテナ素子を用意し，その中からスイッチによって M 本選択できるようにする選択ダイバーシティアンテナ[6]のダイバーシティゲインは N であることが知られている。ここで，もしスイッチを RF 領域で低損失かつ広帯域で構成できれば，低雑音増幅器，ダウンコンバータ，A/Dコンバータと復調器の個数はそれぞれ M 個でよい[7]。従って，選択ダイバーシティアンテナでも，低挿入損失かつ高アイソレーションのスイッチがキーデバイスとなる。

RF MEMS技術の最前線

　一方，屋内等のWLAN環境の場合，アンテナから垂直偏波（水平偏波）で信号の送信を行っても，壁面や什器等による反射や回折により偏波面が回転し，受信信号の水平偏波（垂直偏波）成分がより大きくなることがある（交叉偏波）．従って，WLAN環境へのアンテナ選択ダイバーシティアンテナの応用の一つとして，受信機で複数の偏波アンテナを用意しておき，なるべく伝送特性が改善されるように一つのアンテナを選択する選択ダイバーシティアンテナが考えられる．端末に適したアプローチとしては，複数の偏波アンテナで構成されたアンテナブランチを複数持ち，それらの選択にRF MEMSスイッチを用いて全体として消費電力を低く保ちながら，かつ大きなダイバーシティゲインを得ることが考えられる．図6に偏波選択ダイバーシティアンテナのブロック図を示す．ここで，総アンテナブランチ数はNで，各アンテナブランチにはL種類の偏波アンテナが装備されている．

　図7に具体的な例として，アンテナブランチ数が4（ANT-A，ANT-B，ANT-CおよびANT

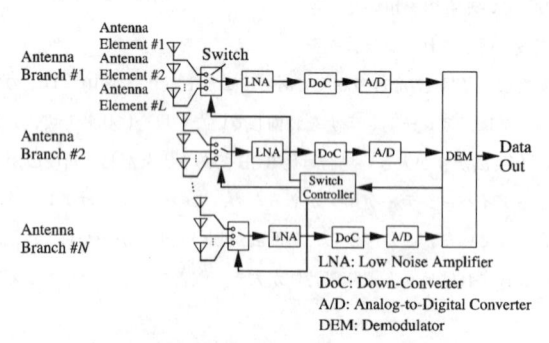

図6　偏波選択ダイバーシティアンテナ

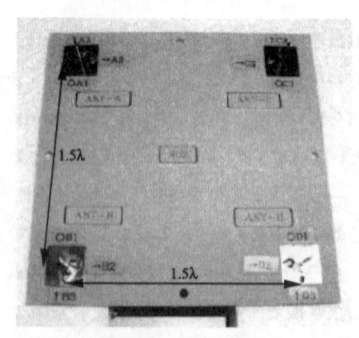

図7　偏波面選択ダイバーシティアンテナ
　　　のレイアウト

第3章 RF MEMS を用いた無線通信端末用適応アンテナ

-D) で ($N=4$), 各ブランチに垂直偏波 (V), 水平偏波1と2 (H_1 と H_2) の合計3つ ($L=3$) の偏波アンテナを持つダイバーシティアンテナのレイアウトを示す. ここで, ブランチ間隔は 1.5波長で, 偏波の選択には RF MEMS スイッチを使う. 図1(b)に示すように, このダイバーシティアンテナを 4×4 の MIMO (Multiple Input/Multiple Output)-OFDM システムに適用することを考える. すなわち, 送信機は垂直偏波の4つのアンテナを持ち, 受信機は合計 $3^4=81$ 通りの偏波の組合せからビット誤り率を最小にする組合せを一つ選択する. MIMO の場合, 各アンテナブランチで受信信号の電力が最大になる偏波を選択しても必ずしもビット誤り率が最小にならないことに注意しなくてはならない.

この偏波選択ダイバーシティアンテナを用いた場合の信号対雑音電力比 (SNR) に対するビット誤り率特性を図8に示す. ここでは, 標準化が現在進行中である 5 GHz 帯 WLAN の規格である IEEE 802.11 n への導入を想定している. 通信路の時空間モデルとしては, オフィス環境で測定した実際の通信路の時空間モデルを用いている. 送信機の偏波と同じ垂直偏波で受信する場合に比較して, 受信機で適切に偏波を選択することによって大きくビット誤り率特性が改善できることがわかる.

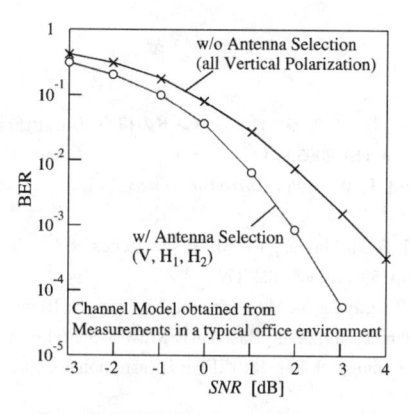

図8 偏波面選択ダイバーシティアンテナを用いた場合のビット誤り率特性

4 おわりに

本稿では, RF MEMS スイッチの端末側適応アンテナへの応用として, フェーズドアレーアンテナの移相器とダイバーシティアンテナの偏波アンテナ選択スイッチへの応用を解説した. ま

RF MEMS技術の最前線

た,それらが実現した場合のビット誤り率を評価し,信号伝送特性が大きく改善されることを確認した。無線通信端末に適応アンテナを導入するメリットは大きい。

　RF MEMSスイッチに関しては,アイソレーション,スイッチ応答速度,駆動電圧や寿命等にまだ問題点があるが,年々改善されつつある。今後のさらなる改善に期待したい。

　これまで述べてきたように,端末側へ適応アンテナを導入する目的は受信感度の改善と低消費電力化であるので,RF MEMSスイッチの挿入損失が小さいだけでなく,フェーズドアレーアンテナでは移相器の制御アルゴリズム,ダイバーシティアンテナでは偏波アンテナの選択アルゴリズムがシンプルで低電力消費なものでなくてはならない。言い換えると,端末側適応アンテナに求められるものは,電力消費を無視した最適な動作ではなく,電力消費量を拘束した上での最適な動作であり,その動作にある程度の妥協点を見出すことが重要である。適応アンテナを導入することによって得られる電力消費の低減量よりもそれらの制御に必要な電力消費が大きければ意味がないからである。

文　　　献

1) "通信の常識をひっくり返す無線ブロードバンドの核心-iBurst（前編）,"NIKKEI COMMUNICATIONS, pp. 114-119, 2005.11.1.
2) R. A. Monzingo and T. W. Miller, *Introduction to Adaptive Arrays*, John Wiley & Sons (1980)
3) G. M. Rebeiz and J. B. Muldavin, "RF MEMS Switches and Switch Circuits," *IEEE Microwave Magazine*, pp. 59-71, Dec. (2001)
4) T. Nakatani, A. T. Nguyen, T. Shimanouchi, M. Imai, S. Ueda, I. Sawaki and Y. Satoh, "Single Crystal Silicon Cantilever-Based RF-MEMS Switches Using Surface Processing on SOI," Technical Digest of The 18th IEEE International Conference on MEMS 2005, pp. 187-190, Feb. (2005)
5) チャンコクトゥアン,原晋介,中谷勇太,井田一郎,大石泰之,"A Controlling Algorithm for Phased Array Antenna with MEMS Phase Shifters," 2005年電子情報通信学会通信ソサイエティ大会 B-5-35, pp. 435, Sept. (2005)
6) F. Molisch, and M. Z. Win, "MIMO Systems with Antenna Selection," IEEE Microwave Magazine, pp. 46-56, Mar. (2004)
7) Y. Nakaya, I. Ida, S. Hara and Y. Oishi, "Measured Capacity Evaluation of Indoor Office MIMO Systems using Receive Antenna Selection," Proceedings of IEEE Vehicular Technology Conference 2006-Spring, Melbourne, 7-10 May (2006)

第4章　計測器応用

中村陽登*

1 はじめに

計測器を構成するデバイスは多岐に渡るが，測定の性能を決定する部分に使用されるデバイスでは，特に3つの性能が重要視される。
- Ⅰ　広帯域
- Ⅱ　低損失および低歪
- Ⅲ　高Q値

広帯域性は扱える周波数の範囲を，低損失および低歪はダイナミックレンジを，そして高Q値は分解能を決定する重要な要素となる。これらの性能はデバイスの寄生成分の影響が非常に大きく，小型化や中空構造の形成による寄生成分の大きな低減が見込めるRF MEMSでは，既存のデバイスよりも高性能化が期待される部分となる。また，複数のRF MEMSが集積化されたモジュールにおいては，これまでよりも高性能化した機能の実現が可能になると考えられる。

計測器と一口に言っても，扱う周波数は直流から光の領域まで非常に広い範囲であり，それらに応用可能なMEMSを取り上げると非常に膨大な数となってしまう。ここでは，一番多くのアプリケーションが集約されており，RF MEMSにより性能の差別化を大きく見込むことができる，20GHz程度までの計測器を構築する上でキーデバイスとなるRF MEMSに関して開発状況と応用への期待を述べる。

2 測定の対象と計測器

2.1 周波数とアプリケーション

まず，図1に100GHzまでの主なアプリケーションを示す。近年，60GHz以上の帯域を使ったミリ波レーダが車載用として販売が開始されるなど，民生品で使われる電波の帯域もミリ波領域に広がっている[1,2]。しかしこれまでの章に述べられている様に，携帯電話や無線LANなど日常に深く入り込んでいる製品で使われている帯域は5GHzまでに集中している。

---

*　Kiyoto Nakamura　㈱アドバンテスト研究所　第2研究部門　RF部品研究室

RF MEMS技術の最前線

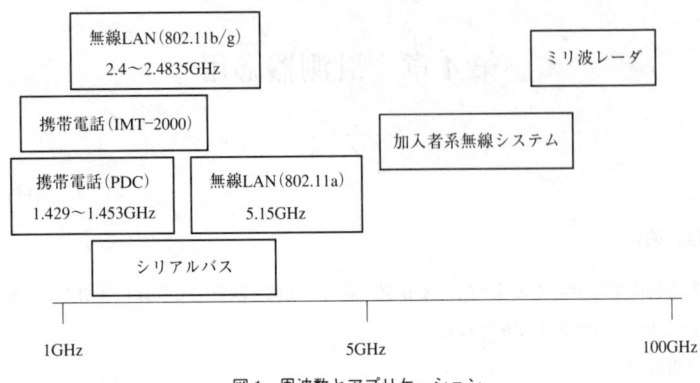

```
            無線LAN(802.11b/g)
              2.4~2.4835GHz                    ミリ波レーダ

      携帯電話(IMT-2000)
                                        加入者系無線システム
   携帯電話(PDC)    無線LAN(802.11a)
   1.429~1.453GHz    5.15GHz

           シリアルバス

   1GHz              5GHz                      100GHz
```

図1 周波数とアプリケーション

　最近まで高周波計測と言うとGHzオーダの電波や伝送特性を測定するようなイメージがあったかと思うが，図1に示す様に，パソコン内部を伝わっている信号までもがGHzオーダになろうとしており[3]，CPUやメモリーを評価するテスター（ATE：Automatic Test Equipment）にも従来の高周波計測器技術が取り込まれるようになってきた[4]。

　このように多くのアプリケーションが集中する5GHzまでのデバイスを評価する場合，高調波も評価する必要が生じるため，測定器では20GHzまでの帯域が求められる。

2.2 計測器の構成とデバイス

　高周波計測で一般的に使われるのがネットワークアナライザとスペクトラムアナライザである。これらは，電波の計測のみならず，デバイスやアンテナなどの評価において標準的なツールとして用いられている。図2に，それぞれの簡略化したブロック図を示す。ブロック図を比較すると，共通のブロックが多く存在することがわかる。この様な共通のブロックの高性能化が計測器全体の高性能化に波及していく。ここでRF MEMSが適応される事が期待される，アッテネータ，VCOおよびフィルターについて必要とされる条件と現状を示す。

　① アッテネータ

　アッテネータは入力信号を減衰させ，後段の検波部分への過入力を防ぐ役目をしており，計測器の入力部分には必ず設置されている。アッテネータは減衰量の切り替えが可能で，低歪かつ減衰量の周波数依存性が少ない物が求められる。構成は減衰量を決める抵抗と切り替え部分にメカリレーやスラブラインを用いた物（20GHz程度の帯域まで）や半導体スイッチを用いた物（50GHz程度の帯域まで）などがある。大きさ，周波数帯域や歪特性などの特性がトレードオフの関係にあり，いろいろな制限を加味しながら選定を行っている。

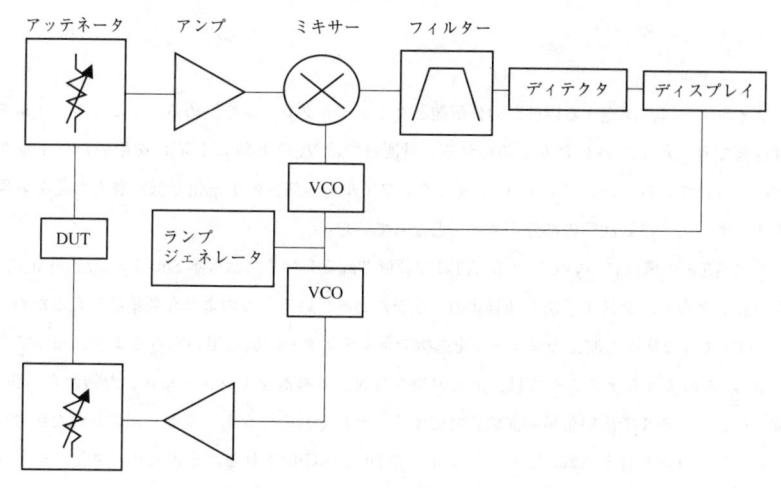

第4章 計測器応用

図2(a) ネットワークアナライザのブロック図

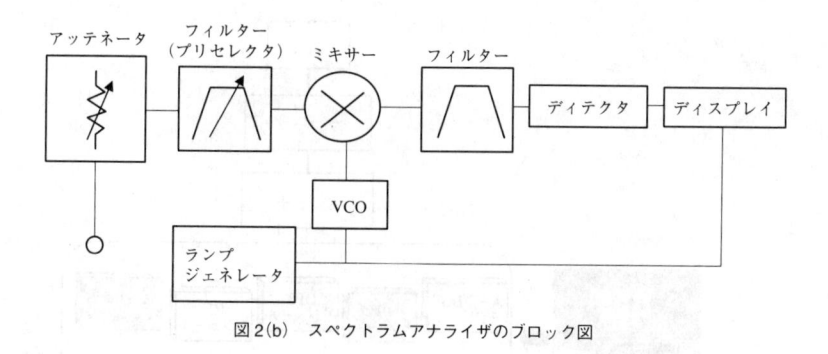

図2(b) スペクトラムアナライザのブロック図

② VCO

ミキサーに入力するローカル信号発生に使われ，信号純度が良い物が求められる．トランジスタと共振器を組み合わせた単純な構造であるが，高純度で広帯域な発振を得るためには，トランジスタおよび共振器の基本的性能向上が重要となる．トランジスタの特性では特に1/fノイズ低減が重要であるが，半導体材料そのもの及びプロセスの改善には限界がある．共振器の部分は様々な構成の物が実現されており，高純度で広い帯域可変が必要な計測器の場合，これまではYIG (Yttrium Iron Garnet) の磁気共鳴現象を共振器としたYTOが用いられている．しかし，YTOは広帯域な発振が可能である一方，大きな磁気回路が必要なため小型化と消費電力低減は

215

限界に達していた。

③ フィルター

フィルターは，測定する周波数の分解能とダイナミックレンジを決める。ここでのフィルターは可変でき，かつ高いQ値が求められる。計測器ではVCOと同じくYIGを用いたフィルターが用いられている。ここでもVCOと同じく，フィルター部分の小型化と低消費電力化を実現しようとすると，磁気回路の部分がネックとなっていた。

次にATEの構成について述べる。ATEで評価されるデバイスは近年SoC(System on a Chip)が一般的となり，テスト手法も複雑化の一途をたどっている。このような要請に答えるため，図3に示すような様々な測定モジュールを選択できるテスターが広く用いられるようになってきている[4]。このようなテスターでは，上記の様な高周波計測器をモジュール化した物から，DC試験のモジュールまで広い帯域の試験に対応する。それぞれのモジュールから出力された信号は，リレーにより切り替えられ，プローブを介してDUTへ印加される。そのため，スイッチとプローブでは広い帯域への対応が求められ，RF MEMSの応用が期待される箇所となっている。

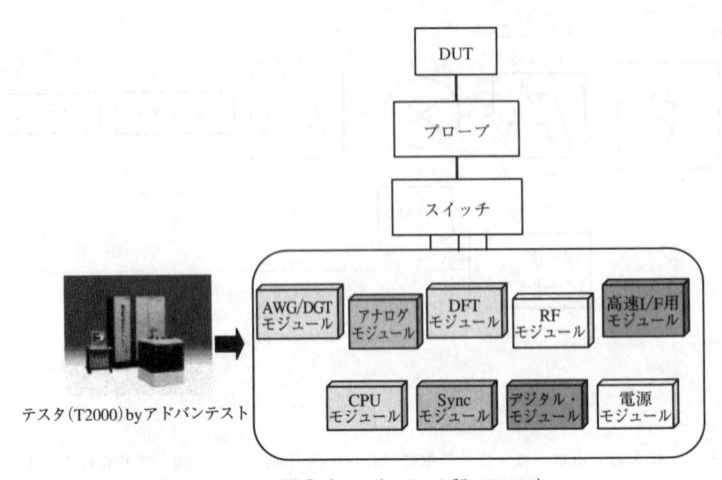

図3 ATEの構成（アドバンテスト製 T2000）

3 RF MEMSの計測器への応用

RF MEMSが実際の計測器に搭載された例は非常に少ないが，これまで述べたキーブロックを高性能化するために重要な技術であると認識されている。先に述べた計測器のキーブロックに

第 4 章　計測器応用

ついて，RF MEMS の適応例を見て行く．

3.1　VCO（発振器）

発振器は，先に述べた VCO のようにチューナブルな物と固定の周波数を発振するものがあり，VCO はミキサーのローカル信号発生に，固定周波数の物は PLL の基準信号源やクロック発生に使われる．ここでは，チューナブルな物と発振周波数が固定の物について実現例を示す．

3.1.1　VCO

VCO のようにチューナブルな物は，通常はダイオードとインダクタで構成される共振器を用いる．このような VCO では，ダイオードに電圧を印加する事で容量を変化させ，共振器の共振周波数を可変することで発振周波数を変化させている．しかしこの方式の場合，ダイオードとインダクタの寄生成分により高い Q 値の共振器実現が困難なため，信号純度の良い VCO の実現はなされていなかった．

RF MEMS では，図 4 のような構造のバリアブルキャパシタが実現可能である[5]．また，インダクタについても中空構造を導入することで，高い Q 値を実現する事ができる．実際に Dec らは，図 5 の様な MEMS バリアブルキャパシタを用いた VCO を試作し，位相雑音の低い VCO を実現している[5]．しかし，この試作では周波数の可変幅は数％程度であった．

これまでの試作例は，完全なパッケージになっているわけでは無く，セラミック基板上にバリ

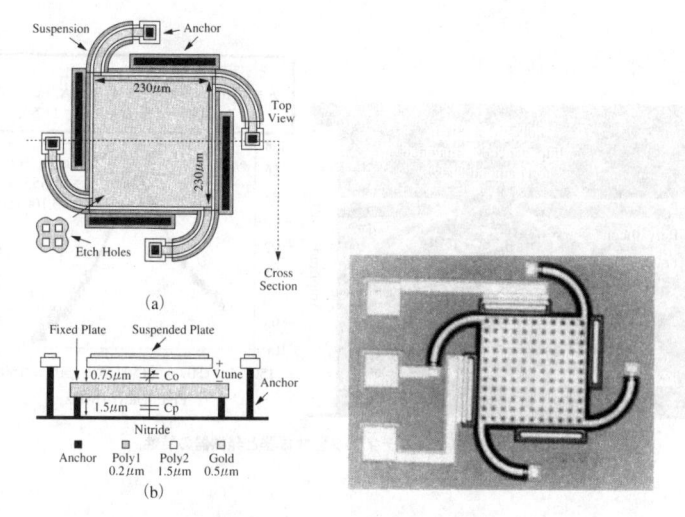

図 4　MEMS バリアブルキャパシタの例

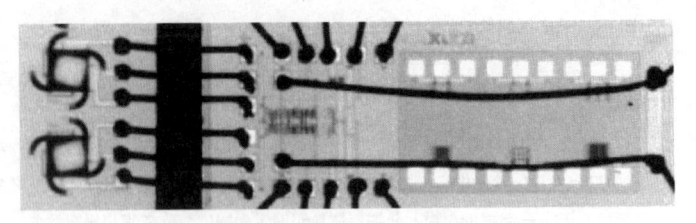

図5 MEMS バリアブルキャパシタによる VCO

アブルキャパシタとトランジスタを並べただけの物がほとんどであった。今後の実用化検討では，可変周波数幅の広帯域化はもちろん，どのように RF MEMS 部分とトランジスタを集積しパッケージ化していくかという問題にも取り組んでいかなくてはならない。

3.1.2 周波数固定の発振器

高純度な信号発生源としては，水晶発振子を使った発振器が知られている。しかし，水晶発振子は他の電子部品と比較して大きく，機能小型化のボトルネックになっていた。また，水晶発振器で発生させられる周波数は数百 MHz までであるので，それ以上の高純度な信号発振では，通倍器など付加回路が必要で，信号品質の劣化は避けられなかった。

最近 MEMS の機械的な共振を利用した共振器の開発が活発になっており，図6の様なディスク型の共振器を用い 1 GHz 以上の高純度発振器の試作が行われている[6]。また，RF MEMS 共振器に特化したベンチャー企業も出現し始めている[7,8]。

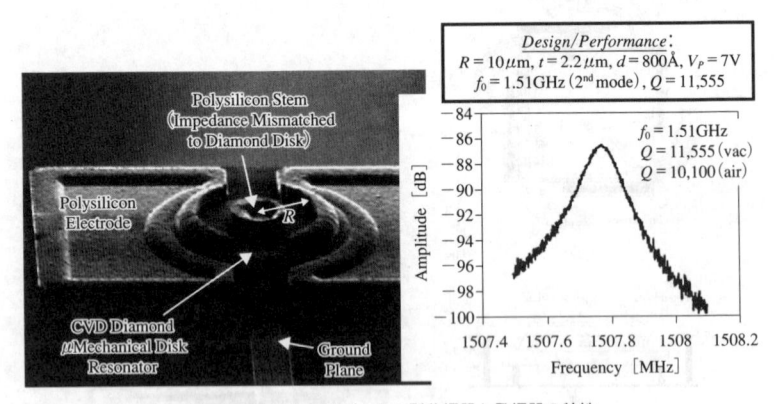

Design/Performance:
$R = 10\,\mu m$, $t = 2.2\,\mu m$, $d = 800$Å, $V_P = 7$V
$f_0 = 1.51$GHz (2nd mode), $Q = 11{,}555$

$f_0 = 1.51$GHz
$Q = 11{,}555$ (vac)
$Q = 10{,}100$ (air)

図6 MEMS によるディスク型共振器と発振器の特性

第4章 計測器応用

3.2 フィルター

　RF MEMSの中で逸早く実用化に成功しているのがF-BARフィルターであろう。F-BARの登場により,非常に高精度なフィルターの実現が可能となり,W-CDMAなど帯域制限が厳しい通信規格の実用化に貢献している。しかし,F-BARのフィルター帯域は固定で,構造で決まってしまう。計測器では,フィルターの中心周波数は連続ではなくても,可変する事が必要な場合がある。これまでは,先に述べてきたバリアブルキャパシタやスイッチとLCフィルター組み合わせた可変フィルターの試作が行われていたが,あまり高いQ値が実現できていなかった。プロセスの融合性に課題はあるが,F-BARとスイッチを組み合わせたQ値の高い可変フィルターなどの開発が期待される。

3.3 プローブ

　プローブはあまりRF MEMSの範疇に入らない印象があるかと思うが,近年MEMS技術を導入し高周波計測に対応したプローブの開発が加速しているので紹介したいと思う。

　高周波デバイスのon-wafer評価には,いわゆる高周波プローブが一般的に使用されており,その帯域は100 GHz以上までの物も市販されている[9]。このようなプローブは,高周波用のコネクタとプローブが一体となった物がほとんどで,LSI評価のような多ピンのプローブを実現する事はできない。従来LSIのon-wafer試験では,主にタングステン針を用いたプローブアレイを用いていたが,高周波測定ができる物ではなかった。近年,いわゆる垂直型プローブアレイの開発が盛んに行われているが,接触抵抗や帯域においてATEの性能に見合う物は完成されていなかった。近年このような分野にもMEMS技術が導入され始め[10],プローブの形成方法にLIGA (LIthographie Galvanoformung Abformung) プロセスを用いた物や,プローブ材料として金属ガラスを用いた物[11]など様々な物が提案されており,これまで以上の広帯域化実現可能性を示している。

3.4 スイッチ

　これまでの章でも多く取り上げられている様に,様々なRF MEMSスイッチの開発と適応の検討がなされている。計測器においても,RF MEMSスイッチ実現への期待は大きい。

　先程から述べているように,計測器では様々なファンクションを切り替えるためにスイッチが必要で,スイッチは計測器を構成するデバイスの中でもキーとなるデバイスの一つである。

　RF MEMSスイッチは,汎用性も手伝って,多くの研究者が開発を行っているRF MEMSデバイスであり,実際に入手可能な物も複数存在する。それらの比較を通して,計測器に必要なRF MEMSスイッチについて述べる。

RF MEMS技術の最前線

3.4.1 スイッチの役割と具備条件

スイッチの主な役割は，図3に代表されるようなファンクション切り替えや帯域の切り替えである．計測器においては，もう一つ重要な役割がある．それは，ESD(Electro Static Discharge)の遮断である．計測器では，測定のたびにコネクタやDUTの着け外し作業が発生し，ESDの発生が懸念される．計測器で使用される高周波デバイスなどはESDに弱い物が多いので，信号入力の部分にESD保護回路を挿入する必要がある．しかし計測器の場合，これまで述べてきた様に，非常に広い帯域の信号が入力するので，その全ての帯域に影響が無いようなESD保護回路の実現は困難である．いわゆるメカニカルスイッチは，接点に空間が存在するので，非常に高いESD保護回路となりうる．RF MEMSスイッチは，基本的な構造はメカニカルスイッチであり，既存のメカニカルスイッチよりも広い帯域の通過が可能であるので，計測器にとっても非常に有効なデバイスとなる．

表1に，RF MEMSに期待される性能と，既存のメカリレーおよび高周波用のMMICスイッチの特性比較を示す．

表1 RF MEMS スイッチの期待

指　標	RF MEMS（期待値）	メカリレー	MMIC
帯域	D.C～20 GHz	D.C～8 GHz	D.C～26.5 GHz
On 抵抗	<0.5Ω	<0.15Ω	>10Ω
ESD 耐圧	>1000 V	雰囲気の絶縁破壊による	100 V 程度
駆動電圧	～20 V	3 V	10 V
消費電力	<200 mW	200 mW	～2 mW
接点寿命	>2000 万回	100 万回	—
パッケージ	気密パッケージ	気密パッケージ	モールドなど

注）メカリレーは松下電工製 RJ リレーを MMIC は Avago technology 社製 HMMC-2027 を示す．

ここで示している帯域は，単一素子の通過帯域ではなく，SPDT(Single Pole Double Throw)の構成になっている場合の帯域である．これは信号を切り替える場合，最小構成単位がSPDTとなるためである．またESD耐圧は，RF MEMSとメカリレーでは接点間の放電が起こる電圧となり，MMICでは材料の絶縁破壊電圧となる．

表1の比較でわかるように，MMICで広帯域なスイッチを実現しようとすると，D.C入力の場合の抵抗が非常に高くなってしまう．これは，使用されているFETやダイオードで，抵抗と容量がトレードオフになっているためである．また抵抗が高いため，インサーションロスのフラットネスは確保されているが，ロスの値が全ての領域で1 dB 以上と高い値となっている．

メカリレーでは，on 抵抗が低いため5 GHz 以下の領域では0.5 dB 以下という非常に低いイン

第 4 章 計測器応用

サーションロスを実現できるが,それ以上の帯域になると構造自体の帯域制限のため,インサーションロスが悪化してくる。また気密封止パッケージではないので,接点寿命が 100 万回程度となっている。

RF MEMS では,MMIC なみの帯域とメカリレーなみの低インサーションロスが期待される。また接点寿命は,気密パッケージの実現が可能であるので,リードリレーと同等以上の寿命が期待されている。

3.4.2 RF MEMS リレーの種類

RF MEMS リレーの方式に関する開発状況については,これまでの章でも触れられている通りである。実際に使う場合には,パッケージングが不可欠で,スイッチ単体では無く SPDT に集積化され気密パッケージングされた物が必要となる。表 2 にパッケージングに成功し,実際のアプリケーションへの応用が検討されている RF MEMS スイッチについてまとめる。

3.4.3 それぞれの特徴

表 2 に示したそれぞれのスイッチに関して,特徴と計測器への応用を考えた場合の問題点を示す。ここで問題点としたのは,20 GHz 程度までの計測器を実現する上で想定される物である。

表 2 各 RF MEMS スイッチの比較

駆動方式	会 社 名	接点方式	帯　　域	駆動電圧/消費電力
静電駆動	Omron	S.P.S.T	D.C〜20 GHz	20 V/—
静電駆動	Teravicta	S.P.D.T	D.C〜7 GHz	68 V/—
磁気	松下電工	S.P.S.T (2 ch)	D.C〜6 GHz	3 V/100 mW
磁気	Magfusion	S.P.D.T	D.C〜6 GHz	5 V/500 mW
熱	アドバンテスト	S.P.D.T	D.C〜20 GHz	5 V/200 mW

① omron 製[12]

実用的なパッケージ化された RF MEMS を初めて形にしたことは広く知られている。構造や性能に関しては,本書でも述べられている通りである。

他の静電駆動スイッチと比較して,圧倒的に低い 20 V という駆動電圧を実現している。しかし静電駆動の場合,誤動作を起こす接点への印加電圧は駆動電圧とトレードオフの関係にあるので,ESD 耐圧は 200 V と低い値になっている。また,現在のところ SPST(Single Pole Single Throw)であるが,アクチュエータ部が大きいので SPDT 以上に集積化した場合の周波数特性に問題が出ると予想される。

② teravicta 製[13]

こちらも静電駆動を採用しており,2 つの SPST スイッチをパッケージに収める事で SPDT を

RF MEMS技術の最前線

実現している。気密パッケージはセラミック基板と金属キャップからなり，その内部に MEMS 部分がある。アクチュエータ自体の駆動電圧は 68 V と高いが，同じパッケージに DC-DC コンバータを組み込むことで駆動電圧を下げた物も実現されている。駆動電圧が 68 V と高いので，ESD 耐圧は 500 V（ヒューマンボディモデル）と高くなっている。カタログにおいて接点寿命は RF 信号を印加した場合 1 億回となっているが，DC 信号の場合 500 万回と低くなっている。しかし，DC 信号の場合の接点寿命評価条件が他のスイッチと比較して高く設定されているので，他と同じ条件では 1000 万回以上の寿命を達成しているものと考えられる。現在のところ帯域が 7 GHz までであるので，今後の帯域改善に期待したい。

③ 松下電工製[14]

駆動方式はメカリレーと同じコイルを用いた磁気駆動を取っており，ラッチ動作も可能である。コイルで発生させた磁界により，Si の DRIE 加工で形成されたシーソー状の可動部を切り替えることで on/off を行う。パッケージは，ガラスとシリコンを陽極接合により張り合わせる事でウエハレベルパッケージを実現している。シーソー状の可動部直下には高周波配線を配置できないため，シーソーの両端に設けられた可動接点で 2 つの SPST を交互に切り替える動作となっている。SPDT の構成にするためには，パッケージの外部で接続しなくてはならないため，カタログ値よりも高周波特性が損なわれることとなる。

④ Magfusion 製[15]

駆動方式は，永久磁石と電磁石を組み合わせた独自の構造を採用している。松下電工の物と同じくラッチ動作が可能で，on/off に必要な電力は高いが，時間あたりの消費電力は低い事を特徴としている。しかし，電磁石の制限により，あまり近接してアクチュエータを配置できないと考えられる。そのため，これ以上の広帯域化や集積化は難しいと予想される。

⑤ アドバンテスト製[16]

東北大との共同研究により，熱駆動によるバイモルフアクチュエータで RF MEMS を実現している。バイモルフアクチュエータによるカンチレバーは，カンチレバーを構成する材料の厚さを厚くすることで高い剛性を得る事ができる。高い剛性と気密封止パッケージにより，高い ESD 耐圧の達成が可能と考えられる。

ここでも Si とガラスを陽極接合により接合したウエハレベルパッケージを採用しており，アクチュエータの小型化により，SPDT の構成で 20 GHz の帯域を実現している。しかし，動作速度が静電駆動と比較し遅く，消費電力も RF MEMS スイッチとしては高いので，これらの改善が必要である。

3.4.4 RF MEMS スイッチの問題点

RF MEMS スイッチは，パッケージ化され，実際に使われるための検討が成される段階にき

第 4 章　計測器応用

た。しかし，どのスイッチも一長一短であり，スタンダードとなりうる物がでていない状況である。また本質的な問題として，ウエハレベルパッケージで生じる帯域制限と接点寿命があると考えられる。

　ウエハレベルパッケージでは，パッケージ内部から外部へ信号を引き出すためのフィードスルーの形成工程に問題があり，高周波性能と価格の上昇要因となっている。これは，RF MEMS スイッチのウエハレベルパッケージ工程で使用しているガラス基板の穴あけと金属充填方法技術が発展途上のためである。

　接点については，どのように寿命を確保するかという事が懸案となっている。各社独自の方法によりある程度の寿命を実現しているが，十分な知見が得られている状況ではない。これは RF MEMS リレーの接点圧力が従来のリレーと比較して一桁以上低く，解析にはこれまでと異なったアプローチが必要なためである。今後のデータベース構築が重要となる。

4　おわりに

　RF MEMS の計測器応用という観点で，現在開発が進められているデバイスについてまとめた。RF MEMS の応用は種々検討されているが，計測器への応用は非常に付加価値を高く見込む事ができる有望なアプリケーションであると考えられる。しかし実際の搭載には，実装方法や寿命などの克服すべき課題が残されている。今後，機能単体の改善から，実用化に向けた部分の研究開発が加速される物と考えられる。

文　　献

1) トヨタ LEXUS (http://lexus.jp/models/gs/safety/active.html)
2) Millimeter-Wave Wirelessjournal 2005 年 2 月号 (http://www 2.nict.go.jp/mt/b 182/research/jp/research.html)
3) PCI Express などの高速シリアル通信規格
4) ㈱アドバンテスト製 T 2000 など (http://www.advantest.co.jp)
5) A. Dec *et. al* "Microwave MEMS-based voltage controlled oscillators" IEEE Trans. Microwave Theory Tech, Vol 48, No. 11, pp. 1943-1949, November 2000
6) T. Nguyen *et. al* "Toward Chip-Scale Atomic Clocks" Digest of Technical Papers. ISSCC. 2005 Vol. 1 pp. 84-85

7) disera (http://www.discera.com/)
8) Sitime Corp. (http://www.sitime.com/)
9) CASCADE Microtech など
10) D. yu *et. al* "*High density photolithographic Advanprobe technology*" *IEMT* 2002. 27 th Annual pp. 415-417
11) 蛸島ほか "マイクロマシン技術を用いた LSI テスト用微細プローブ・ピンの開発" 平成 13 年電気学会全国大会講演論文集, (2001) 1078
12) http://www.omron.co.jp/r_d/doc/mmr_for_hf.pdf
13) http://www.teravicta.com/
14) http://www.nais-j.com/relay/mems/index.html
15) http://www.magfusion.com/
16) Advantest Technical Report Probo No. 22 pp. 9-16 (http://www.advantest.co.jp/products/club-advantest/index.shtml)

《CMCテクニカルライブラリー》発行にあたって

弊社は、1961年創立以来、多くの技術レポートを発行してまいりました。これらの多くは、その時代の最先端情報を企業や研究機関などの法人に提供することを目的としたもので、価格も一般の理工書に比べて遙かに高価なものでした。

一方、ある時代に最先端であった技術も、実用化され、応用展開されるにあたって普及期、成熟期を迎えていきます。ところが、最先端の時代に一流の研究者によって書かれたレポートの内容は、時代を経ても当該技術を学ぶ技術書、理工書としていささかも遜色のないことを、多くの方々が指摘されています。

弊社では過去に発行した技術レポートを個人向けの廉価な普及版を《CMCテクニカルライブラリー》として発行することとしました。このシリーズが、21世紀の科学技術の発展にいささかでも貢献できれば幸いです。

2000年12月

株式会社　シーエムシー出版

RF MEMS技術の応用展開　　(B0992)

2006年 4月28日　初　版　第1刷発行
2012年 2月 8日　普及版　第1刷発行

監　修　大和田　邦樹　　　　　　　　　Printed in Japan
発行者　辻　　　賢　司
発行所　株式会社　シーエムシー出版
　　　　東京都千代田区内神田1-13-1
　　　　電話 03 (3293) 2061
　　　　http://www.cmcbooks.co.jp/

〔印刷　倉敷印刷株式会社〕　　　　　　© K. Ohwada, 2012

定価はカバーに表示してあります。
落丁・乱丁本はお取替えいたします。

ISBN978-4-7813-0496-0 C3053 ¥3400E

本書の内容の一部あるいは全部を無断で複写（コピー）することは、法律で認められた場合を除き、著作者および出版社の権利の侵害になります。

CMCテクニカルライブラリーのご案内

ナノ粒子分散系の基礎と応用
監修／角田光雄
ISBN978-4-7813-0441-0　　　　B983
A5判・307頁　本体5,000円＋税（〒380円）
初版2006年12月　普及版2011年11月

構成および内容：【基礎編】分散系における基礎技術と科学／微粒子の表面および界面の性質／微粉体の表面処理技術／分散系における粒子構造の制御／顔料分散剤の基本構造と基礎特性　他【応用編】化粧品における分散技術／塗料における顔料分散／印刷インキにおける顔料分散／LCDブラックマトリックス用カーボンブラック　他
執筆者：小林敏勝・郷司春憲・長沼 桂　他17名

ポリイミド材料の基礎と開発
監修／柿本雅裕
ISBN978-4-7813-0440-3　　　　B982
A5判・285頁　本体4,200円＋税（〒380円）
初版2006年8月　普及版2011年11月

構成および内容：【基礎】総論／合成／脂環式ポリイミド／多分岐ポリイミド　他【材料】熱可塑性ポリイミド／熱硬化性ポリイミド／低誘電率ポリイミド／感光性ポリイミド　他【応用技術と動向】高機能フレキシブル基板と材料／実装用ポリイミドの動向／含フッ素ポリイミドと光通信／ポリイミド─宇宙・航空機への応用─　他
執筆者：金城徳幸・森川敦司・松本利彦　他22名

ナノハイブリッド材料の開発と応用
ISBN978-4-7813-0439-7　　　　B981
A5判・335頁　本体5,000円＋税（〒380円）
初版2005年3月　普及版2011年11月

構成および内容：序論【ナノハイブリッドプロセッシング技術編】ゾル-ゲル法ナノハイブリッド材料／In-situ重合法ナノハイブリッド材料　他【機能編】ナノハイブリッド薄膜の光機能性／ナノハイブリッド微粒子　他【応用編】プロトン伝導性無機-有機ハイブリッド電解質膜／コーティング材料／導電性材料／感光性材料　他
執筆者：牧島亮男・土岐元幸・原口和敏　他43名

アンチエイジングにおけるバイオマーカーと機能性食品
監修／吉川敏一・大澤俊彦
ISBN978-4-7813-0438-0　　　　B980
A5判・234頁　本体3,600円＋税（〒380円）
初版2006年8月　普及版2011年10月

構成および内容：【バイオマーカー】アンチエイジング／タンパク質解析／疲労／老化メカニズム／メタボリックシンドローム／眼科／口腔／皮膚の老化【機能性食品・素材】アンチエイジングと機能性食品／老化制御と抗酸化食品／脳内老化制御と食品機能／生活習慣病予防とサプリメント／漢方とアンチエイジング／ニュートリゲノミクス　他
執筆者：内藤裕二・有國 尚・青井 渉　他22名

バイオマスを利用した発電技術
監修／吉川邦夫・森塚秀人
ISBN978-4-7813-0437-3　　　　B979
A5判・249頁　本体3,800円＋税（〒380円）
初版2006年7月　普及版2011年10月

構成および内容：【総論】バイオマス発電システムの設計／バイオマス発電の現状と市場展望【ドライバイオマス】バイオマス直接燃焼発電技術（木質チップ利用によるバイオマス発電　他）／バイオマスガス化発電技術（ガス化発電技術の海外動向　他）【ウェットバイオマス】バイオマス前処理・ガス化技術／バイオマス消化ガス発電技術
執筆者：河本晴雄・村岡元司・善家彰則　他25名

カーボンナノチューブの機能化・複合化技術
監修／中山喜萬
ISBN978-4-7813-0436-6　　　　B978
A5判・271頁　本体4,000円＋税（〒380円）
初版2006年5月　普及版2011年10月

構成および内容：現状と課題（研究の動向　他）／内空間の利用（ピーポッド　他）／表面機能化（化学的手法によるカーボンナノチューブの可溶化・機能化　他）／薄膜、シート、構造物（配向カーボンナノチューブからのシートの作成と特性　他）／複合材料（ポリマーへの分散法とその制御　他）／ナノチューブの表面を利用したデバイス
執筆者：阿多誠文・佐藤義倫・岡崎俊也　他26名

発酵・醸造食品の技術と機能性
監修／北本勝ひこ
ISBN978-4-7813-0360-4　　　　B976
A5判・303頁　本体4,600円＋税（〒380円）
初版2006年7月　普及版2011年9月

構成および内容：【製造方法】醸造技術と製品【発酵・醸造の基礎研究】生モト造りに見る清酒酵母の適応現象　他【技術】清酒酵母研究におけるDNAマイクロアレイ技術の利用／麹菌ゲノム情報の活用による有用タンパク質の生産　他【発酵による食品の開発・高機能化】酵素法によるオリゴペプチド新製法の開発／低臭納豆の開発　他
執筆者：石川雄章・溝口晴彦・山田 翼　他37名

機能性無機膜
─開発技術と応用─
監修／上條榮治
ISBN978-4-7813-0359-8　　　　B975
A5判・305頁　本体4,600円＋税（〒380円）
初版2006年6月　普及版2011年9月

構成および内容：無機膜の製造プロセス（PVD法／ソフト溶液プロセス　他）無機膜の製造装置技術（フィルムコンデンサー用巻取蒸着装置／反応性プラズマ蒸着装置　他）無機膜の物性評価技術／無機膜の応用技術（工具・金型分野への応用　他）トピックス（熱線反射膜と製品／プラスチックフィルムのガスバリア膜　他）
執筆者：大平圭介・松村英樹・青井芳史　他29名

※ 書籍をご購入の際は、最寄りの書店にご注文いただくか、㈱シーエムシー出版のホームページ（http://www.cmcbooks.co.jp/）にてお申し込み下さい。

CMCテクニカルライブラリーのご案内

高機能紙の開発動向
監修／小林良生
ISBN978-4-7813-0358-1　　B974
A5判・334頁　本体5,000円＋税（〒380円）
初版2005年1月　普及版2011年9月

構成および内容：【総論】緒言／オンリーワンとしての機能紙研究会／機能紙商品の種類、市場規模及び寿命【機能紙用原料繊維】天然繊維の機能化、機能紙化／機能紙用化合繊／機能性レーヨン／SWP／製紙用ビニロン繊維　他【機能紙の応用と機能性】農業・園芸分野／健康・医療分野／生活・福祉分野／電気・電子関連分野／運輸分野　他
執筆者：稲垣　寛／尾鍋史彦／有持正博　他27名

酵素の開発と応用技術
監修／今中忠行
ISBN978-4-7813-0357-4　　B973
A5判・309頁　本体4,600円＋税（〒380円）
初版2006年12月　普及版2011年8月

構成および内容：【酵素の探索】アルカリ酵素　他【酵素の改変】進化工学的手法による酵素の改変／極限酵素の分子解剖・分子手術　他【酵素の安定化】ナノ空間場におけるタンパク質の機能と安定性　他【酵素の反応場・反応促進】イオン液体を反応媒体に用いる酵素触媒反応　他【酵素の固定化】酵母表層への酵素の固定化と応用　他
執筆者：尾崎克也／伊藤　進／北林雅夫　他49名

メタマテリアルの技術と応用
監修／石原照也
ISBN978-4-7813-0356-7　　B972
A5判・304頁　本体4,600円＋税（〒380円）
初版2007年11月　普及版2011年8月

構成および内容：【総論】メタマテリアルの歴史／光学分野におけるメタマテリアルの産業化　他【基礎】マクスウェル方程式／回路理論からのアプローチ　他【材料】平面型左手系メタマテリアル／メタマテリアルにおける非線形光学効果　他【応用】メタマテリアルを用いた無反射光機能素子／メタマテリアルによるセンシング　他
執筆者：真田篤志／梶川浩太郎／伊藤龍男　他28名

ナノテクノロジー時代のバイオ分離・計測技術
監修／馬場嘉信
ISBN978-4-7813-0355-0　　B971
A5判・322頁　本体4,800円＋税（〒380円）
初版2006年2月　普及版2011年8月

構成および内容：【総論】ナノテクノロジー・バイオMEMSがもたらす分離・計測技術革命【基礎・要素技術】バイオ分離・計測のための基盤技術（集積化分析チップの作製技術　他）／バイオ分離の要素技術（チップ電気泳動　他）／バイオ計測の要素技術（マイクロ蛍光計測　他）【応用・開発】バイオ応用／医療・診断、環境応用／次世代技術
執筆者：田畑　修／庄子習一／藤田博之　他38名

UV・EB硬化技術V
監修　上田　充／編集　ラドテック研究会
ISBN978-4-7813-0343-7　　B969
A5判・301頁　本体5,000円＋税（〒380円）
初版2006年3月　普及版2011年7月

構成および内容：【材料開発・装置技術の動向】総論−UV・EB硬化性樹脂／材料開発（アクリルモノマー・オリゴマー　他）／硬化装置および加工技術（EB硬化装置　他）【応用技術の動向】塗料（自動車向けUV硬化型塗料　他）／印刷（光ナノインプリント　他）／ディスプレイ材料（反射防止膜　他）／レジスト（半導体レジスト／MEMS　他）
執筆者：西久保忠臣／竹中直巳／岡崎栄一　他30名

高周波半導体の基板技術とデバイス応用
監修／佐野芳明／奥村次徳
ISBN978-4-7813-0342-0　　B968
A5判・266頁　本体4,000円＋税（〒380円）
初版2006年11月　普及版2011年7月

構成および内容：【高周波利用のゆくえ、デバイスの位置づけ】【化合物半導体基板技術】GaAs基板／SiC基板　他【結晶成長技術】Ⅲ-V族化合物成長技術／Ⅲ-N化合物成長技術／Smart Cut™によるウェーハ貼り合わせ技術【デバイス技術】Ⅲ-V族系デバイス／Ⅲ族窒化物デバイス／シリコン系デバイス／テラヘルツ波半導体デバイス
執筆者：本城和彦／乙木洋平／大谷　昇　他26名

マイクロ波の化学プロセスへの応用
監修／和田雄二／竹内和彦
ISBN978-4-7813-0336-9　　B966
A5判・320頁　本体4,800円＋税（〒380円）
初版2006年3月　普及版2011年7月

構成および内容：【序論　技術開発の現状と将来展望】基礎研究の現状と将来動向　他【基礎技術】マイクロ波と物質の相互作用　他【機器・装置】マイクロ波化学合成プロセス　他【有機合成】金属触媒を用いるマイクロ波合成　他【無機合成】ナノ粒子合成　他【高分子合成】マイクロ波を用いた付加重合　他【応用編】マイクロ波のゴム加硫　他
執筆者：中村考志／天羽優子／二川佳央　他31名

金属ナノ粒子インクの配線技術
―インクジェット技術を中心に―
監修／菅沼克昭
ISBN978-4-7813-0344-4　　B970
A5判・289頁　本体4,400円＋税（〒380円）
初版2006年3月　普及版2011年6月

構成および内容：【金属ナノ粒子の合成と配線用ペースト化】金属ナノ粒子合成の歴史と概要　他【ナノ粒子微細配線技術】インクジェット印刷技術　他【ナノ粒子と配線特性評価方法】ペーストキュアの熱分析法　他【応用技術】フッ素系パターン化印刷薄膜を基板に用いた超微細薄膜作製技術／インクジェット印刷有機デバイス　他
執筆者：米澤　徹／小田正明／松葉頼重　他44名

※書籍をご購入の際は、最寄りの書店にご注文いただくか、
㈱シーエムシー出版のホームページ（http://www.cmcbooks.co.jp/）にてお申し込み下さい。

CMCテクニカルライブラリー のご案内

医療分野における材料と機能膜
監修／樋口亜紺
ISBN978-4-7813-0335-2　　　　　　B965
A5判・328頁　本体5,000円＋税（〒380円）
初版2005年5月　普及版2011年6月

構成および内容：【バイオマテリアルの基礎】血液適合性評価法 他【人工臓器】人工腎臓／人工心臓膜 他【バイオセパレーション】白血球除去フィルター／ウイルス除去膜 他【医療用センサーと診断技術】医療・診断用バイオセンサー 他【治療用バイオマテリアル】高分子ミセルを用いた標的治療／ナノ粒子とバイオメディカル 他
執筆者：川上浩良／大矢裕一／石原一彦 他45名

透明酸化物機能材料の開発と応用
監修／細野秀雄／平野正浩
ISBN978-4-7813-0334-5　　　　　　B964
A5判・340頁　本体5,000円＋税（〒380円）
初版2006年11月　普及版2011年6月

構成および内容：【透明酸化物半導体】層状化合物 他【アモルファス酸化物半導体】アモルファス半導体とフレキシブルデバイス 他【ナノポーラス複合酸化物12CaO・7Al$_2$O$_3$】エレクトライド 他【シリカガラス】深紫外透明光ファイバー 他【フェムト秒レーザーによる透明材料のナノ加工】フェムト秒レーザーを用いた材料加工の特徴 他
執筆者：神谷利夫／柳 博／太田裕道 他24名

プラズモンナノ材料の開発と応用
監修／山田 淳
ISBN978-4-7813-0332-1　　　　　　B963
A5判・340頁　本体5,000円＋税（〒380円）
初版2006年6月　普及版2011年5月

構成および内容：伝播型表面プラズモンと局在型表面プラズモン【合成と色材としての応用】金ナノ粒子のボトムアップ作製法 他【金属ナノ構造】金ナノ構造電極の設計と光電変換 他【ナノ粒子の光・電子特性】近接場イメージング 他【センシング応用】単一分子感度ラマン分光技術の生体分子分析への応用／金ナノロッド 他
執筆者：林 真至／桑原 穣／寺崎 正 他34名

機能膜技術の応用展開
監修／吉川正和
ISBN978-4-7813-0331-4　　　　　　B962
A5判・241頁　本体3,600円＋税（〒380円）
初版2005年3月　普及版2011年5月

構成および内容：【概論編】機能性高分子膜／機能性無機膜【機能編】圧力を分離駆動力とする液相系分離膜／気体分離膜／有機液体分離膜／イオン交換膜／液体膜／触媒機能膜／膜性能推算法【応用編】水処理用膜（浄水、下水処理）／固体高分子型燃料電池用電解質膜／医療用膜／食品用膜／味・匂いセンサー膜／環境保全膜
執筆者：清水剛夫／喜多英敏／中尾真一 他14名

環境調和型複合材料
—開発から応用まで—
監修／藤井 透／西野 孝／合田公一／岡本 忠
ISBN978-4-7813-0330-7　　　　　　B961
A5判・276頁　本体4,000円＋税（〒380円）
初版2005年11月　普及版2011年5月

構成および内容：植物繊維充てん複合材料（セルロースの構造と物性 他）／木質系複合材料（木質／プラスチック複合体 他）／動物由来高分子複合材料（ケラチン 他）／天然由来高分子／同種異形複合材料／環境調和型複合材料の特性／再生可能資源を用いた複合材料のLCAと社会受容性評価／天然繊維の供給、規格、国際市場／工業展開
執筆者：大窪和也／黒田真一／矢野浩之 他28名

積層セラミックデバイスの材料開発と応用
監修／山本 孝
ISBN978-4-7813-0313-0　　　　　　B959
A5判・279頁　本体4,200円＋税（〒380円）
初版2006年8月　普及版2011年4月

構成および内容：【材料】コンデンサ材料（高純度超微粒子TiO$_2$ 他）／磁性材料（低温焼結用）／圧電材料（低温焼結用）／電極材料【作製技術】スロットダイス／粉砕・分級技術【デバイス】積層セラミックコンデンサ／チップインダクタ／積層バリスタ／BaTiO$_3$系半導体の積層化／積層サーミスタ／積層圧電／部品内蔵配線板技術
執筆者：日高一久／式田尚志／大釜信治 他25名

エレクトロニクス高品質スクリーン印刷の基礎と応用
監修／染谷隆夫／編集　佐野 康
ISBN978-4-7813-0312-3　　　　　　B958
A5判・271頁　本体4,000円＋税（〒380円）
初版2005年12月　普及版2011年4月

構成および内容：概要／スクリーンメッシュメーカー／製版（スクリーンマスク）／装置メーカー／スキージ及びスキージ研磨装置／インキ，ペースト（厚膜ペースト／低温焼結型ペースト 他）／周辺機器（スクリーン洗浄／乾燥機 他）／応用（チップコンデンサMLCC／LTCC／有機トランジスタ 他）／はじめての高品質スクリーン印刷
執筆者：浅田茂雄／佐野裕樹／住田勲男 他30名

環状・筒状超分子の応用展開
編集／髙田十志和
ISBN978-4-7813-0311-6　　　　　　B957
A5判・246頁　本体3,600円＋税（〒380円）
初版2006年1月　普及版2011年4月

構成および内容：【基礎編】ロタキサン，カテナン／ポリロタキサン，ポリカテナン／有機ナノチューブ【応用編】（ポリ）ロタキサン，（ポリ）カテナン（分子素子・分子モーター／可逆的架橋ポリロタキサン 他）／ナノチューブ（シクロデキストリンナノチューブ 他）／カーボンナノチューブ（可溶性カーボンナノチューブ 他） 他
執筆者：須崎裕司／小坂田耕太郎／木原伸浩 他19名

※ 書籍をご購入の際は、最寄りの書店にご注文いただくか、㈱シーエムシー出版のホームページ(http://www.cmcbooks.co.jp/)にてお申し込み下さい。